農林水産業のみらいの宝石箱❸

変わる!
農・林・水
ビジネス

一般社団法人 農林水産業みらい基金

日経BP

はじめに

『豊かな農林水産業のある国にこそ、豊かな未来がある』

これは、2017年6月に出版した第1号の「農林水産業のみらいの宝石箱」の冒頭に記された言葉です。この言葉に込めた私たちの想いは、「農林水産業を豊かに成長させていくこと、それが私たちの使命だ」ということです。その想いは、もちろん今も変わっていませんし、むしろますます強くなっています。

農林水産業みらい基金は、2014年3月に設立され、今年で11年目を迎えました。この10年を振り返ると、日本の農林水産業は、厳しい環境とともにさまざまな変化を経験してきました。

農林水産業を取り巻く環境は、生産者数が減少し、高齢化も進展するなどさらに厳しさを増しています。特に近年は、新型コロナ感染症拡大の生産活動等への悪影響や、地球温暖化による異常気象など自然災害の激甚化に伴うダメージも多くみられるようになっています。

こうした厳しい環境にもかかわらず、農林水産業者の積極果敢な取り組みは各方面で進められています。農業では、技術革新が進むと同時に、品質の高い農産物が効率的に供給されるようになりました。林業や水産業においても、持続可能な資源管理が行われ、豊かな森林や海洋環境を保全しつつ、生産性を向上させています。

いうまでもなく、農林水産業の仕事は、生産、加工、流通、販売といった活動だけではありません。それらを通じて地域の産業や文化、社会の発展にも密接に関わっています。地域コミュニティの活性化にも貢献しています。

この間、私たちが注目しているのは、農林水産の分野に対する世の中の視線が、かなりポジティブなものに変わってきたことです。

農林水産業は、私たちの衣、食、住全てに関わるだけでなく、日本経済の根幹をなす基礎的な産業です。最近では、製造業やサービス業などいろいろな業種が、企業規模の大小にかかわらず、農林水産の分野に参入してきています。それは、人々の生活、それに関連した需要、そしてその将来性と広がりに着目していることのあらわれです。いわゆる6次化という考え方にとどまらず、持続可能性を含めたより幅広い観点から、農林水産の世界をポジティブに見ていこうとする動きが広がっているということです。

農業現場における仕事の代行やスマート農業技術の活用のための支援など、「農業支援サービス産業」とも言うべき新たな産業が生まれ、その市場規模が拡大しています。これは、林業、水産業にも通じることです。農林水産の世界には発展の大きな〝伸びしろ〟があるということですし、そこに目を向ければ、日本の第１次産業の明るい未来がみえてきます。

私は農林水産業みらい基金の仕事に10年間携わってきています。みらい基金の設立以来、農林水産業と地域の将来に希望をもてるような革新的な取り組みや、先行きを的確に見据えた取り組みなど素晴らしいチャレンジに数多く出会ってきました。

いずれの採択先も、誰かに指示されて行うのではなく、地域に根差す問題を地域の中で解決しようと、プロジェクトの関係者が熱意を持って、自発的に取り組んでいるものです。熱意あふれる取り組みは、農林水産業の未来に向けての希望です。持続可能な農林水産業を実現するためには、このような熱意と努力が欠かせません。みらい基金もその一翼を担っていることを誇りに思っています。

ここで、この本を手にしている皆さんの中には、農林水産業みらい基金のことをご存じない方もいらっしゃると思うので、簡単に紹介します。

はじめに

みらい基金は200億円の資金をもって2014年3月に設立されました。それ以来、新しい発想で困難を突破していこうとする取り組みに対して、「あと一歩の後押し」をお手伝いすることで、その取り組みが実現するよう活動を続けています。

詳細は本文でご紹介しますが、みらい基金では、助成対象とする取り組みを選定する際、「課題の明確さ」「内発性・チャレンジ性・モデル性」「創意工夫・独自性・革新性」「地域性・社会性」「事業性・継続性」の5つの視点を大事にしています。関係する人々の湧き上がってくる想いが、「内発性」であり、それが拡《ひろ》がりを持ち周囲の人たちと連携できれば「地域性」や「社会性」につながり、自《おの》ずと「事業性・継続性」も高まってきます。それぞれが連動しているという考え方です。

また必要な場合には、現場に赴き、プロジェクトの関係者と直接面談し、併せて現場もみながら、熱意と実行力などを確認しています。書類ベースの審査だけでは伝わってこない、手触り感も大切にしています。

世の中の変化を先取りし、常に新しいものを模索している人たちの想いをしっかりと受け止めながら、一件一件かなりの時間をかけて丁寧に審査しています。

農林水産業の未来を切り拓《ひら》いていく道のりは、なお険しいかもしれませんが、着実に前進してきていると実感しています。採択先の中には20代、30代の若者が中心となった企画もありますし、女性が活躍しているプロジェクトもあります。その場所も中山間地域・漁村・山村と全国津々浦々にわたります。
全国の農林水産業の現場では、明るく前向きに、自分たちの仕事、自分たちの家族の暮らし、自分たちの地域を良くしていこうとする、〝輝くような取り組み〟が実はあふれています。

この本では、みらい基金がこの10年行ってきたことや、助成先における各地での取り組みを紹介しています。コラムでは各分野の専門家に今日的なテーマについて語ってもらっています。様々な視点から農林水産業の魅力を発見し、持続可能な未来に向けて動き出すための一助となることを願っています。未来への一歩を踏み出す手がかりが、ここにはある筈《はず》です。

農林水産業の〝みらい〟は、私たちが想像する以上に輝いています。この本の中で紹介されているプロジェクトの一つひとつが、日本の未来を豊かなものにする〝宝石〟です。未来への希望と可能性が詰まっています。

農林水産業の持続可能な未来を築くために、ぜひ本書をご活用いただき、新たな挑戦に向けて一歩を踏み出してみてください。そして、迷うことなく積極的にみらい基金の扉をノックしてください。

さあ、未来への一歩を踏み出しましょう。

２０２４年４月　代表理事 兼 事業運営委員長　山口　廣秀

（日興リサーチセンター株式会社理事長　元日本銀行副総裁）

目次

Part4

地域資源活用・資源循環を加速する

みらい基金

第1章

みらい基金が果たしてきた10のこと

〝創意工夫〟を凝らしながら、現在置かれている環境を〝突き破っていこう〟と汗をかいている農林水産業者が全国にはあふれている。そうした独自性を持って創意工夫に取り組んでいる人々への〝あと一歩の後押し〟を行うために、私たち農林水産業みらい基金は活動している。

第1次産業の現場には力強い息吹が芽吹いている

これまで10年間で助成先72先とのご縁に恵まれた。ここでは共に築いてきた10年間の軌跡を「みらい基金が果たしてきた10のこと」として紹介しよう。

「みらい基金が果たしてきた10のこと」

1 みらい基金によって人生が変わる
2 目標が幅広い
3 事業はいろいろ
4 持続可能な開発目標（SDGs）を大事にしている
5 流れを先取りしている

6　地域を押し上げている
7　困難を克服している
8　挫折もある
9　みらい基金と助成先との繋《つな》がりが続いている
10　助成先同士のネットワークができている

1　みらい基金によって人生が変わる

北海道北見地域は日本一のタマネギの産地である。それ故に日本一、規格外品が出ている。その規格外のタマネギを受け入れ、加工品を生産しているのが「株式会社グリーンズ北見」である。北見のタマネギは全国でも圧倒的なシェアを誇るが、「北海道産」とひとくくりにされ、一般消費者の認知度は高くなかった。そこでグリーンズ北見は、みらい基金の支援によって市場ニーズの調査と加工力の強化による〝ブランド化〟を図るとともに、一般消費者向けの商品開発に取り組んできたのである。

具の約7割がタマネギというコロッケ、「たまコロ」は、全国コロッケフェスティバル（一般社団法人日本コロッケ協会主催）でグランプリに輝いており、主力製品になっている。みらい基金の

「この支援があれば、やりたかったことが加速度的に実施できるという喜びでいっぱいでした」と語るグリーンズ北見の丸山課長

事業を通じデザインを刷新したオニオンスープについても、北海道内はもとより、全国に流通するまでに至っている。みらい基金の支援によって北見タマネギのブランディングの軸が確立され、一貫性のある商品開発が続けられているのだ。

みらい基金の助成事業の前と後では、企業の方向性が大きく変わってきたという。これまでグリーンズ北見は、どちらかと言えば自分たちは「裏方」という認識であったが、この事業を進めることで加工品を通じて、北見タマネギをＰＲできるという方向に認識が大きく変化した。タマネギを加工すること自体に変わりはないものの、単に製品を作ることと、作った製品で地域をＰＲしようとすることは似て非なるものである。

助成事業で培った精神は、グリーンズ北見で営業を担っている丸山勇太課長自身にも大きな転機になっている。

「みらい基金の事業を通じて、北見タマネギのブランディングについて母校の大学で講義を行ったり、たまコログランプリ獲得により、ローカルテレビの特集で取り扱われたり、これまで縁のなかったことを体験しました。その体験により、自分自身の意識が大きく変化し、タマネギを通じ地元をPRしたいという気持ちが信念に変わりました。地元奉仕団体や地元市役所の新人研修の講師としても招へいされています。私個人としても成長する大きな機会であり、現在に至るまで情熱を持って仕事に取り組む原点となっています」と語る。

みらい基金の支援は助成先がやりたかったことを加速度的に進めることができるが、そこに携わっている人々の人生そのものも大きく変えているのである。

2 目標が幅広い

各地域ではその実情に応じたさまざまな事業が展開されている。地域課題一つを取っても千差万別で、みらい基金へ求めるニーズは多様だ。

そこでみらい基金では、地域発・現場発の取り組みを広く吸い上げる仕組み（完全な一般公募とし、全国から一斉に申請を受け付ける方式）としている（図表1－1参照）。ほかのファンドや金融機関による出融資では手の届かない、または把握できないような事業者まで、幅広くキャッチアップできるようになっているのだ。

過去には、みらい基金からあらかじめテーマやカテゴリーなどを提示することの是非について議論したことがあった。みらい基金の助成事業の実績が積み重なってくるにつれ、採択先に共通する

●図表1-1 **みらい基金への公募の仕組み**

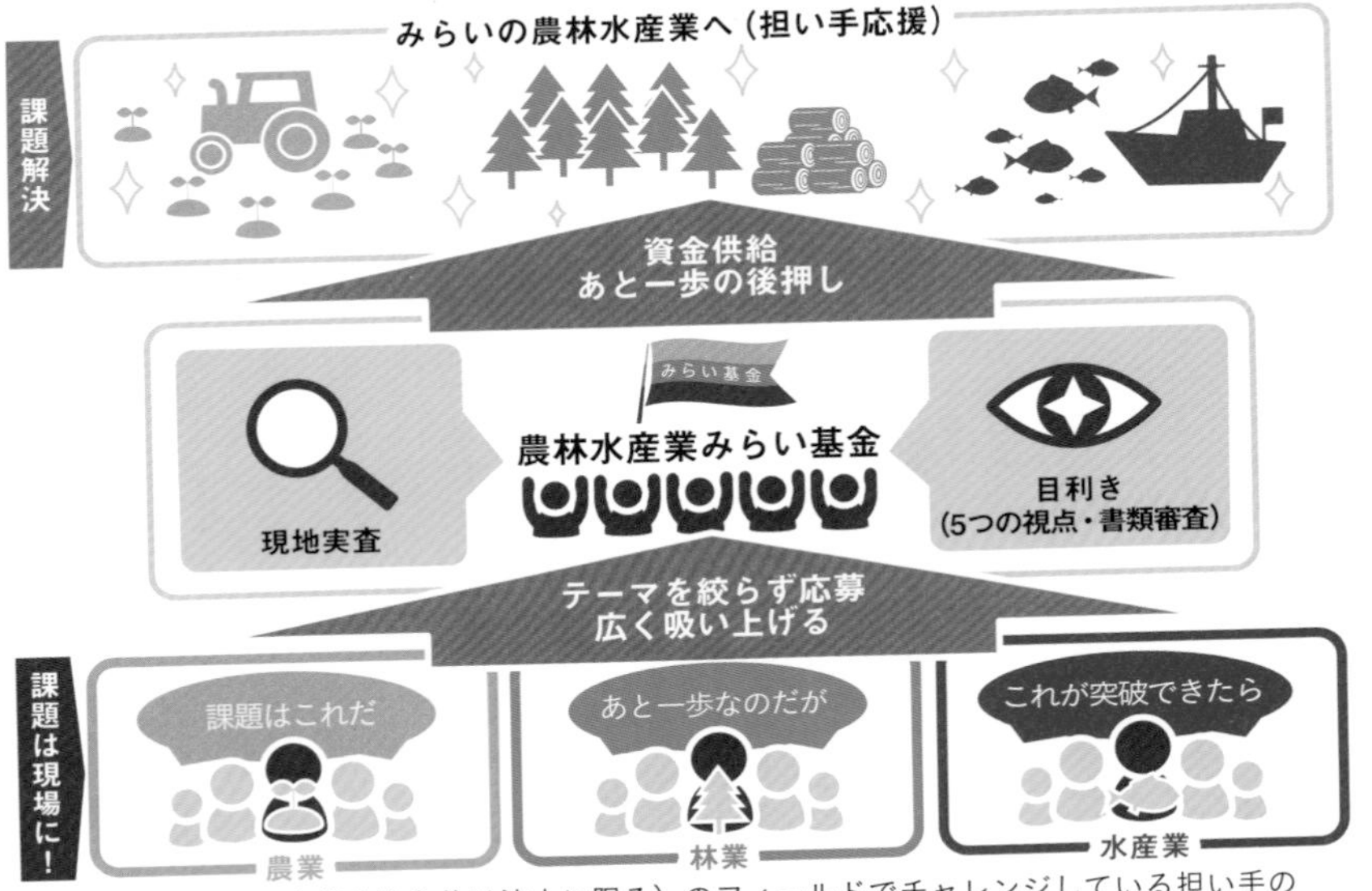

農林水産業(事業実施主体は法人に限る)のフィールドでチャレンジしている担い手の【あと一歩】の後押しを行うことで、みらいの農林水産業につなげていく。

助成先の選定に当たっては、個別に目星を付けるのではなく、完全な一般公募を実施し、全国から一斉に申請を受け付ける方式を採っている

傾向・テーマなどが見えてくることがあったためだ。

また、環境変化を踏まえ、「このような(従来対応してこなかった)領域の事業も、みらい基金の対象として採択してもよいのではないか」という議論も出てきたことがある。

「あえてテーマやカテゴリーを記載することで、〝今年度期待する分野〟として申請者に圧力を与えてしまわないか。〝幅広く受け付けております〟といった書きぶりで問題ないのではないか」

「テーマやカテゴリーで〝かたまり〟をつくってしまうと、申請の際に特定のカテゴリーに焦点が当

たり過ぎるということになってしまいかねない」

「みらい基金から新たなテーマやカテゴリーを提示するのではなく、これまでの我々の取り組み姿勢を踏まえた表現とすべきではないか」

こうした議論の結果、テーマやカテゴリーを特定して表示することは、「みらい基金が募集する事業内容を限定している」との誤解につながり、申請がその分野に集中する恐れや当該テーマ以外の申請を萎縮させる恐れがあることから、特定のカテゴリーを募集要項に記載したり、個別の枠を設定したりせず、あくまで申請者の「内発性」を重視し、間口を広げて募集していくこととしている。

このようにみらい基金では、特定のテーマに絞ることなく、視野を幅広く持つことで、事業の真の価値を見抜き、より多くの実りあるプロジェクトについてサポートしていきたいと考えているのである。

3 事業はいろいろ

みらい基金では、事業規模（助成金）の上限下限なく、法人形態を問わない中で、〝大切にして

●図表1-2 **各年度の助成の最少額と最大額**

	2014年度	2015年度	2016年度	2017年度	2018年度	2019年度	2020年度	2021年度	2022年度	2023年度
助成上限額の最大額① [万円]	19,000	27,600	26,404	22,091	31,121	18,804	22,500	21,393	29,029	25,020
助成上限額の最少額② [万円]	3,000	600	1,870	900	1,728	2,519	1,437	980	6,458	1,035
最大と最少の差①÷② [倍]	6	46	14	25	18	7	16	22	4	24
		MAX							MIN	

いる考え方〟などをベースにした真摯な審査の結果、バリエーションに富んだ案件が採択につながっている。

これまでの助成上限額の最大額は3億1121万円、最少額は600万円である。各年度の最大額と最少額の差を見ると、最大で46倍、最少でも4倍程度の開きがある。これこそが事業規模の大小を問わず、真に必要なところに助成するとしたみらい基金の特徴を表しているのだ（図表1－2参照）。

課題やその解決策は地域や時間軸によって区々《まちまち》であり、刻々と変化している。事業規模も多様で、その大小は採否に影響を与えることはない。その時々の環境変化を踏まえ、〝大切にしている考え方〟を着眼点としながら、柔軟な構えで臨んでいるのである。

4 持続可能な開発目標（SDGs）を大事にしている

2015年9月に国連総会で採択された、「SDGs」。意図した

●図表1-3 各年度の助成先およびプロジェクト名

2014年度採択先（6先）			
農業	えちご上越農業協同組合	新潟県	積雪地域における園芸の定着と6次産業化への挑戦事業
農業	株式会社 ABC Cooking Studio	東京都	「地産地消」から「手づくり」へ　～食の付加価値創造プロジェクト～
農業	協同組合 夢高原市場	広島県	日本一大きく美しく豊かな世羅高原を目指して
農業	有限会社 トップリバー	長野県	富士見みらいプロジェクト
林業	石央森林組合	島根県	社会復帰促進センターとの連携による地域循環型森林経営システム構築プロジェクト
水産業	三重外湾漁業協同組合	三重県	漁村社会の継続に向けた自営漁師育成・定住促進事業
2015年度採択先（8先）			
農業	いわきおてんとSUN企業組合	福島県	農業・地方の価値発信のための場づくり
農業	株式会社 グリーンズ北見	北海道	「日本一を"ぎゅっと"」　たまねぎの加工を通じた地域みらいづくり
農業	農事組合法人 開発営農組合＋　おうみ冨士農業協同組合	滋賀県	"農育"の実体験から始まる就農ビジネスへの展開
林業	児湯広域森林組合	宮崎県	森林の現況をリモートセンシング技術で取得
林業	佐川町＋NPO法人 イシュープラスデザイン	高知県	林業×デザイン×デジタルによる住民発ものづくり拠点創造事業
水産業	福岡市漁業協同組合	福岡県	漁業集落活性化へ向けた洋上・陸上養殖プロジェクト
水産業	山口県漁業協同組合	山口県	"江崎の浜"活性化みらいプロジェクト
農・林・水	エーゼロ 株式会社	岡山県	林業従事者のための副業経営基盤開発事業
2016年度採択先（9先）			
農業	かいふ農業協同組合	徳島県	きゅうりタウン構想を核とした「かいふ農林水産業未来プロジェクト」
農業	きたそらち農業協同組合＋クラーク記念国際高校	北海道	「食育」から始まる農村資源を活かしたコミュニティビジネス起業
農業	株式会社 四万十ドラマ	高知県	しまんと　おちゃくり　複合経営プロジェクト
農業	株式会社 ゴールデンウルヴス福岡・株式会社 Biomaterial in Tokyo	福岡県	スポーツ×農業による糸島活性化みらいプロジェクト
農業	梨北農業協同組合	山梨県	IoT技術を導入した　ぶどう栽培の改革
林業	北信州森林組合	長野県	iフォレストリー～林業生産性を向上させるICT超効率化施業システムの開発～
林業・農業	一般財団法人 広島県森林整備・農業振興財団	広島県	コウヨウザンの苗木生産と耕作放棄地への植林～早生樹で耕作放棄地を宝の山に～
水産業	株式会社 鹿渡島定置	石川県	衛生環境強化と自動選別機導入によって魚価向上と若手漁師の漁業定着を目指す
水産業	宮崎県漁業販売株式会社＋宮崎県漁業協同組合連合会	宮崎県	定置網休眠漁場の復活と地域漁場の活性化対策事業

2017年度採択先（9先）

農業	農業生産法人 有限会社 伊盛牧場	沖縄県	草地再生プロジェクト
農業	認定NPO法人 遠野山・里・暮らしネットワーク	岩手県	インバウンドの流れを東北へ、被災地へ！！
農業	ネットワーク大津 株式会社	熊本県	水田や集落を守る大規模営農法人による自給飼料活用型TMR飼料供給プロジェクト
林業	株式会社 松沢漆工房	岩手県	1000年後の未来へ繋げる、漆採取のイノベーションによる漆生産の効率化
林業	登米町森林組合	宮城県	山がみえるサプライチェーンマネジメント・プラットフォームの構築～東日本大震災からの創造的再興～
林業	松阪飯南森林組合	三重県	地域雇用拡大に向けた原木、菌床きのこ一貫生産システムの構築
水産業	一般社団法人 浦戸夢の愛ランド	宮城県	ふるさと愛ランド～牡蠣養殖の後継者育成～
水産業	株式会社 フィッシュパス	福井県	川釣りの定番、遊漁券オンラインアプリ『FISHPASS』
水産業	有限会社 土佐佐賀産直出荷組合	高知県	「つくる・つながる・つたえる」資源活用モデル事業

2018年度採択先（5先）

農業	十勝農業協同組合連合会	北海道	農業情報のAI解析による「生産者高度支援システム」の開発事業
農業	萩アグリ 株式会社	山口県	“萩市東部地域” みらい活性化プロジェクト
農業	美瑛町農業協同組合	北海道	気象センサーのメッシュ配置による農業生産性向上事業
林業	一般社団法人 天川村フォレストパワー協議会	奈良県	木の恵みと生きる陀羅尼助の郷、天川村の豊かな未来
水産業	魚津漁業協同組合	富山県	地域力で構築する広域的連携による自立型セーフティネット

2019年度採択先（8先）

農業	株式会社 オール真庭	岡山県	持続可能な地域と農業を目指して～地域参加の生産・加工と地産外消～
農業	Kamakura Industries 株式会社	神奈川県	1日農業バイトdaywork
農業	十勝グランナッツ 合同会社	北海道	十勝の夏空と大地から新たな食の発信 ― 生産の効率化による落花生の産地創造 ―
農業	宮崎ひでじビール 株式会社	宮崎県	クラフトビールを中心とした持続的な地域農業モデルの構築と波及
林業	株式会社 東京チェンソーズ	東京都	檜原村トイビレッジ構想で、稼げる林業を目指す
林業	富山県森林組合連合会	富山県	広葉樹のエネルギー利用への新たな取組
水産業	株式会社 ケーエスフーズ	宮城県	南三陸海と陸の恵み活用プロジェクト
水産業	閖上赤貝組合	宮城県	先端技術を用いたサステナブルな自発経営型漁業モデルの構築

2020年度採択先(8先)				
	農業	株式会社 さかうえ	鹿児島県	地域の未来を支えるアグリバレー構想
	農業	農匠ナビ 株式会社	滋賀県	農匠技術開発プラットフォーム構築ー農家目線の次世代稲作イノベーションを目指してー
	農業	幕別町農業協同組合	北海道	レタスの生産から販売までトータルリモートモニタリングを実現し、高品質・安定出荷による所得向上実証プロジェクト
	林業	株式会社 岩手くずまきワイン	岩手県	「森から生まれたワイン」で未来に乾杯!
	林業	一般社団法人 SAVE IWATE	岩手県	眠れる森の宝「和ぐるみ・山ぶどう」の全活用
	林業	中勢森林組合	三重県	3つのデジタル化による現場・流通のスマート化 "三重モデル"の構築
	水産業	日本サーモンファーム 株式会社	青森県	バージ船を活用した大型トラウトサーモンの大規模な海面養殖生産の革新事業
	水産業	ヤエスイ 合同会社	沖縄県	産地が消費地と連携し利益を産地に誘導する事業
2021年度採択先(7先)				
	農業	株式会社 あぐりんく	山口県	国内初! 国産飼料用トウモロコシの高度利用による地域産畜産物創造プロジェクト
	農業	沖縄SV 株式会社	沖縄県	「人」と「農地」を未来につなぐ持続可能なコーヒーベルトの整備
	農業	公益財団法人 鯉淵学園	茨城県	栗でつなごう次代、つなごう食と農−ICT技術活用による生産・流通・販売モデルの構築−
	農業	株式会社 なっぱ会	石川県	廃食用油を燃料とした環境保全型農業
	林業	株式会社 エース・クリーン	北海道	木から牛の餌をつくる 林業と畜産業のみらいプロジェクト
	林業	可茂森林組合	岐阜県	竹に挑む 〜里山のみらい〜
	水産業	愛南漁業協同組合	愛媛県	「愛南の真鯛」が拓く地域の未来〜我々にとって真のサスティナブルを実現するために〜
2022年度採択先(6先)				
	農業	一般社団法人 Agricola	北海道	鶏舎建設と穀物乾燥施設建設
	農業	TOPPANエッジ 株式会社	東京都	農作業マッチングサービス
	農業	有限会社 人と農・自然をつなぐ会	静岡県	有機農園拡大及び販路の確保による「有機の郷」構想の実現
	林業	株式会社 GREEN FORESTERS	東京都	積雪地域での造林課題を解決する!未来の森づくり事業
	林業	宮城十條林産 株式会社	宮城県	「D」が森林と都市を「X」する
	水産業	宇波浦漁業組合	富山県	村張定置網のコミュニティビジネスへの変革……定置網とオラッチャの生活……
2023年度採択先(6先)				
	農業	エゾウィン 株式会社	北海道	地域まるごと農業DXプロジェクト
	農業	札幌チーズ 株式会社	北海道	石狩川を百キロ続く羊の放牧地に変え、食料自給率アップで平和な国作り。
	農業	一般社団法人 野草の里やまうら	大分県	野草で働き・交流する拠点と、消費者に分かりやすい栄養表示をした野草商品の製作
	林業・農業	株式会社 うめひかり	和歌山県	日本一の梅産地を守れ!耕作放棄地をウバメガシ山にリノベーション
	林業	一般社団法人 徳島地域エネルギー	徳島県	良質で安価な広葉樹チップによる「里山エネルギー林業」のサプライチェーンづくり
	水産業	シーサイド・ファクトリー 株式会社	新潟県	「定置網漁業」と「水産物加工場」との連携による持続的地域活性モデル事業

●図表1-4 **助成先の取り組みを集計したSDGsの割合**

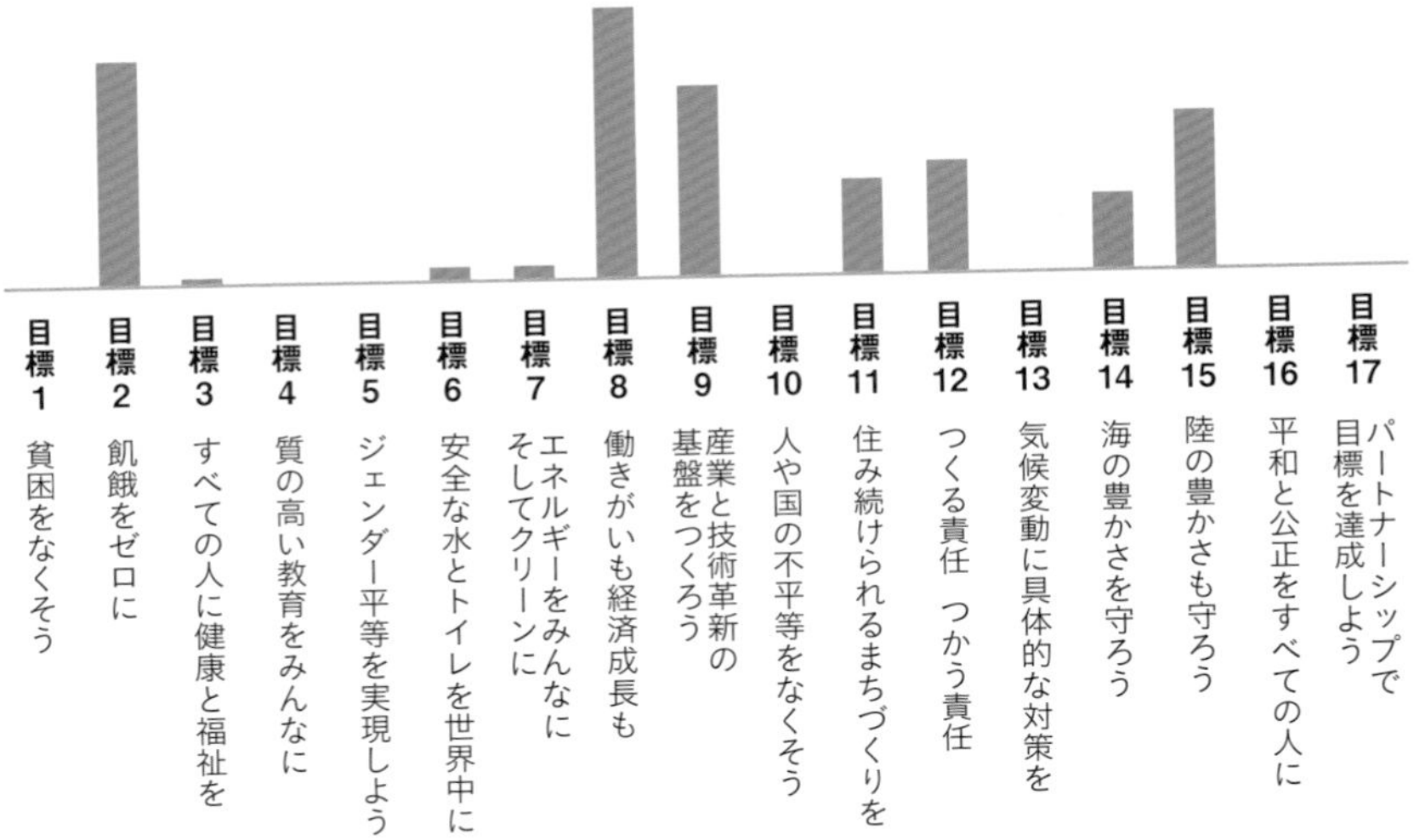

みらい基金事務局作成

ものではないが、各助成先の取り組みはこのＳＤＧｓの概念に沿った内容となっている。

農林水産業を軸に、地域に根差す課題を地域の力で持続性のある解決をしていこうとする取り組みは、ＳＤＧｓの目指す方向と一致しているのは自然なことなのかもしれない。２０１４年3月に設立されたみらい基金は、当初からそうした課題に対応する特徴があるのだ（図表１－４参照）。

ＳＤＧｓのターゲットの中で最も多いのが「８　働きがいも経済成長も」である。

生産年齢人口が減少する中、今やどの業界でも人手不足だ。農業に限ってみれば、基幹的農業従事者数は２０００年の２４０万人から２０２０年には１３６万人へと、20年足らずで１００万人以上も減少している。新規就農者も２０２２年は４万５８４０人と、統計

新規就農希望者の間では、トップリバーが目標とする組織の一つになっている

のある2006年以降で最少だ。そのような状況を肌で感じているのか、人材育成事業や新規就農支援事業を展開している助成先がいる。

農業法人「有限会社トップリバー」では、同社と行政とJAが三位一体的に協力し、水稲と花卉《かき》が中心だった産地を新たに野菜産地にするとともに、新規就農者の育成を両立している。近年では、農林水産省のスマート農業技術の開発・実証プロジェクトを活用し、スマートファーマーの育成にも積極的だ。みらい基金の支援によって研修設備の構築や栽培管理システムも導入し、多くの新規就農者を輩出している。今後も新規就農後の規模拡大や経営安定化をサポートしつつ、次代の担い手育成を進める考えだ。

続いて2番目に多いのは「2　飢餓をゼロに」である。このフレーズだけを見ると、飽食である日本では違和

ネットワーク大津のTMR飼料の製造の様子。産業廃棄物だった粕《かす》類を発酵TMRの製造に活かしている

感を持つ読者も少なくないかもしれない。しかし、２０１９年度の日本の食料自給率はカロリーベースで38％、生産額ベースで63％となっている。

　ロシアによるウクライナ侵攻などを契機に、食料・農業・農村基本法の見直しにおいて食料安全保障の強化も議論されている。多くを輸入に頼っている日本では、安定的に食料を確保するため、農林水産業自体の持続可能性をしっかり高めていかなくてはならないのだ。みらい基金の助成先にも、持続可能な食料生産を目指す取り組みがみられる。

　集落営農法人「ネットワーク大津株式会社」では、作付けした飼料用米などを用いてＴＭＲ飼料（混合飼料）を製造し、県内の畜産農家へ供給することで、持続可能な水田の維持と自給飼料の製造基盤を構築している。ＴＭＲ飼料の供給先も繁殖農家、肥育農家、酪農家と幅広い。今では、地域にある３２０ha

登米町森林組合の取り組みによって素材生産量は増加している

の農地には耕作放棄地がなく、担い手が次々に現れてきており、地域自体の持続可能性の向上にも寄与している。

3番目に多いのは「9 産業と技術革新の基盤をつくろう」である。みらい基金の助成先にもスマート農林水産業に代表されるようなＩｏＴ（モノのインターネット）などを活用した取り組みが見られる。

「登米町森林組合」では、森林現況・素材・施業情報を一元管理できる統合システムを構築した。当システムで、森林地理情報システム（森林ＧＩＳ）と連動させた地元産出木材のトレーサビリティーが確立。これにより、広葉樹の商品開発・販売強化による広葉樹林の更新が進められている。今では「登米の木材を使いたい」という要望は高く、東北から関東で多数利用されている。また、この仕組みが基礎となり、流通の一元管理が浸透、景気動向に左右されず安定的な森林整備ができるようになっている。

この3つ以外にも「11　住み続けられるまちづくりを」「12　つくる責任　つかう責任」「15　陸の豊かさも守ろう」が上位となっている。

みらい基金の助成先は、革新的な取り組みで地域と農林水産業の将来に希望が持てるような事業を展開しているのだ。各助成先の事業を核に、地域にコミュニティが形成され、雇用も創出している。それはまさに「地域づくり」そのものといえよう。

また、エネルギーの地産地消など、循環型農業の推進や廃棄プラスチックの有効活用による海ゴミの削減など、サーキュラーエコノミーを実現することで農林水産業を軸とした地域社会の持続可能性を高めていっているのだ。

5　流れを先取りしている

みらい基金の助成先は、それぞれの地域・現場の課題に対して、創意工夫を凝らしながら必死に汗をかいている。みらい基金はその取り組みに対して支援していることから、世の中で求められて

遠野山・里・暮らしネットワークのサイクリングツーリズムの様子。地域の風景や文化を肌で感じられる

いる取り組みに対して早い時点からカバーしている「先取性」も特徴といえる。

ここでは特徴的な3つの事例を紹介する。

1つ目が「農泊」である。2018年度の住宅宿泊事業法、いわゆる民泊新法が施行されてから、農泊を含めて「民泊」が増加している。農泊も、一時コロナ禍で実績が落ち込んだものの、2022年度の日本の総農泊者数は600万人を超え、コロナ前の水準を回復した。600万人を超えるのは農林水産省が統計を取り始めて以来、初めてである。

「認定NPO法人遠野山・里・暮らしネットワーク」では、グリーン・ツーリズムの実践を通して、地域社会に好循環を生んでいる。「とおの物語の館」という観光施設内にある「遠野旅の産地直売所」では、農家民宿を起点にしたツアーの販売などをワンストップで対応でき、インバウンドを含めて、都市

広島県森林整備・農業振興財団のコンテナ苗・育苗技術は県内外に広く波及している

農村交流をさらに一歩進めている。コロナ禍においては、近隣圏を対象にしたマイクロツーリズムとして、アクティブメニュー（マウンテンバイクによる遠野市周回ツアーなど）を増やすとともに、遠野市などを紹介するオンライン動画配信を実施した。サイクリングツーリズムについては、新たな協力者も増え、これを拡張、里山を体感できる人気コンテンツへと成長している。

2つ目が「エリートツリー」である。2021年度に策定された「みどりの食料システム戦略」では、エリートツリーと呼ばれる苗木の成長性が改良された樹種などを2050年までに林業用苗木の9割以上に拡大することとされた。

「一般財団法人広島県森林整備・農業振興財団」では、〝コウヨウザン〟という早生樹（早く成長する樹種）を広く普及する取り組みが進められている。みらい基金の支援によって、コウヨウザンのコンテナ苗の生産技術を確立し、マニュアル化することで県内外に広く普及を図っている。耕作放棄地においてコウヨウザンのモデル林を造成したところ、一部のモデル林では、成長などが想定を上回る早さであることを確認している。今ではコウヨウザンは他県でも需要が起こり、苗木の販売先が県外にも広がっている状況だ。また、当財団が苗木生産業者となり、コウヨウザンだけでなくヒノキのコンテナ苗も生産したことで、広島県内のほかの苗木生産業者にもコンテナ苗の生産が広がっている。

3つ目が「海業」である。漁村のにぎわいを創出するため、2022年3月に水産基本計画や漁港漁場整備長期計画に盛り込まれた、海や漁村の魅力を活かす事業。豊かな自然や漁村ならではの地域資源をフル活用するのが特徴だ。

「山口県漁業協同組合」では、「〝江崎の浜〟活性化みらいプロジェクト」と銘打って、定置網漁の復活をきっかけに、従前の活気あふれる漁村の再生に取り組んでいる。大型の定置網漁は年間7000万円程度の水揚げとなっており、江崎の浜の主力漁業にまで成長した。定置網漁の乗組員も県外から応募があり、7人を雇用している。中には20代の若者もいる状況だ。定置網漁の漁獲物は地元の女性部によって加工され、道の駅や漁協の移動販売車を通じて販売して

山口県漁業協同組合は、定置網漁の復活をきっかけに持続可能な漁村づくりを進めている

いる。山口県萩市沖で漁獲されるレンコダイを使ったソフト干物は、水産庁長官賞を受賞するなど人気を博している。また、地元の朝市では、水揚げ風景の見学とセットで開催したところ、地域外から多数の来場者があり、にぎわいを創出している。

このように漁協のみならず、地域住民も一体となった地域活性化を図る取り組み（定置網漁を軸に、漁獲物だけでなく水揚げ風景の見学などの体験もセットしたもの）は、行政が掲げている海業の一環といえよう。

今日的な課題に対して早い時点から取り組むことは先発優位性があり、ビジネスとしても有利に進められる。

ただし、先取性、すなわち未来に向けての新しい潮流を見極めることは容易《たやす》いことではない。毎年、申請案件の審査を担っている事業運営委員会では、侃々諤々《かんかんがくがく》の議論が繰り広げられている。採択する前には必ず現地に赴き、熱意あるリーダーたちの考え方などを確認することもしている。その一つひとつの積み重ねが結果として、世の中の取り組みより、一歩先を歩んでいるということにつながっているのかもしれない。

6　地域を押し上げている

人口減少や少子高齢化などによって、地方では祭りなどの地域行事の開催が中止になるなど、地域の維持管理活動自体が難しくなってきている場所がある。詳しくは第2章で説明するが、それは内発性が弱くなることにつながってくる。

一方で、みらい基金の助成先に目を向けると、行政をはじめ、地域住民、NPO団体、企業など地域の多方面の関係者が幅広く協力しながら、地域の持続的発展に貢献している。地域の課題を発見し、外部機関などとも連携のうえ、何とか解決しようとする動きがみられる。

そこには、いわゆる「地域力」が存在している。地域力とは、その地域が抱える課題をその地域の人々が関心を持ち、創意工夫して解決していくことである。その源泉はどこから来るのであろうか。ここでは2つの視点で考察する。

一つは「助成先を中心にさまざまなネットワークが構築されていること」である。

みらい基金の助成先は地域関係者だけでなく、行政、コンサルタント、大学関係者、システムベ

土佐佐賀産直出荷組合の活動に組み込まれている「ジェンダーフリー」をテーマにしたJICAの研修。女性が働きやすい職場づくりや水産加工について学ぶ

ンダーなど多彩な関係者とネットワークを構築している。現地実査に行っても、助成先だけでなく複数の関係者が出席し、幅広い議論や意見交換が行われているのだ。

その多彩な関係者は、事業の途中で参画したわけではない。例えば学術的な見地からバックアップしてもらうため、早い段階で大学関係者に入ってもらい、一緒になってプロジェクトを組み立てている。助成先自身が内発的に多方面の関係者に呼び掛け、有力なコミュニティを形成しているのである。

「有限会社土佐佐賀産直出荷組合」では、高知県黒潮町で獲《と》れた海産物を活用し、女性による丁寧な加工で製品化を進めるとともに、「土佐黒潮フィッシュガールＬＡＢＯ」という研修室を通じて、高知大学などと連携した販売促進・情報発信に力を入れている。この研修室は、今では高知大学の学生のほか、地域の小学生・中学生との交流や学びの場としても活用されている。また、独立行政法人国際協力機構（ＪＩＣＡ）の研修プログラムに組み込まれるなど、交流の輪は海を超えているほどである。

農村漁村には元々コミュニティが形成されており、かろうじて維持されている。そこに高い志を持った助成先が有機的につながり、内発的な取り組みによって新しい暮らしや雇用の場が生み出されている。

地域住民や行政などと調和した取り組みを進めていくと言っても、もちろんそれは一筋縄ではいかない。ところが、助成先の活動が地域コミュニティからの信頼を得られると、共に築き上げることの士気が高まり、地域の未来につながっているのである。

もう一つは「地域ポテンシャルを引き出していること」である。

地域ポテンシャルとは、その地域に潜在する資源、景観、伝統・文化、そしてそれに関わる人々や人々の中に蓄積された知恵・ノウハウのことを指している。それらは日常の中で当たり前のこととなっており、地域に住む人々にとっては認識されにくいものである。

みらい基金の助成先の中では、その地域にある未利用・低利用な資源や廃棄される資源を地域資源として見いだし、持続的な生産体系を構築している先がある。

雪に包まれた野菜は、寒さから身を守ろうと糖分を蓄える。えちご上越農業協同組合の雪下野菜は、野菜自体に甘味とうま味が凝縮されており、みずみずしくおいしい

詳細は第3章で説明するが、「公益財団法人鯉淵学園」では廃棄される「くず栗」を豚の飼料として有効活用しているし、「株式会社なっぱ会」では家庭からの廃食用油を農業用ハウスの燃料として利用している。「株式会社エース・クリーン」では、未利用・低利用である北海道のシラカンバを牛の飼料として有効活用しているのだ。

また、その地域に古くからある特産品に光を当て、農業に活気をもたらしているケースもある。

「えちご上越農業協同組合」は、地域特産の「雪下野菜」に目を付け、米どころである新潟県でブランド化を進めている。雪下野菜には以前、積雪が少ない年では雪下野菜として販売できないという課題があった。今では、みらい基金の支援により、簡易的な雪室を設置するとともに、そこでの栽培技術を確

かいふ農業協同組合が取り組む、徳島県海部郡の地場産業であるきゅうり栽培は、約80年の歴史がある

立することで、「雪室熟成野菜」という雪下野菜の特性を兼ね備えた野菜を長期間・安定的に販売することができている。これは、冬季期間の農家の安定的な仕事の創出につながっており、雪深い地域での園芸生産の希望となっている。

地域で培われた技術を若い人に継承する取り組みも地域力の創出につながっている。

「かいふ農業協同組合」では、徳島県海部郡に一大きゅうり産地をつくり、新規就農者を育成する取り組みが進んでいる。当地はきゅうりの10a当たりの収量が全国2位という高い栽培技術を持っているが、その〝匠《たくみ》の技〟を「海部きゅうり塾」と銘打ち、若い就農者に伝えているのだ。みらい基金の支援によって研修施設や就農施設が整備され、今では移住就農のモデルとなっている。全国から20人以上の移住就農者を受け入れ、多くが新規就農するまでに至っている。

地域が元々持っているポテンシャルを発掘するのは容易なことではない。「認定NPO法人遠野山・里・暮らしネットワーク」のように、多くの旅行者などとの交流を通して、都市住民を鏡として地域の価値や魅力を見つけることもあれば、コンサルタントなどの外部機関と連携することで見つけることもあるだろう。

いずれにしても共通しているのは、助成先がその地域、すなわち「現場」を大切にしていることである。現場を見て、地域住民や行政などの声を聞き、現場の課題をきちんと把握する。そして、日常に埋もれ顕在化していない地域資源などに光を当て、新たな地域づくりをしているのだ。

7 困難を克服している

2024年1月1日。石川県能登地方を中心にマグニチュード7・6の地震が発生した。石川県志賀町で震度7を観測し、東日本大震災以来の大津波警報も発令された。

みらい基金の助成先では港湾施設に亀裂が入ったり、窓ガラスが割れたりしているが、事業が決定的にストップするほどではなかったのが不幸中の幸いである。

この10年間を振り返ると、数々の自然災害に見舞われた。２０１４年には広島の土砂災害、２０１６年には熊本地震、２０１７年には西日本を中心とした集中豪雨、いわゆる西日本豪雨などである。近年では、地球温暖化による気候変動の影響によって記録的な暑さとなっており、高温による農作物の品質低下などが発生している。新型コロナウイルス感染症もある種の災害といえよう。

また、そのような自然災害以外にも、事業を進める中で困難に直面することが往々にして発生する。助成先からは、「上限90％」の費用を助成対象としていることもあり、「プロジェクトを進めるうえでの大きなボトルネックを突破する力がある」との感想をいただいている。

この突破力により、多くのケースにおいて、加速度的にプロジェクトが進んでいるが、プロジェクトを進めていく過程において、事業進捗に伴う新たな情報の蓄積により、具体化策や連携先の「選択肢の幅」が広がることもあれば、逆に着手前には想定し得なかったような障壁にぶつかることがあるのだ。

そのような困難を、助成先はどのようにして克服しているのだろうか。

「福岡市漁業協同組合」は博多湾に浮かぶ志賀島で、「砂のないアサリ」を新しい養殖技術である陸上養殖により特産品化した。これが、島地域の漁業活性化や雇用の創出につながっている。そんな中、夏場の高水温や赤潮の影響により、〝幼生〟から〝稚貝〟に至る育成の過程で大量の斃死《へいし》が発生してしまったのである。そこで赤潮を避けるべく〝母貝〟を水深深くつり下

波浪でもアサリが死滅することがあったが、福岡市漁業協同組合が対策を講じることで今では安定的に育成ができ、放流種苗として活用されている

げたり、〝成貝〟の陸上退避の体制を整えたりするなど、対策を講じている。一方、実験室レベルではあるがアサリの完全養殖も完成しており、安定的な種苗生産が可能になっている。これは、博多湾で激減しているアサリを補うため、放流種苗として活用されている。

このように助成先を中心としたネットワークによって、困難を克服しているケースがある。それ以外では、農業とは縁もゆかりもない人々によって乗り越えたケースもあった。

システム開発会社の「Kamakura Industries株式会社」は、農業分野の「繁忙期だけ労働力が欲しい」ニーズに対応すべく、1日単位の農業アルバイトマッチングサービスアプリ「daywork」を展開している。北海道十勝地域で

Kamakura Industriesの農業アルバイトマッチングサービスアプリ「daywork」は、農業の人手不足を解決するプラットフォームになっている

始まったこのサービスは今では39府県で展開しており、100を超えるJA、20を超える自治体で導入されている。実はコロナ禍における強い行動制限の中、特に北海道の農業を救ったのはdayworkを利用した「パラレルノーカー」（複数の仕事をこなすパラレルワーカーの農業版）たちであったという。そこでは、これまで農業に関係がなかった会社員、学生、主婦などが北海道全体で1日に数百人単位で収穫作業などを手伝ったのである。

2020年の食料・農業・農村基本計画において農村を支える新たな動きや活力の創出として「農的関係人口」が提起されている。都市農村交流の文脈で語られることが多いが、これまで農業に関わっていない人々とのつながりも困難を克服する大きな力になるのだ。

ここでは2つの事例を紹介したが、共通しているのは助成先自身、より具体的には助成先におけるリーダー自身の「熱意」だった。当初想定していなかった障壁を乗り越えられたのは、プロジェクトのリーダーたちが熱意を持って、自律的に取り組んだこと、そしてその取り組みは、熱意に支えられた創意工夫と独自性にあふれるものだったということである。

みらい基金としても、事業環境が複雑に変化する中、助成期間（最長3年間）の途中で事業計画に変更があるのは、当然のことと考えている。その際は助成先の説明を真摯に聞き、採択時における事業のビジョンや目的から著しく逸脱しない範囲で助成対象事業が目指しているゴールの達成可能性が高まるのであれば、極力計画変更に応じることでサポートしている。

8　挫折もある

「センミツ」という言葉がある。「千三つ」と書き、「千のうちわずかに三つ」のことを表している。新規事業が成功する割合として語られることが多い。

みらい基金の助成先は、全体としておおむね計画に沿って事業が進められている。一方で、「センミツ」というわけではないが、個々の案件を見ていくと助成対象事業の継続ができなくなったり、当初想定していた事業の成果が得られなかったりする助成先が残念ながら存在するのも事実だ。

ここでは事業の進捗が芳しくなかった原因を考察する。

1つ目は、「事業の進捗が組織の中のキーパーソンとなる人材に過度に依存していること」である。当然のことながら事業を精力的に進めていくためには、リーダーとなる人材は必要不可欠である。前述の通り、事業を進めていくうえで、困難な障壁を乗り越えるためにも熱意あるリーダーが必要だ。ただし、このリーダー自体が何らかの理由で助成先を離れることとなった場合、事業の継続性に課題が生じることとなる。事業の牽引《けんいん》力が大幅に弱くなるのだ。

特に小規模な組織では、そのようなリスクが大きい。リーダーが離れた場合に、組織として事業を継続する体制が構築できるか、リーダーの右腕のような代わりとなる人材がいるのか、という点は留意する必要がある。

2つ目は、「事業収益が確保できないこと」である。

みらい基金の〝大切にしている考え方〟の中には「事業性・継続性」の観点がある。助成期間終了後も事業を継続することで、助成効果を最大限発揮することができると考えているからである。一部の助成先では、助成期間内に計画通りの事業収益を確保することができず、助成金がなくなると関係する全ての人々が事業を離脱してしまった。まさに「金の切れ目が縁の切れ目」となってしまったのである。中には加工原料の安定的な確保ができず、採算ラインを確保できなかったケースもある。

人件費は上昇傾向にあり、今後ますます事業の採算性を確保することは難しくなってくる。現在の人手不足の状況の中では、人件費の上昇・高止まりがプロジェクト遂行のボトルネックとなることがあり得るかもしれない。こうしたケースでは、収支計画の妥当性を見極めるうえで、事業の入り口となる安定的な原料の確保や出口である販路の確保、適切なマーケティングなどに懸念がないか、といった点は留意する必要がある。

3つ目は、「何らかのリスクが顕在化した際に、耐えられるだけの企業体力がないこと」である。事業を進めていく過程にはさまざまなリスクが潜んでいる。取引先の倒産などの財務上のリスクもあれば、近年ではコンプライアンスに関わるリスクも増えてきている。とりわけ農林水産業においては、地球温暖化による異常気象などの自然災害リスクが大きい。災害も激甚化の傾向にあり、みらい基金の助成先においても大きな被害が発生している。

第3章で紹介している「日本サーモンファーム株式会社」のように災害を乗り越えている助成先もいるが、事業自体の継続が困難になったケースもあった。

自然災害のようなコントロールできないリスクは、事業者にその耐性がどの程度あるのか検証する必要がある。逆にみらい基金としては、事業者がどの程度のリスクであれば許容できるのか、事業の真の価値を見極める過程で検討する必要もあろう。一方で、コントロールできるリスクもある。これについては、事業者に対してリスクの発生頻度や大きさを削減する方法などを丁寧に確認することとしている。

4つ目は、「地域の閉鎖性」である。

地方が消滅すると騒がれ始めて久しい。元岩手県知事・総務大臣の増田寛也氏が日本創生会議・

人口減少問題検討分科会での議論を基に執筆した、いわゆる「増田レポート」。日本の少子化および地方から大都市圏への人口移動を踏まえ、今後も人口移動が収束しなかった場合、２０４０年までの30年間に「20～39歳の女性人口」が現在の５割以下に減少する市区町村を「消滅可能性都市」とし、これに当たる自治体を実名で公表したのである。

増田レポートが公表されて10年。奇《く》しくもみらい基金が創設された２０１４年に、「人口減少問題の克服」を掲げて政府の地方創生が始まった。何とか奮起している地方もあるが、全体としては「仕方がない」と諦めムードの地方が多いだろう。そこでは自分たちの地域を変えようという活力が失われている。

助成先の中でも、都市農村交流を通じて農業のファンになってもらい、将来的な担い手育成まで取り組むこととしていたが、集落の同調圧力が想像以上に強く、これまでの負の流れを変化させるまでには至らなかったケースがあった。

これは現地実査でしか分かり得ないと思われるが、プロジェクトを進める事業者を含め地域関係者が一体的になり、全員が同じベクトルを向いているのか、きちんと調和が取れているのか、という点は留意する必要がある。

9　みらい基金と助成先との繋がりが続いている

みらい基金の助成は、融資や出資とは異なり「渡し切り」の助成金である。助成契約書上も、虚偽申告や誓約事項への違反などの特段の事情がある場合を除き、事業の遅れや計画未達のみを理由とした助成金の返還は求めていない。

みらい基金と助成先との関係は、お金のやりとり（授受）をする間柄でもあることから、お互い厳格なスタンスを保ちつつ、常に襟を正しながらプロジェクトが進められている。

助成先として採択した後も、委員長もしくは副委員長によるフォローアップ実査を行い、現地での取り組み状況、プロジェクトの進捗状況について緊張感を持って確認している。それは助成期間が終了した後も同様である。決して「助成金を支給して終わり」ではない。必要に応じて、助成先にとってヒントになるような、インスパイアしてもらえるような助言を行っていくというスタンスを取っている。このような「助成後のフォロー」は、ほかの助成金や補助金にはない、みらい基金独自のアドバンテージだ。

「株式会社ＡＢＣ Ｃｏｏｋｉｎｇ Ｓｔｕｄｉｏ」からは、「ただお金を出すだけでなく、その助成金が将来の価値につながるようなサポートも充実しており、10年たった今も、この助成金を得て構築できた関係性は継続している」とのコメントをいただいている。

助成期間中の先はもとより、助成期間が終了した先とも普段から積極的かつ意識的にリレーションを構築し、課題解決に向けた「知恵」を出し合い、よりよい形で実現させていくために、一緒になって歩みを進めているのだ。

10 助成先同士のネットワークができている

みらい基金では、助成活動だけでなく、助成先のプロジェクトを広く世の中に伝えていくための情報発信活動も積極的に行っている。「モデルとなり得る事業を厳選」してきた成果を、世の中の多くの農林水産事業者に知ってもらいたいからである。

情報発信活動は、助成事業とともに、活動の両輪として位置づけており、広く、厚みのある波及効果が出せるよう工夫を凝らしながら情報発信を続けている。また、助成先のリーダーたちの〝生の声〟を伝えることによって、地域のファンづくりにもつなげている。

こうした情報発信の成果として、2017年度採択先の株式会社フィッシュパスの取り組みが波及し、同じく2017年度採択先の認定NPO法人遠野山・里・暮らしネットワークと連携して、上猿ヶ石川漁協（遠野物語に登場する、カッパが棲《す》むといわれている猿ヶ石川を管轄）への「FISH PASS」サービス提供も開始されるなど、〝助成先同士が連携した〟〝プロジェクトの重なり合い〟も生まれている。

農業・林業・水産業の垣根を越えた助成先の交流による相乗効果の発現を目的に、助成先交流会を開催。2019年に開催した助成先交流会では、報道関係者を含め150人を超える人が参加し、活発な意見交換がなされた

近年はコロナ禍で実施できていないが、みらい基金も、助成先が一堂に会し、農・林・水の垣根を越えて交流する「助成先交流会」を２０１７年と２０１９年に開催し、こういった相乗効果や助成先同士のネットワークづくりにも尽力してきたところだ。

助成先の現場では、着実に理論が実践に結実しつつある。こうした〝輝くような取り組み〟について地域外にも広く浸透し、全体として素晴らしい未来につながることを強く願っている。

寄稿 みらい基金の助成が意味するもの

農山漁村の経済を回す「プロセス支援」の先駆け

図司直也氏

ずし・なおや　法政大学現代福祉学部福祉コミュニティ学科教授。農山村経済論、農村地域政策論、地域資源管理論が専門

近年、「社会的インパクト投資」が注目されている。これは、より良い社会をつくるために、環境問題や雇用創出、地域活性化といった社会的な課題の解決を図るとともに、経済的な利益の獲得を目指すものであり、これらに関連する事業に資金を提供する動きである。まさに、直面する課題の克服にチャレンジしている地域の農林水産業者などに対して、「あと一歩の後押し」の役割を10年担ってきた「みらい基金」もその一つと言えよう。

この社会的インパクト評価を行う上で、2つの軸が提示されている。一つは「アウトプット評価」、そしてもう一つが「アウトカム評価」である。いずれも事業活動の実態や成果を評価する手法であるが、その違いを辞書（デジタル大辞泉）から整理すれば、「アウトプット評価」は、「各種活動の実施回数や参加者数など、事業の実施量（アウトプット）を基に、事業が計画通り実施されているか評価する」ものとされている。それに対して、「アウトカム評価」は、「事業の実施によって生じた人々の意識や行動に生じた変化など、事業の成果・効果（アウトカム）を基に、目標の達成度を評価する」ものである。

このような評価軸により、先に述べられてきた「みらい基金が果たしてきた10のこと」を捉えてみれば、基金がこれまで10年間にわたり支援してきた72件の助成案件が、事業の継続の可否も含め、それぞれのアウトプットを生み出している。それとともに、事業対象やその周囲にさまざまな変化をもたらし、そこにはアウトカムとして多くの共通点が見いだされていることが分かる。

個々の事業が多彩なテーマに及びながら、これらのアウトカムに共通点が見いだせるのは一体なぜだろうか。そのヒントは日本の農村構造に求められそうだ。

農業経済学者の生源寺眞一氏は、日本の土地利用型農業、特に水田農業を例に挙げて、2階建ての構造で成り立っている、と説明している。上の層は、市場経済との絶えざる交流のもとで営まれている層、いわばビジネスの層である。このビジネスの層だけで完結しないのが水田農業の特徴であり、上層を支える基層と呼ぶべきもう一つの層が、地域農業を支える農業用水や農道などを良好な状態に維持する資源調達のための層であり、農村のコミュニティの共同行動に深く埋め込まれた層だとする（生源寺〈２０１１〉）。つまり、日本の農村は、暮らしやコミュニティに当たる基層と、市場経済、ビジネスに関わる上層の２つの層がバランスよく積み上がっている状況、農業中心社会を「原型」として維持されてきた。

しかし、今日では、農業のみで生計を立てることは地域性や品目によっては容易ではなく、また、農村コミュニティも流動化が高まり、価値観の多様化もあって、基層と上層のありようは大きく変化している。「みらい基金」に応募する案件の多くは、そこに起因する社会的課題に向き合うものであり、それ故に、市場や経済に当たる上層の再構築は、個々の事業の特徴を見せるアウトプットとして評価されるとともに、そこに通底する基層に当たるコミュニティの再構築は、どの地域にも共通するアウトカムとして読み解かれているのではないだろうか。

みらい基金の支援は地域経済循環が取り戻される最終局面に力点

そうだとすれば、みらい基金による助成は、まさに農山漁村再生のプロセスの一端を担うものと言えるだろう。評者も、先のフレームワークを基にして、農村再生のプロセスを整理してきており、それを農山漁村にまで拡張できるのではないかと考えている（図司〈2022〉）。そこでは「プロセス」という言葉が示すように、再生に要する時間を強く意識している。

紙幅の都合からここでは簡略な説明にとどめるが、まずは基層内部をつなぎ直し、基層から上層へと両者をバランスよく積み上げ、その先にビジネスである上層が再構築されるものと捉えている。具体的には、住民の数が少なくなっても、その価値観が多様化しても、今の時代に合った形で基層をなすコミュニティが関わり合う場として機能することで、各々《おのおの》の暮らしを豊かにし、さらに地域資源を活用した新たな価値を見いだすことで、上層に当たるビジネスに関わる機会が増え、地域経済循環を取り戻すことができる、というプロセスである。

この後の第2章では、みらい基金が大切にしている考え方が述べられている。その内容を先取りするならば、みらい基金は、直面する課題の克服にチャレンジしている地域の農林水産業者などが、その事業に取り組んできた経験を通じて、ビジョンの解像度を上げて、その先に目指すゴールまで見通せているか、「あと一歩の後押し」の局面での支援をしっかり見極める姿勢が示されている。

これは、先の農山漁村再生のプロセスに置き換えれば、申請事業を通して、基層がしっかり固まり、基層から上層へのつなぎ直しがなされた上で、目指すべき地域再生の全体像まで見据える段階まで達しているか、を問うものとも言えるだろう。そうだとすれば、みらい基金は、農山漁村再生のプロセスの中でも、上層の再構築を通して、地域経済循環が取り戻される最終局面に支援の力点を置いていることが分かる。

事業の局面に合わせたサポート体制を構築したい

農水省でも、2020年改定の食料・農業・農村基本計画において、農村における新たな価値の創出と、所得や雇用機会の確保を目指し、「農山漁村発イノベーション」という新たなキーワードを打ち出している。具体的には、活用可能な農村の地域資源を発掘し、磨き上げ、他分野と組み合わせた新たな取り組みに対する政策支援を始めているが、そこには多彩な支援策が並び立ち、みらい基金が重要視する時間軸に沿った支援発想はまだまだ弱い印象を受ける。

このみらい基金が事業におけるブレイクスルーの実現を意識し、あと一歩の後押しにこだわった支援を明確に打ち出しているのは、アウトプット、アウトカムの両方において、助成金の効果を最大限引き出したいという狙いに基づくものと言えよう。そうであれば、国による農山漁村発イノベーションにおける政策支援においても、事業の構想段階から、それぞれの段階に寄り添った支援策が求められることになるだろう。

このみらい基金があと一歩の後押しという事業の最終局面を支えているのとは対照的に、事業を立ち上げる入り口段階に寄り添う支援策の一つに、一般財団法人地域総合整備財団（通称ふるさと財団）の地域再生マネージャー事業が挙げられる。

具体的には、地域再生に取り組もうとする市町村等に対して、各分野の専門的知識や実務的ノウハウを有する外部の専門的人材（外部専門家）の活用を支援する事業だが、その中の「ふるさと再生事業」では、地域住民主体による持続可能な体制づくりの構築と地域資源を活用したビジネスの創出による地域再生が目指されている。評者もこの事業にアドバイザーとして関わりながら、事業準備・導入期には、体制づくりをまず着実に進めることで、初めてビジネス創出への展開に弾みがつく様子を、現場や事業報告会を通して数多く捉えている。つまり、このマネージャー事業は、先の農山漁村再生のプロセスに重ねれば、基層を固め、基層から上層へのアプローチを図る段階での支援を担っており、この局面では専門家が地域側のプレーヤーに寄り添う伴走支援の方が有効であると言えよう。

このように、農山漁村における多彩な地域資源や事業分野、主体を組み合わせて、新しい事業を創出する農山漁村発イノベーションがこれから広がりを持つためには、みらい基金があと一歩の後押しをしっかり支えていくだけでなく、事業におけるその手前の段階に対しても、ほかの事業体が役割分担しながら丁寧な支援体制を構築する作業が欠かせないだろう。みらい基金が助成した多彩な事業の蓄積には、そのプロセスやノウハウが詰まっており、本書がその一端を共有できる資料として幅広く活用され、その後に続く現場からの挑戦にもエールを送る役割を果たすことを期待したい。

参考資料

生源寺眞一（2011）『日本農業の真実』ちくま新書
図司直也（2022）「新しい再生プロセスをつくる」小田切徳美編『新しい地域をつくる――持続的農村発展論』岩波書店
図司直也（2023）『「農村発イノベーション」を現場から読み解く』筑波書房

第2章

未来の農林水産業を熱烈支援

この章では、農林水産業みらい基金による助成の趣旨、そしてみらい基金が、農林水産業を軸とした事業により地域を発展させたいとする助成申請者に対して、どのように審査をし、助成を選定しているのか紹介したい。

みらい基金は、助成する際の考え方をずっと大切にしてきた。ここではその考え方について深く理解していただくため、詳述している。また、時代が激しく変化していく中で、年度ごとに変わる申請テーマの傾向も明らかにした。そのほか、みらい基金では、審査にあたっての構えをどうすべきかなどについて日々議論しているが、その議論の中身なども紹介する。

みらい基金は時代の変化を考慮しつつ申請者に寄り添って審査

まず、農林水産業みらい基金の設立から、みらい基金の組織概要について述べ、採択のための審査プロセスを記していく。次に、みらい基金が大切にしている考え方について、特に「あと一歩の後押し」は実際の助成先の事例も交えて説明している。

年度ごとの申請テーマの傾向は、申請件数が多い農業分野において、助成申請書の記載事項をテキストマイニングツールを使って集計、分析した結果を紹介する。2021年度は「スマート農業」「コロナ」「脱炭素」といった単語が多く出現。2022年度は「耕作放棄地」「未利用資源」「有機」など。2023年度は「人工知能（AI）・省力」「次世代継承」「観光・宿泊・イベント」などだった。年度をまたいで共通で挙げられている単語もある。

みらい基金は時代の変化を考慮しつつ、申請者に寄り添って審査してきた。以下、目を通してもらえればご理解いただけると思う。

1 みらい基金設立

今この瞬間にも、自ら「創意工夫」を凝らしながら、直面する課題の克服にチャレンジしている農林水産業者が全国にいる。

私たちみらい基金は、こうした「地域の内側から湧き上がってくる噴水のような力」を支援するため、農林中央金庫から200億円の基金の拠出を受けて、2014年3月に設立された。

初代代表理事には奥田碩氏、2014年6月からは大橋光夫氏、2021年6月からは事業運営委員長と兼任する形で山口廣秀氏が代表理事を務め、経済界、法曹界、言論界、農林水産関連団体のリーダーたちによる理事会を組成し、運営している。

設立以来、真摯な議論を重ね、それぞれの農林水産業への想いを注ぎ込んできた。広く〝第1次産業への貢献〟を行いたい、〝貢献の裾野を広げたい〟という一心で活動を続けている。

2 事業運営委員会の設置

みらい基金は、非営利型の一般社団法人として、収益を追い求めず、特定の団体やグループに肩入れしない「公平公正」という立場を強く意識して活動している。

●図表2-1 農林水産業みらい基金の組織概要

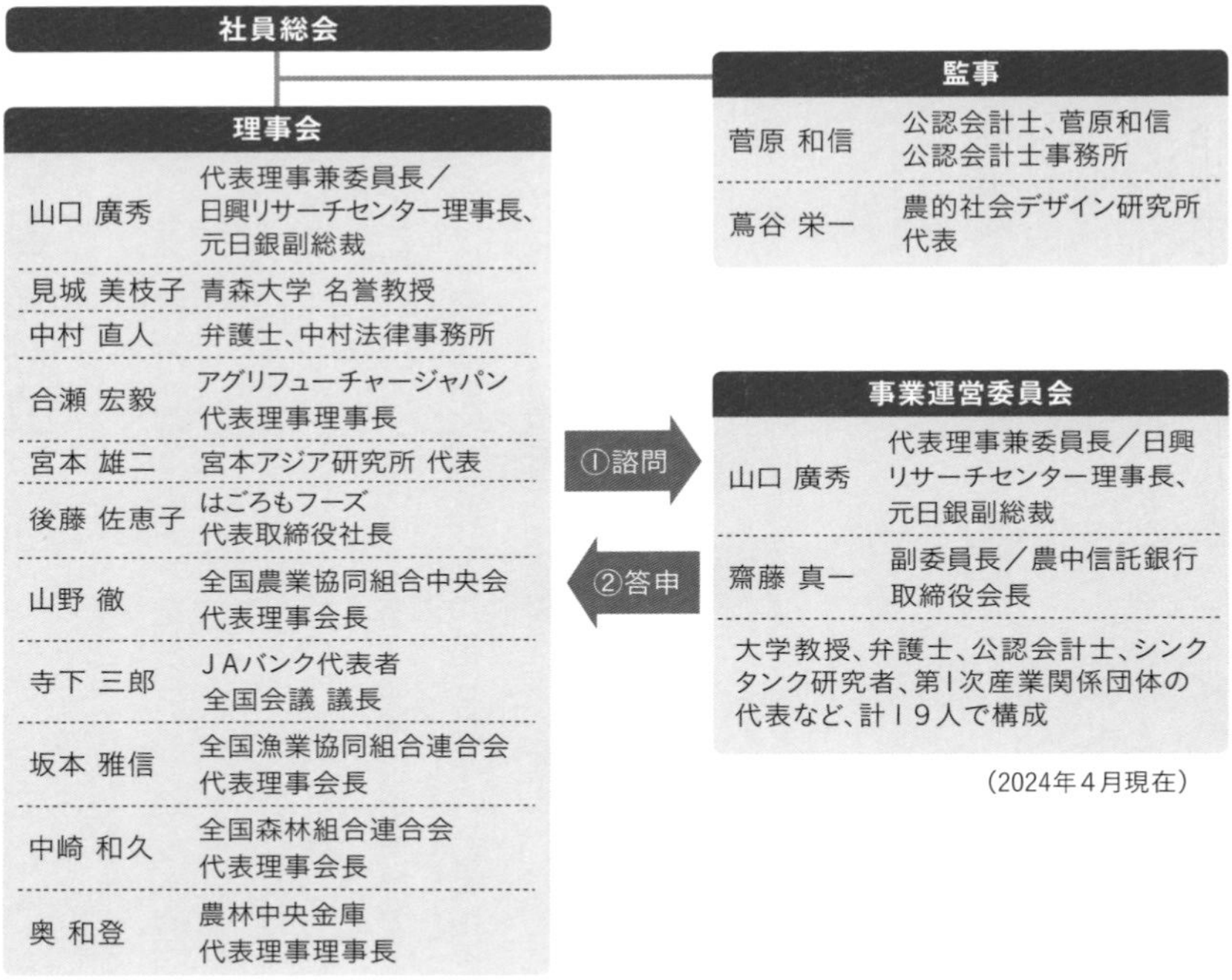

社員総会
監事
菅原 和信
公認会計士、菅原和信公認会計士事務所
蔦谷 栄一
農的社会デザイン研究所代表
理事会
山口 廣秀
代表理事兼委員長／日興リサーチセンター理事長、元日銀副総裁
見城 美枝子
青森大学 名誉教授
中村 直人
弁護士、中村法律事務所
合瀬 宏毅
アグリフューチャージャパン代表理事理事長
宮本 雄二
宮本アジア研究所 代表
後藤 佐恵子
はごろもフーズ代表取締役社長
山野 徹
全国農業協同組合中央会代表理事会長
寺下 三郎
ＪＡバンク代表者全国会議 議長
坂本 雅信
全国漁業協同組合連合会代表理事会長
中崎 和久
全国森林組合連合会代表理事会長
奥 和登
農林中央金庫代表理事理事長
①諮問
②答申
事業運営委員会
山口 廣秀
代表理事兼委員長／日興リサーチセンター理事長、元日銀副総裁
齋藤 真一
副委員長／農中信託銀行取締役会長
大学教授、弁護士、公認会計士、シンクタンク研究者、第1次産業関係団体の代表など、計19人で構成
（2024年4月現在）

実際に資金を援助する助成先の選定に当たっては、個別に目星を付けるのではなく、完全な一般公募による、全国から一斉に申請を受け付ける方式を取った。

また、申請書を審査し、助成先候補を絞り込むプロセスでは、理事会の諮問機関として、第三者の専門家たちで構成される「事業運営委員会（以下、委員会）」を組成している。

理事会が委員会に案件審査などを「諮問」し、委員会が責任を持って入念に審議する。その結果を委員会から理事会に「答申」として報告する。「答申」を理事会の場で協議し、助成先を決める。

このようにみらい基金では、特定の者、特定のグループに利益を与えるようなことにならないように、中立の立場で、公平公正に助成先の選定を進めている。そのために組織の立て付けから整備し、厳格な運営を行っている（図表2－1参照）。

3 審議プロセス

委員会は、委員長と副委員長をはじめ、大学教授、弁護士、公認会計士、シンクタンク研究者、第1次産業関係団体からの有識者など、計19人で構成されている（2024年4月現在）。組織全体で順守すべき「倫理規程」や「利益相反行為管理規程」を定め、それぞれの立場（所属する団体など）、利害関係を離れた個人の立場で、その知見を発揮しながら審議に臨んでいる。

委員会のメンバー全員が、非営利型法人の税法上の要件である「特定の者を利することがないよう公平公正な見地から合理的かつ恣意性なく事業が遂行されること」を強く意識し、公器としての位置づけを念頭に置きながら申請案件に向かい合っている。

委員会の審議に先立ち、みらい基金の事務局と第三者のシンクタンクとで、申請案件の取りまとめと一次評価を行う。これは、「第三者による評価の複眼化」を取り入れながら委員会審議を行うためである。

●図表2-2 **みらい基金助成申請から決定までのプロセス**

募集要項の確認	**STEP1** 毎年5月(予定)に公表される募集要項を基に 全国一斉に申請が検討される
申請の準備	**STEP2** 申請に必要な提出書類をダウンロードし、各種提出書類を作成する
申請手続き	**STEP3** 助成申請受付システムで提出する 6月末(予定)締め切り
審査開始	**STEP4** 助成対象となる事業は、外部有識者により構成される 事業運営委員会における審査を経て理事会にて決定。 審査期間は7月〜12月上中旬
審査結果通知	**STEP5** 書類選考後、不採択となった場合のみ、 不採択通知を9月中下旬に連絡 最終選考後の審査結果は12月上中旬に連絡 (書類選考で不採択となった先は除く)

そして、委員会審議の場では、この一次評価はあくまでも参考指標という位置づけにとどめつつ、各委員自身の目線で事前に申請案件を検証し、各案件の申請内容、事業計画に対する評価や疑問点、課題点などについて議論が繰り広げられる。

このように、ポイントや論点を洗い出しながら段階的に案件を絞り込み、助成対象となる可能性が認められる案件に対しては「現地実査」を実施している。

現地を実査する際には、委員長もしくは副委員長が必ず現地に赴き、委員会の場で提起された疑問点などについての質疑応答を行う。プロジェクトのリーダーやメンバーの事業遂行に懸ける意志や、その事業継続の確からしさ、連携している関係者の連帯感などについて、直接、確認していく。

結果、みらい基金が大切にしている考え方に照らして、助成対象事業になり得ると判断された場合、理事会への答申において「採択候補先」として理事会に提案している。

過去においては、現地で実査したにもかかわらず、「どうしても払拭できない疑問点が残る」として、採択に至らなかったケースもあった。しかし、現地実査での会話でプロジェクトの論点が洗い出されたこともあり、その年は採択に至らなかったものの、その課題点を払拭し、翌年度に再チャレンジする申請者もいる。

みらい基金では、「論点を洗い出し、より良い事業にするための支援をする」といった姿勢で審査している。

4 大切にしている考え方

みらい基金の審査は絶対評価で実施しており、例年、採択件数や採択率、採択金額について目標などは定めていない。

助成事業の審査では、申請者の多様な事業計画にどのように向き合うべきか、議論を積み重ねながら進めてきた。その中で、一貫して心掛けてきたことは、直面する課題の克服にチャレンジしている地域の農林水産業者などへの「あと一歩の後押し」に寄与したいということだ。

「あと一歩の後押し」とは

助成金が対象事業の「あと一歩の後押し」につながるためには、事業関係者がその事業に取り組んできた経過の中で、①事業経験に裏打ちされたビジョンが存在し、そのビジョンは十分に「具体的」であり（ビジョンの解像度が高く）、②ビジョンに向けて既に取り組みや進捗がみられ、③その結果ボトルネックとなる課題とそれに必要な資金（使途と金額）が具体的に特定されており、④ボトルネックを突破したその先に目指すゴールが見通せる必要がある（図表2‐3参照）。

従って、世間に存在する事業開始段階のスタートアップ企業などに対する支援とは一線を画すものだ。試験的・予備的なものも含め、これまでに何ら取り組みがなされておらず、構想・準備段階にとどまっている事業については、ボトルネックとなる課題が特定されておらず、「あと一歩の後押し」につながらないものと考えている。同じ一歩でも、遠いゴールに向けた〝最初の一歩〟ではなく、ゴール目前の〝あと一歩〟ということだ。

ここで、助成先のビジョンについて付言しておく。

助成先のビジョンは、「自分中心」（例えば、助成金を使って設備投資し、会社を大きくしたい等）ではないこと、つまり大義があって、広がりのあるビジョンで、第1次産業の発展のための良いことかどうか、が大事なポイントとなる。

そうしたビジョンを掲げたプロジェクトほど、共感した多くの関係者が登場するものだ。みらい

●図表2-3 ボトルネックの突破に真に必要な支援を行うことで事業のブレイクスルーを実現!

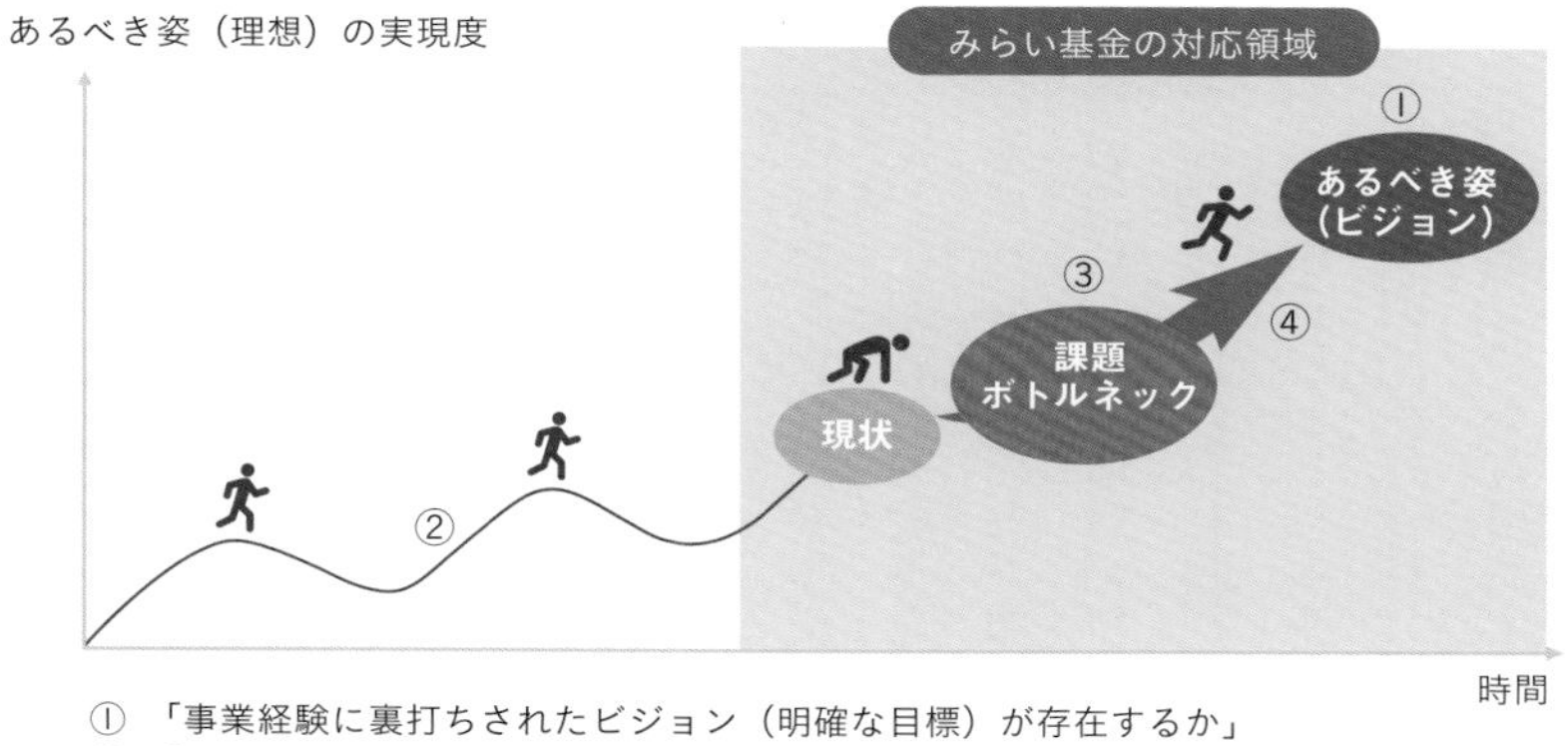

① 「事業経験に裏打ちされたビジョン（明確な目標）が存在するか」
② 「既に取り組み、進捗がみられるか」
③ 「ボトルネックとなる課題が特定されているか」
④ 「ボトルネックが解消されることで、ビジョン実現への道筋が見えてくるか」

基金の採択先の多くは、ステークホルダー全体に共感、期待され、〝ワクワク〟を創出している、という点は強調しておきたい（第3章でそれぞれの助成先の取り組みを紹介しているので、ご確認いただきたい）。

また、具体的な進捗が見られ、ビジョンが明確であっても、ボトルネックとなる課題が曖昧であったり、課題の解決に向けた施策が具体的でなかったりすると、事業の妥当性の評価が困難と判断され、「あと一歩」とはみなされないケースもある。

みらい基金の助成金は渡し切りであり、金額の上限も下限もなく、事業者が事業の活動に直接的に必要となる資金を申請する。これによりボトルネックの突破に真に必要な支援を施すことで、事業のブレイクスルーを実現したい。そしてその事業がほかの地域や事業者のモデルとして世に広がることで、助成金の効果を最大化したいと考えている。

「あと一歩の後押し」を理解できる事例、十勝グランナッツ

ここからは「あと一歩の後押し」に対する理解を深めるために、北海道十勝地域において落花生の産地化に取り組む十勝グランナッツ合同会社（2019年度採択先）の事例を紹介しよう。

北海道の十勝地域では、連作障害を避けるため、麦、ジャガイモ、甜菜《てんさい》（砂糖の原料）、豆の4品目の輪作による大規模生産が展開されている。いずれも生産量は日本随一だ。しかしながら、近年では4品目の輪作でも連作障害が出るケースもあるという。

解決の糸口として注目されたのが、健康食材としても注目されている落花生の生産である。落花生は、海外ではピーナツバターやオイルとして活用されており、加工用途に伸びしろのある作物だ。だが日本では、生産者の高齢化などにより、国内自給率は10％程度にとどまっているのが現状だ。

そこで十勝グランナッツは、加工用途が期待でき、換金性の高い落花生を十勝地域で産地化し、新たな輪作の品目として追加したいと考えたのである。

これまでの同社の試験的な取り組みで、十勝地域でも落花生の生産は十分可能であることは分かっていたが、輪作品目として生産者に落花生を選んでもらうためには、越えなければならないハードル（ボトルネック）があった。

落花生は、収穫してから出荷するまでに、莢《さや》の乾燥、洗浄、子房柄《しぼうへい》（落花生の花から伸びてきた根本）の除去、選別といった一連の調整作業が発生する。これが生産者にとって、既存の4品目と

●図表2-4 **従来の煩雑な手作業がなくなり、劇的に効率的な運用へ。一貫生産体系を構築することで新たな産地創造を実現!**

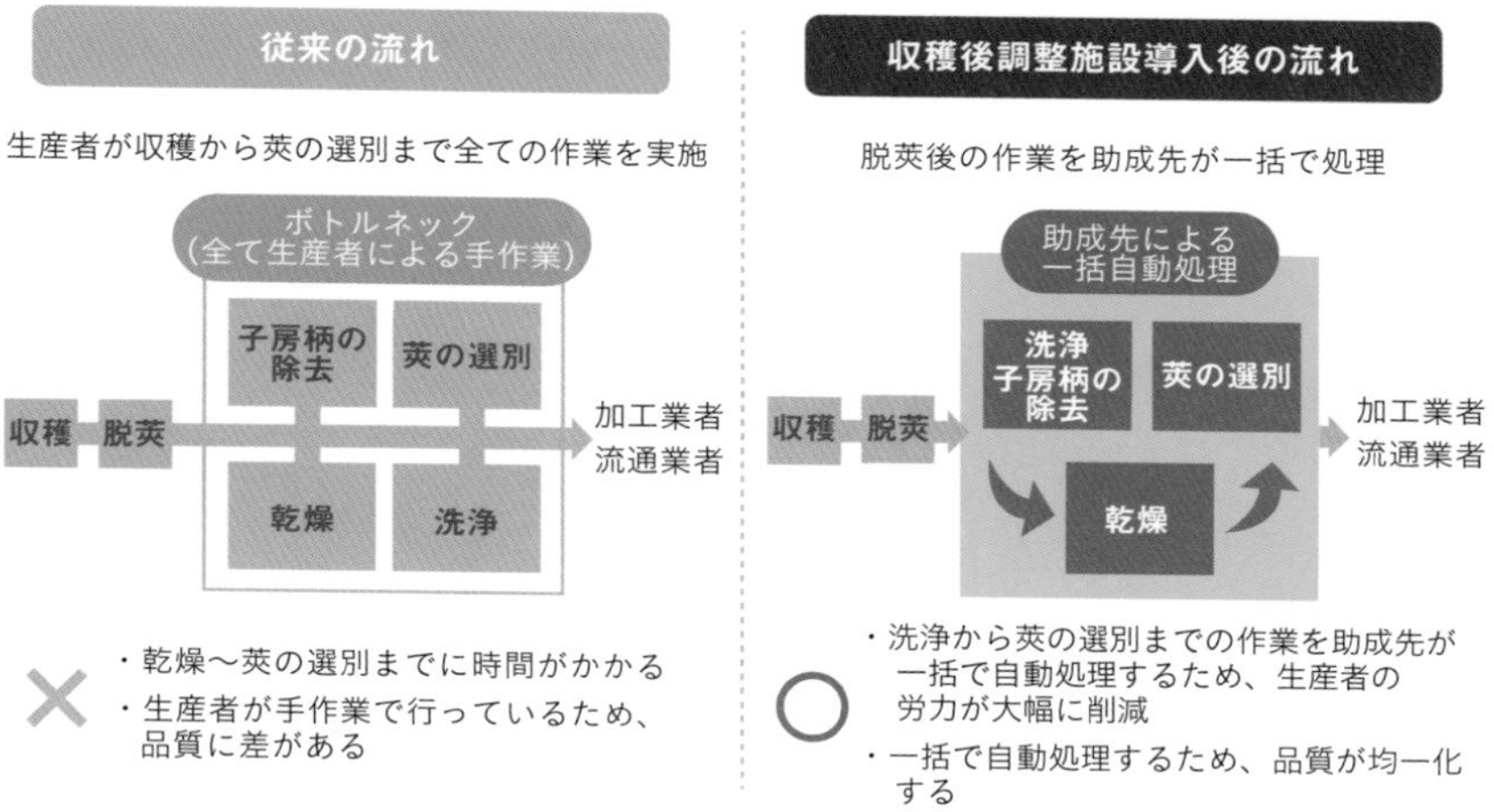

十勝グランナッツでは一貫生産体制を構築することで、新たな産地創造を実現している

比較すると膨大な作業負荷となるのだ。また、これらの作業を生産者が個人で担うと、生産者によりレベルに差が出てしまい、品質確保が難しくなる。このボトルネックによって、生産者は生産拡大ができずにいたのである。

そこで十勝グランナッツは、生産者から落花生を買い付け、従来は生産者が担っていた落花生の洗浄から莢の選別に至るまでの1次加工を一括して引き受けることとした。そうすることで生産者は収穫後の作業から切り離され、労働時間の大幅な削減につながり、生産に注力することができる。

同社は、収穫後の作業を効率化することで生産量の拡大にも対応できる。また全て同一の工程で処理することで品質の均一化によるブランド力の強化も期待できるというわけだ(図表2-4参照)。

この事例では、①落花生の産地化というビジョンが明確である、②そのための試験的な取り組みを始めている、③落花生生産は収穫後の洗浄から選別作業の負担が大きい、というボトルネックが特定できている。そして、④そのボトルネックを一括生産体制の構築により解決すれば、ビジョン実現への道筋が見えてくる、という4つの要点が助成の決め手となった。

まとめると、この事業は、みらい基金の助成金によってボトルネックが抜本的に解決され、落花生の産地化というビジョン実現が期待できるという内容だったのだ。これが「あと一歩の後押し」という考え方である。

「あと一歩の後押し」以外の〝大切にしている考え方〟

この「あと一歩の後押し」以外にも、みらい基金が大切にしている審査の視点がいくつかあるので、ここでご紹介したい。

まず、「内発性・チャレンジ性・モデル性」だ。

地域に根差す農林水産業をはじめとした課題を、地域のメンバーが内発的に主体となり、熱意を持って解決していこうという挑戦的な取り組みであること、またその姿勢や成果がほかの地域や事業者にも波及するようなモデル性があることを期待している。

内発性については、古い例えだが、バブル期における大規模リゾート開発は典型的な「内発性が欠如」した事例だ。地域外からの外部資本による開発であったが故に、地域の意思とは無縁の開発が繰り返された。残ったのは廃虚となった建物のみである。

外部資本であっても、その地域課題は解決できるかもしれないが、その地域にいる事業者や住民などの意思が反映されていないと絵に描いた餅になりやすい。少なくとも地域における産業づくりには、その地域の事業者や関係者などが自らの意思で立ち上がるというプロセスを持つことが必要であると考えている。

次に、「創意工夫・独自性・革新性」だ。

単に新しい技術や機能が搭載された設備・施設を導入したり、イベントを開催したりするだけではなく、課題解決に向けた、その地域・事業者ならではの創意工夫・独自性・革新性が認められる事業であることを重要視している。

「地域への定着・社会性」も当基金が重視しているポイントだ。

全国の団体や自治体の団体がトップダウンで統一的に取り組む事業ではなく、事業主体が、地域住民や行政など多様な主体と連携し、地域と調和・定着しながら取り組み、社会や地域の維持発展に貢献し得ると認められる事業であることが望まれる。そのうえでコンプライアンスを順守するとともに、地域の環境保全にも配慮している事業を応援したいと考えている。

最後に、「事業性・継続性」だ。

みらい基金の助成金は返済を求めるものではないが、みらい基金の助成を受けた事業が、持続的に地域や社会の発展に貢献していくためには、事業計画の合理性・実現可能性が認められるか、計画を遂行するための管理体制ができているか、助成期間終了後も事業の継続性に懸念がないか、が審査のポイントとなっている。

近年では新型コロナウイルス感染拡大やロシアによるウクライナ侵攻に端を発した物価高・エネルギー高によって、業績が悪化している申請者も多くみられる。繰越欠損金を抱えていたり、債務超過に陥っていたりする申請者に対してどのような構えで審査するべきか、議論している。

「これまで長く事業を営んでいる申請者が、繰越欠損金を抱えていることや債務超過に陥っている場合は事業性が乏しいと言わざるを得ない。一方で設立間もない企業が一時的に債務超過に陥っている場合も考えられる。このように業績が芳しくない理由は多様にある」

「だからこそ一律、業績不振であるとの理由で切り捨てるのではなく、例えば設立間もない企業については、事業計画通りに進捗しているのか把握することが肝要ではないか」

「物価高の影響については、収支計画等にきちんと織り込んでいるのか確認のうえ、事業計画書の合理性や実現可能性を検証する必要がある」

このように、債務超過や繰越欠損金を抱えているという理由だけをもって判断はしていない。事業計画の合理性や実現可能性を見極めたうえで、中身次第では拾い上げていくという構えで審査に臨むこととしている。

なお、みらい基金のホームページには「農林水産業みらい基金フォーラム(https://www.miraikikin.org/forum/)」として、審査のポイントや申請時の留意事項などについて解説する動画を掲載している。申請の際にはぜひご視聴いただきたい。

5　申請の傾向

みらい基金には毎年、幅広い地域・団体からの応募がある。農業協同組合、漁業協同組合、森林組合のほか、農業法人、NPO法人、株式会社、有限会社、合同会社などの法人や、集落営農組織などの任意組織など、多種多様な団体から申請を受け付けている。

第1次産業に関連した事業を営んでいる法人や任意組織はもとより、本業が第1次産業に関連していない異業種からも申請がある。本書でも度々記載しているが、農林水産業は生産者の高齢化や担い手不足など危機的な状況にある。ただし、絶対になくしてはならない産業である。そのような社会的課題に対応するため、異業種であっても農林水産業に新規参入してきているということであ

●図表2-5 **申請件数と採択数の推移**

		2014年度	2015年度	2016年度	2017年度	2018年度	2019年度	2020度	2021年度	2022年度	2023年度
申請件数		79	74	47	79	90	95	147	171	139	183
産業別	農業	61	58	31	46	58	65	96	123	101	134
	水産業	6	10	7	15	25	19	23	28	20	32
	林業	12	6	9	18	7	11	28	20	18	17
地域別	北海道・東北	13	19	14	23	22	21	29	33	22	28
	関東・甲信越	22	20	13	16	13	21	43	43	47	51
	東海・北陸・近畿	27	17	6	12	24	24	34	48	36	45
	中国・四国	6	5	9	8	15	14	20	15	9	20
	九州・沖縄	11	13	5	20	16	15	21	32	25	39
助成対象事業（採択数）		6	8	9	9	5	8	8	7	6	6

ろう。

この10年間の申請件数は多少増減があるが基本的には右肩上がりである（図表2－5参照）。２０２３年度は１８３件と過去最高の件数となった。特に新型コロナウイルス感染症が拡大した２０２０年度以降の申請件数の増加は顕著である。

新型コロナウイルス感染拡大の影響を踏まえた資金ニーズの高まりも影響しているが、これまで10年間に相応の助成実績を積み上げてきたことによって、みらい基金自体の認知が浸透してきている証しと考えている。

ここでは、直近3年間の申請全体の概要や傾向分析を紹介したい。

次ページから掲載している図（ネットワーク図）は、申請件数が多い農業分野において、助成申請書のうち「助成を申請する対象事業の概要」の記載事項について、単語単位での出現回数や単語と単語の関連性を、テキストマイニングツールを使って集計、分析したものである。単語の出現頻度や関連する単語同士を線で結び付けることで、全体的な傾向が読み取れる。

2021年度は「スマート農業」「コロナ」「脱炭素」「バイオマス」といった単語が多く出現した（図表2-6参照）。これらの単語を含む申請の内容には、バリューチェーン（価値連鎖）の改善を意識したスマート農業、コロナへの対策、脱炭素社会の実現、バイオマスと関連した循環型社会の

●図表2-6 2021年度の申請内容傾向

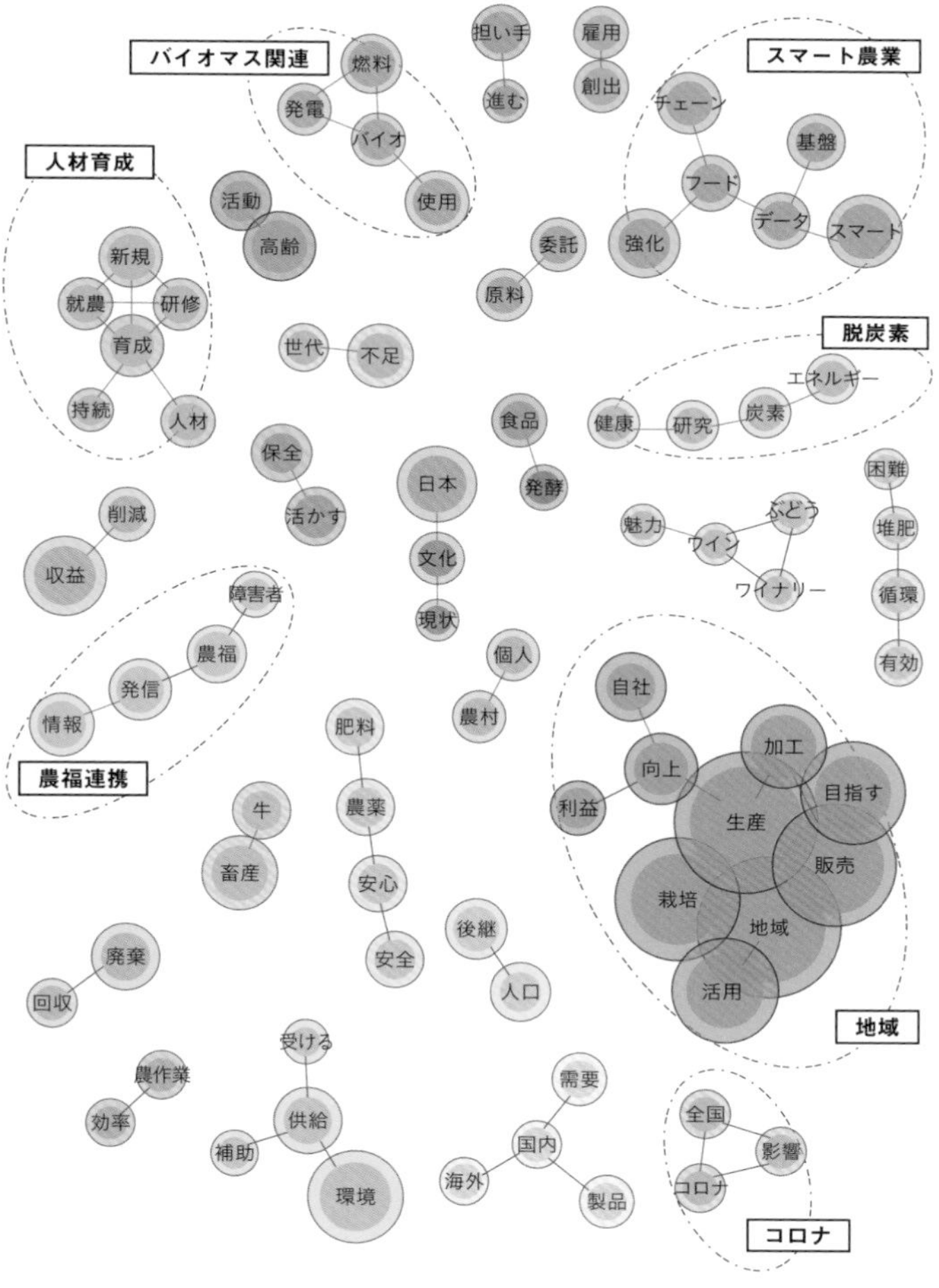

実現などがあった。

２０２２年度はそれら単語が少なくなった代わりに、「耕作放棄地」「未利用資源」「有機」「苗」などの単語が多く出現した（図表２－７参照）。２０２１年度と２０２２年度に共通した単語としては

●図表2-7 2022年度の申請内容傾向

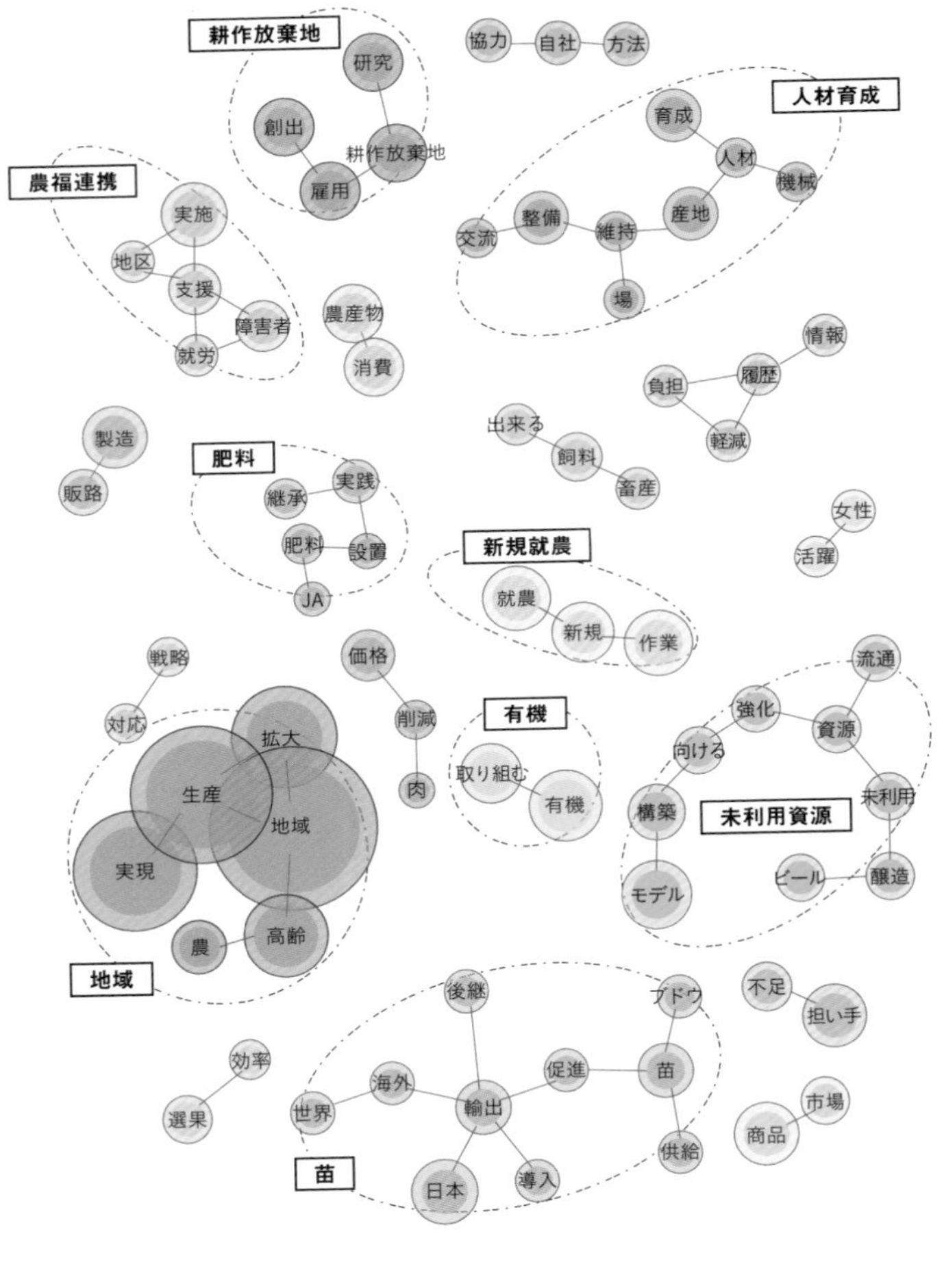

「人材育成」「農福連携」「地域」などであった。

2021年度から2022年度にかけて何が起こったのだろうか。

この時期に最も大きな出来事として、ロシアによるウクライナ侵攻が挙げられる。それにより資材価格やエネルギー価格は高騰し、サプライチェーンにも影響があった。これまで輸入に頼っていたものをなるべく国内で地産地消していこうとの時流に切り替わった時期である。

今では、国の食料・農業・農村基本法の見直しにおいて食料安全保障の強化が議論されているが、申請の傾向はその当時の時流を如実に表しているのだ。

資材価格やエネルギー価格の高騰は、「スマート農業」や「脱炭素」の単語が少なくなったことにも影響しているようだ。スマート農業は比較的大規模な申請案件が多いのだが、大型の案件の申請自体が相対的に少なくなっているのだ。コスト高になった生産者の経営悪化が影響していると考えている。以前は、脱炭素についてもESG投資などと関連して比較的多くみられたが、生産者自身にそのような余裕がなくなってきているのではないか。

それでは2023年度はどうだったか。

2023年度は「AI・省力」「次世代継承」「観光・宿泊・イベント」などが多く出現した（図表2-8参照）。またネットワーク図を見て分かる通り、一つひとつのまとまりの粒が細かくなっている。申請のテーマが幅広く多様化してきていると言える。2022年度と2023年度に共通した単語としては「有機」「苗」「肥料」「地域」などであった。

●図表2-8 2023年度の申請内容傾向

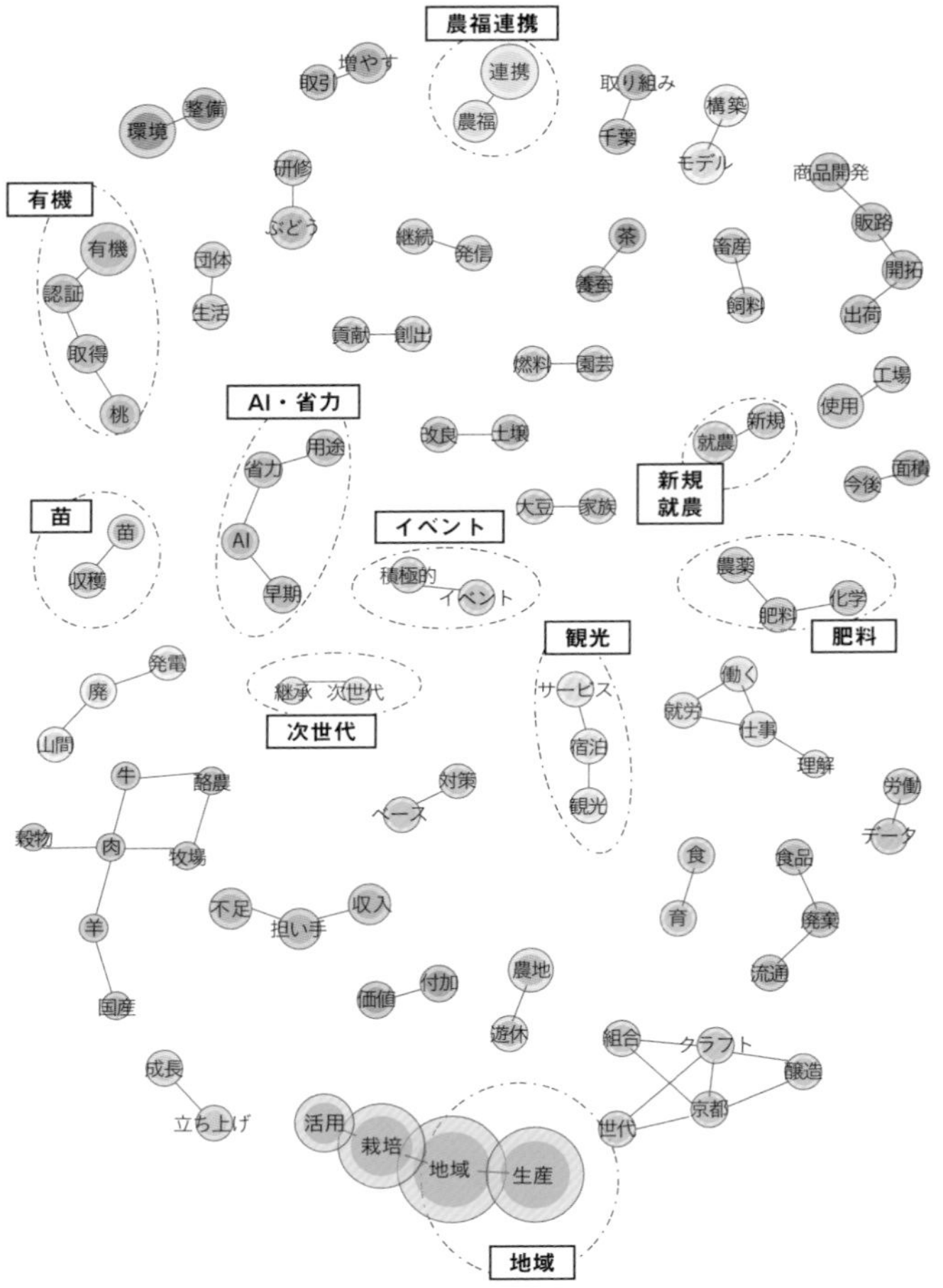

「ＡＩ・省力」については、この時期、生成ＡＩに関する報道が多くあったことも影響していると思われるが、今や人手不足はどの業界にも共通した課題であり、農林水産業でも省力化・省人化が必要になっている。その解決策の一つとしてＡＩを活用しようとする動きが見られた結果である。

また2023年度は、新型コロナウイルス感染症が5類感染症になるなど収束に向かいつつあり、世の中の経済活動も正常化に戻ってきた時期である。コロナ禍では比較的、地域内に限定し、産地を維持していく傾向が見られたが、2023年度は地域外から人を呼び込むなど、前向きなテーマが多くなったのが印象的だ。

むしろ2021年度、2022年度は新型コロナウイルス感染拡大やロシアによるウクライナ侵攻など異常な年であったのかもしれない。

みらい基金は、多種多様な申請者から多様なテーマの申請を受け付けている。そこには農林水産省が掲げている「みどりの食料システム戦略」などに沿って「有機」などの申請も見られるし、AIを活用した新しい技術に関する申請も見られる。我々は、時代と共に変容する多様なテーマに対して、その真の価値を見極め、丁寧に審査しているのである。

6　農林水産業を取り巻く環境変化とみらい基金の審査について

前述の通り、農林水産業を取り巻く環境は変化しているが、みらい基金は、そのような環境変化や申請内容の変化に柔軟に対応するため、「募集のやり方」や「審査にあたっての構え」についても毎年委員会で議論している。ここでは、委員会で行われた議論の一部をご紹介したい。

(1) 新型コロナウイルス感染拡大によってどのように対応したのか

農林水産業はもとより、みらい基金の運営に至るまで近年で最も影響を与えたのが「新型コロナウイルス感染拡大」だ。

2020年4月7日に東京都、神奈川県、埼玉県、千葉県、大阪府、兵庫県、福岡県の7都府県に緊急事態宣言が出され、4月16日には対象を全国に拡大した。外出の自粛や学校の休校など強い行動制限の中、経済活動がストップし、繁華街から人の姿がなくなったのは記憶に新しい。

今ではWeb会議システムやテレワークなどによって遠隔地からでもコミュニケーションが取れるが、当時、テレワークなどの導入は進んでおらず、休業を余儀なくされた企業も少なくなかった。

これはみらい基金においても同様であった。緊急事態宣言が出された前後では、委員会において2020年度の募集要項などの内容を審議しているところだった。そこでは、新型コロナウイルス感染症の収束が見通せない中、2020年度の募集を取りやめるとの意見も出た。

だが、新型コロナウイルスの感染拡大に伴い、農林水産業も多大な影響を受けている中で、「みらい基金がしっかりと役割を果たしていくことが重要である」との考えから、Web会議システムを活用するなど、その運営方法を工夫することで実施することとしたのである。

新型コロナウイルス感染拡大の影響を受けている申請者に対しても配慮している。みらい基金では、「事業性・継続性」の観点から、事業計画などに合理性と実現可能性が認められるか、を確認しているが、新型コロナウイルス感染拡大によってサプライチェーンが混乱し、先が見通せない中、それだけをもって計画の実現可能性が低いとは判断しなかった。その事業の価値・支援の必要性について、環境変化も踏まえつつ一件一件丁寧に審査していくことにしたのである。

また、みらい基金の審査において、書面審査での絞り込み後の「現地実査」でも、コロナ禍においてはWeb会議システムを活用せざるを得なかった。

Web会議システムを活用した実査において、申請者は申請事業に対する想いを伝えるため、説明動画を製作したり、読みやすい資料を作成したり、相当程度工夫していたのが印象的だった。みらい基金としても、そのような申請者の姿勢をオンライン上で感じつつ、申請書類だけでは読み解けない事業の真の価値を見極めようと努めた。

とはいえ、Web会議システムを活用した実査は、あくまでもコロナ禍での苦肉の策であり、申請者とみらい基金がお互いリアルに顔と顔を合わせてやりとりする、本来の現地実査には及ばない。本来の現地実査を再開した2023年。申請者と現地で直接やりとりし、当該事業地を実際に見ることの重要性を改めて痛感した一年となった。

(2) 支援ニーズの変化に伴い〝あと一歩〟をどのように捉えているのか

当基金が「あと一歩の後押し」という考え方を大切にしてきたのは前述した通りだが、これを登山に例えると、これまで苦労して8、9合目まで登ってきたところ、大きな石（ボトルネック）が道を塞いでいて、これを何とか突破すれば山頂に到達できるという局面で、この石を取り除く（ボトルネックを突破する）ための後押しをしたいということだ（図表2-9参照）。

一方で、近年、農林水産業の分野では情報通信技術（ＩＣＴ）などを活用した、いわゆる「スマート農林水産業」が進展しつつある。生産者の高齢化や担い手不足などによって、生産を維持するためには生産性の向上が必要不可欠である中、その手段としては当然の流れだ。

スマート農林水産業については、農林水産省も２０１９年からスマート農業実証プロジェクトなどによって社会実装を加速させているが、みらい基金への申請事業の中には、それ以前からＩＣＴを活用した事業などが見られた。

そのような事業では、事業の初期段階で大きなイニシャルコストが必要となるケースが多い。また、ＩＣＴを活用する事業であるが故にＩＣＴ化が整えば、一気にゴールまで到達できる可能性もある。これまでは8、9合目程度を「あと一歩」とみなしていたが、スマート農林水産業の事業では5、6合目程度から一気にゴールできるというわけだ。

つまり、みらい基金への支援ニーズにおけるボトルネックの発生ステージにも変化が生じているということである。そのため、今日的に「あと一歩の後押し」をどのように考えたらよいのかという点についても議論している。

●図表2-9 みらい基金の支援のイメージ

みらい基金の支援で大きな石(ボトルネック)を取り除くことによって、登頂までの道筋が描ける

「技術主導型のような新たなイノベーションが起こる中で、それが農林水産業の内部から出てきているのか、あるいは外部からの力なのか見分けは難しいものの、大切なのは、生産者の主体性について考慮しつつ、ケース・バイ・ケースで審査していくことではないか」

「スマート農業に目が向きがちだが、申請事業が地域にどのように貢献するのか、地域振興との視点でもしっかり評価したほうがいい」

こうした議論の結果、ボトルネックの発生ステージが8、9合目かどうかにはとらわれず、「あと一歩」の捉え方など柔軟性をもちながら一つひとつ判断していくこととなったのである。

(3)外部機関と連携した取り組みをどう評価しているのか

経済学者である宮本憲一氏が体系的に展開した「内発的発展論」という理論がある。地域経済などの発展が外部からの介入ではなく、地域内部の要因や力によって生じるとするものである。地域固有の資源をベースとして、地域住民や地域の事業者の主導により内発的に発展するのが特徴だ。

確かに地域を発展・活性化させるには、その地域からの内発性が必要である。みらい基金も前述の〝大切にしている考え方〟で説明した通り、内発性との観点を重要視している。

ただし、近年では高齢化や担い手不足などによって地域が疲弊しており、地域からの内発的な力が弱くなってきている。つまり、生産者自身の課題解決能力や設備投資余力が必ずしも十分でない状況になっているのだ。

そうなるとおのずと外部機関と連携し、外来的な力も利用しながら課題を解決しようとするケースが増えてくる。このように地域からの力が弱くなっている中、外部機関と連携した取り組みをどのように評価すべきか、議論している。

「農業分野においても、生産者主導でない技術開発を進める案件は多い。農水省の補助事業においても、加工業者と連携する事業があり、一般に外部から農業分野に参入することが広がってきている」

「外部からの力が農業を変えていき、結果として内的な力になれば、外部からの力でもいいのではないか」

「農業者や漁業者が問題の所在を認識しているものの、どのように対処したらいいのか分からず、そのことをきっかけに大学で技術開発を担う場合がある」

みらい基金の助成先も、地域関係者だけでなく、行政、コンサルタント、大学関係者、システムベンダーなど多彩な関係者とネットワークを構築している場合が多い。みらい基金では、外部機関との連携そのものについて評価したうえで、内外の力をつなげるために地域の生産者に主体性があるかどうか、事業全体をしっかりとハンドリングできているか、という点に留意しつつ審査しているのである。

(4)地域振興に代表される申請案件をどう評価しているのか

農業は単に食料生産だけでなく、社会的、経済的、環境的な機能を果たしている。いわゆる「農業の多面的機能」である。そこでは食文化の普及の役割もあるし、都市・農村交流など関係人口の創出の役割もある。

近年の申請では「農林水産業」としての産業との枠組みにとどまらない「地域振興」に代表され

るような申請案件も出てきている。

例えば「農泊」事業は、インバウンドを含む国内外の観光客が農山漁村に宿泊し、滞在中に豊かな地域資源を活用した食事や体験などを楽しむなど、人を呼び込むことで地域の活性化を図るというものだ。地域にある複数の特性を活かしながら、地域の活力を創り出していく取り組みとなっている。

そこでは農林水産業のビジネスとしての評価以外に、農林水産業が地域社会にどのように貢献するのか、いわゆる「社会性」を評価することになる。

この場合、農林水産業に対して、どのような効果があるのか分かりにくい側面があるため、評価するのは難しい。このような社会性のある事業をどのように評価すればよいか議論している。

「農泊を含む交流体験や食文化普及等は今日的に重要なテーマであり、農業の多面的価値としての着眼点やアプローチがある案件でもある。そのような案件はほとんど全てで社会的意義があるだけにとどまっていること、事業計画がハード面の整備というよりはソフト面が強調されており、ボトルネックをどのように突破していくのかが見えにくい」

「非常に良い地域資源があるものの、それを地域の人がうまく活用できておらず、地域の農林水産業への関与も見えにくい場合がある。コンサルタントが入っていることもあるが、少なくとも申請者の主体性が必要である」

「地域への投資につながる事業であることが重要ではないか」

みらい基金は〝農林水産業のみらいに貢献〟することを目指している。そのため、農林水産業にどのように貢献するのかが明確でないまま、単に地域振興や地域の維持発展を目指すだけの案件は求めていない。あくまでも〝農林水産業を軸とした地域活性化事業〟に対する助成であることを意識して、申請者に主体性があるかどうか、地域資源をうまく活用できているかどうか、地域の農林水産業への貢献が認められるかどうか、という点に留意しつつ審査しているのである。

みらい基金の助成先は、以上のような数々の課題に直面しながらも、内発的な強い意志をもって、未来に向かって着実に進んでいる。3年間の助成対象期間を終えて新たなステージへの飛躍を遂げた事業もあるし、今まさに助成金を活用してチャレンジをしている事業もある。

本書では、そうした助成対象事業の概要や成果、今後に向けた展望を紹介していきたい。

みらい基金

第3章

農林水産業のみらいを拓《ひら》く挑戦者たち

ここでは、2020年度以降に採択され、2024年の今、助成対象事業に挑戦している27の助成先の事業や活動状況を紹介したい。

いずれも、ストーリー性があり、これまでの取り組みや環境変化を踏まえたボトルネックが明確になっている事業だ。その内容は、農林水産業のみらいを拓くような革新的な取り組みから、農林水産業と地域のくらしを持続可能にするために一歩一歩着実に歩んでいくような取り組みまで、多様性に富んでいる。

みらい基金としても、審査の過程で、それぞれの事業の将来の姿を思い描き、大きな期待を寄せてきた。多様な事業や助成先とのご縁をいただいたことや、ネットワークが広がっていくことに意義と可能性を感じている。

助成先においても、プロジェクトを進めていく中で、思わぬ困難に直面することもままあるが、みらい基金から採択されたという緊張感を持ちながら、「必ずプロジェクトをやり遂げる」というプロジェクトリーダーの熱意が、日々事業を牽引《けんいん》している。助成先の申請・採択に至る経緯から、試行錯誤を含めた現在までのプロジェクトの歩みをご紹介していくこととしたい。

※一部、みらい基金のホームページで公開しているコンテンツを再編集して掲載しています

札幌チーズ株式会社 381P
石狩川を百キロ続く羊の放牧地に変え、
食料自給率アップで平和な国作り
株式会社エース・クリーン 326P
木から牛の餌をつくる
林業と畜産業のみらいプロジェクト
幕別町農業協同組合 212P
レタス生産から販売まで
トータルリモートモニタリングを実現し、
高品質・安定出荷による
所得向上実証プロジェクト
一般社団法人Agricola 346P
鶏舎建設と穀物乾燥施設建設
エゾウィン株式会社 378P
地域まるごと農業DXプロジェクト
宇波浦漁業組合 192P
村張定置網のコミュニティビジネスへの
変革…定置網とオラッチャの生活…
一般社団法人SAVE IWATE 264P
眠れる森の宝
「和ぐるみ・山ぶどう」の全活用
可茂森林組合 294P
竹に挑む～里山のみらい～
宮城十條林産株式会社 138P
「D」が森林と都市を「X」する
有限会社人と農・自然をつなぐ会 180P
有機農園拡大及び販路の確保による
「有機の郷」構想の実現
公益財団法人鯉淵学園 274P
栗でつなごう次代、つなごう食と農ーICT技術
活用による生産・流通・販売モデルの構築ー
沖縄SV株式会社 158P
「人」と「農地」を未来につなぐ
持続可能なコーヒーベルトの整備
ヤエスイ合同会社 236P
産地が消費地と連携し
利益を産地に誘導する事業

●この章に登場する団体とプロジェクト　●農業　●林業　●水産業

日本サーモンファーム株式会社　114P
バージ船を活用した大型トラウトサーモンの大規模な海面養殖生産の革新事業

株式会社岩手くずまきワイン　254P
「森から生まれたワイン」で未来に乾杯!

農匠ナビ株式会社　104P
農匠技術開発プラットフォーム構築

株式会社GREEN FORESTERS　358P
積雪地域での造林課題を解決する!未来の森づくり事業

一般社団法人徳島地域エネルギー　387P
良質で安価な広葉樹チップによる「里山エネルギー林業」のサプライチェーンづくり

シーサイド・ファクトリー株式会社　390P
「定置網漁業」と「水産物加工場」との連携による持続的地域活性モデル事業

株式会社あぐりんく　314P
国内初!　国産飼料用トウモロコシの高度利用による地域産畜産物創造プロジェクト

株式会社なっぱ会　284P
廃食用油を燃料とした環境保全型農業

一般社団法人野草の里やまうら　383P
野草で働き・交流する拠点と、消費者に分かりやすい栄養表示をした野草商品の製作

愛南漁業協同組合　168P
「愛南の真鯛」が拓く地域の未来〜我々にとって真のサスティナブルを実現するために〜

TOPPANエッジ株式会社　126P
農作業マッチングサービス

株式会社うめひかり　385P
日本一の梅産地を守れ!耕作放棄地をウバメガシ山にリノベーション

株式会社さかうえ　90P
地域の未来を支えるアグリバレー構想

中勢森林組合　224P
3つのデジタル化による現場・流通のスマート化"三重モデル"の構築

耕作放棄地を牧草地に。先端バイオ技術とIoTで牛と人を育てるモデルを築く

株式会社さかうえ

国内農業では、生産者の高齢化や担い手不足によって耕作放棄地が増え続け、限界集落も増加している。一方、消費者が食に求める魅力や食に寄せる関心の内容が変わってきている。健康志向はますます高まり、さらに持続可能な生産や、畜産についてはアニマルウェルフェア（動物福祉）への関心も高まってきている。その流れの中にあって、牛肉の生産も新しい消費への対応に大きく舵《かじ》をきるべき時期にきている。耕作放棄地を減らすことと、新しい畜産。この両方の課題を解決し得る生産体系を確立する、新しいモデルの構築が、鹿児島から始まっている。

助成先の組織概要

株式会社さかうえ：ピーマンなどの野菜や牧草飼料の生産を行っている農業法人。ピーマン栽培で就農を希望する人材を育成・独立支援し、生産者を組織化するという独自のビジネスモデルを構築してきた。農産物の生産においてハードルの高い、「質・量・時の約束」同時実現を追求し、食品メーカーをはじめとする多くの取引先に契約栽培で農産物供給を行っている。

プロジェクト：地域の未来を支えるアグリバレー構想

地域：鹿児島県志布志市

グラスフェッドビーフ「里山牛」

未利用の土地を牛の放牧地として活用し、最新の技術やノウハウによって新たな畜産モデルの形成に取り組んでいるのが、株式会社さかうえだ。

さかうえは鹿児島県志布志市で、露地野菜や施設野菜の栽培、黒毛和牛の生産と肉の販売を行ってきたが、「昨今、農地を借りてほしいという依頼が多くなりました」と坂上隆社長は語る。

農家の高齢化や担い手不足から生じる、耕作放棄地などの未利用地の急速な拡大。さらに地方の暮らしを支える地場産業の衰退。これらは日本の多くの地方が抱える問題だ。

「でも、相談を受ける農地は、分散していることもあり、野菜などを栽培するには不便な場所だったりするのです。そこで、牛の放牧地として活用することを考えました」（坂上社長）

事業化にあたっては鹿児島大学と連携し、新しい生物科学的アプローチに加え、ＩｏＴ（モノのインターネット）技術などの先端技術を取り入れ、低コストで良質な牛肉を生産する未来型の新たな畜産ビジネスモデルの構築を目指したのである。

耕作放棄地問題とエシカル消費に応える

さかうえは野菜作のほかに、これまで「デントコーン」を栽培して地域の畜産農家に飼料を供給してきたが、今回取り組んだのは、耕作放棄地を牧草地に替えて、そこで放牧肥育牛を飼育すること。この牧草地で肥育された牛はいわゆる「グラスフェッドビーフ（牧草飼育牛肉）」となる。

「そしてこの場所で育った牛を『里山牛』と呼び、広く知ってもらえるようにしたのです」（坂上社長）

従来、おいしい牛肉と言えば脂肪交雑が細かく入った〝霜降り〟で、それは穀物などの濃厚飼料を多く与えながら肥育する「グレインフェッド」が通常であった。しかし最近は、健康志向の高まりに伴って、霜降り肉を敬遠する人が増えている。脂肪分が少なく、タンパク質が豊富でヘルシーな赤身肉の人気が高まっている。

さらに、昨今の新型コロナウイルス感染症の影響や多発する自然災害によって、食の役割、ひいては農業が果たすべき役割も大きく変わってきている。コロナ禍の中、消費者は外出の機会が減少し、自宅での飲食の割合が増加した。この〝ニューノーマル〟のライフスタイルで、消費者の食に

たくさんの愛情を注ぎ、牛を飼育している

対する見方が変わった。例えば、会食の機会がコロナ禍前よりも少なくなり、そのため食事のシーンよりも食そのものの質に、より関心が向くようになったと言える。

消費者はおいしさに加えて、健康、安全をより強く意識するようになった。また、日本の食料自給率の低さやフードマイレージ（食料の輸送距離・総輸送量）の高さは、今日、消費者にも広く認知された課題となっている。今後、日本農業と国内食料生産を持続的かつ安定的にするには、人や社会、そして環境を意識する必要がある。いわゆる「エシカルマーケット」の確立が必要不可欠となっている。

さかうえの「里山牛」は、こうした新しい消費に対応し得る牛肉と言える。

バイオとIoTで常識を変える

ただ、「里山牛」という赤身肉を産業として成立させることは、牧草を育てて、そこに牛を放牧させれば済むといった単純な話ではない。大きな課題は2つあった。一つは、グレインフェッドに比べて肥育効率が上がりにくい、グラスフェッドの欠点をどう突破するか。もう一つは、飼養管理の効率化が必要ということだ。特に、社会的にも経営的にもスマートな省人化が求められる。

前者の解決として導入したのが、畜産で「代謝プログラミング」と呼ぶ技術だ。グラスフェッドの場合、一般にグレインフェッドに比べて牛は肥えにくく、肥育期間も長くなる。しかし近年、胎児期から生後の初期成長期における時期の栄養環境が、その後の動物体の体質、特に肝臓、骨格筋および脂肪組織の代謝に多大な影響を及ぼすことが報告されている。このメカニズムを利用して牛の体質を管理、調整し、放牧でも肉質と肉量を向上させる技術なのだ。

そして、後者の省人化を解決するのはＩｏＴ技術だ。「畜産は生き物を飼うわけで、一旦始めると一年中そこから離れられない。仕事がきついイメージがあり、若者が積極的に就いてくれる職業になっていない。そこで、装置やセンサーをインターネットでつなぐＩｏＴを活用した農業モデルの構築を進めています」という後藤貴文教授（鹿児島大学 農水産獣医学域農学系教授としてプロジェクトに参画。現在は北海道大学 北方生物圏フィールド科学センターに在籍）との連携で、飼養管理の効率化を進めようと考えた。

里山牛には牧草や粗飼料（デントコーン等）を与えている。放牧中は牧草を食べるが、粗飼料を効率的に与えるため、遠隔から餌を与える仕組みづくりを考案した。まず、パブロフの犬の実験で

●図表3-1-1 さかうえの成長・展開イメージ

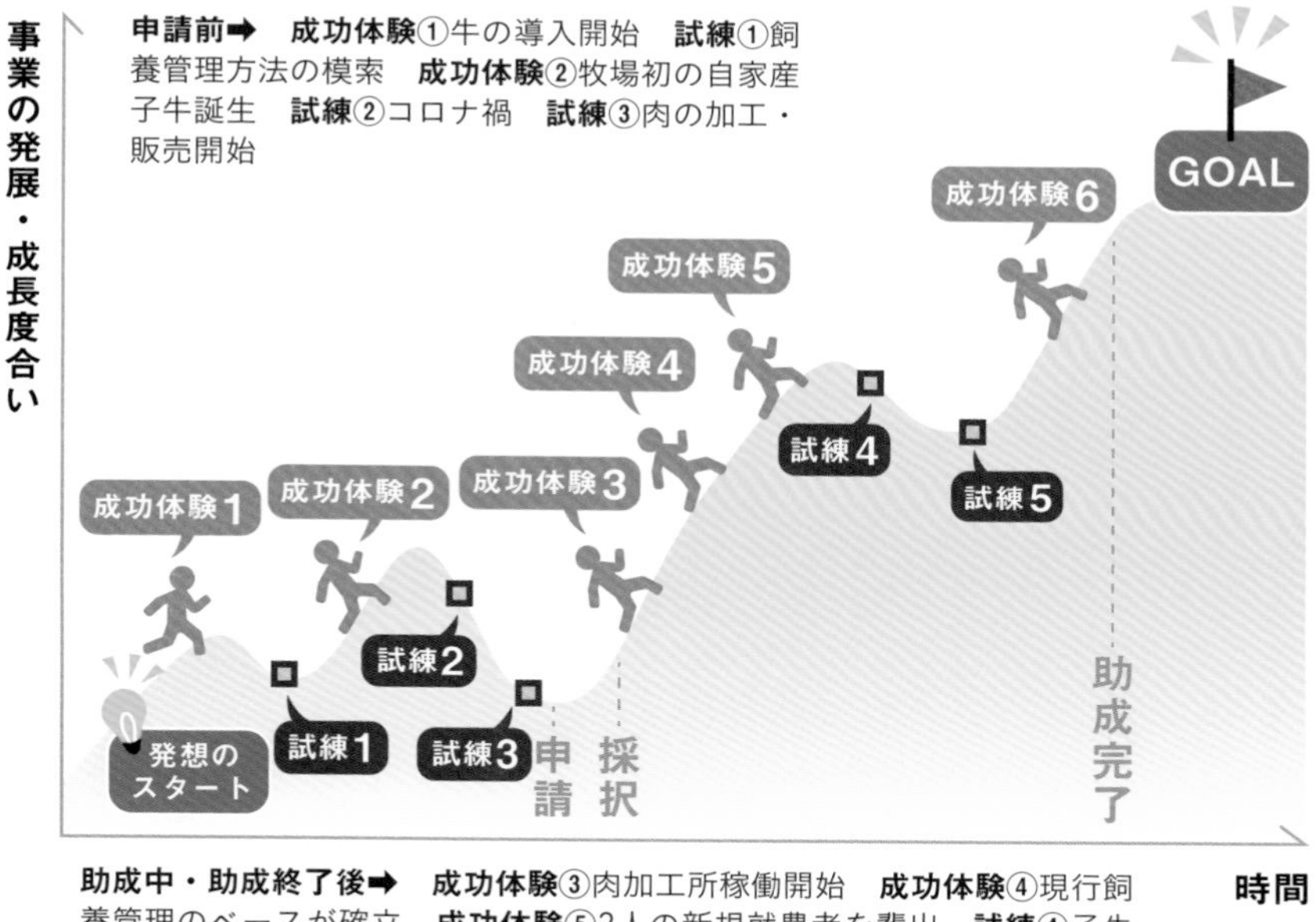

助成中・助成終了後➡ **成功体験**③肉加工所稼働開始　**成功体験**④現行飼養管理のベースが確立　**成功体験**⑤2人の新規就農者を輩出　**試練**④子牛の成長に伸び悩み　**試練**⑤飼育管理コスト削減の必要性が判明　**成功体験**⑥子牛品評会初出品、最優秀賞獲得

知られる条件反射の応用で、音が鳴ると餌がもらえることを牛に学習させ、給餌場にスピーカーを置く。ただし、牛は群れで動くため、そのままでは個体の管理が十分でない。そこで、1頭ずつ均等に餌を与えるため、「スタンチョン」と呼ばれる牛の首を固定する機器を設置して、それぞれが規定量を食べる間そこを離れないようにする。これら自動給餌機、サウンドシステム、ロック機構付きスタンチョンにWebカメラを加え、全体はIoTで連動させて、リモートで運用できるようにする。

　これら、放牧での生産効率を上げる代謝プログラミング技術とI

oTを組み合わせた新しい放牧管理技術が確立できれば、低コストでの良質肉を生産する新たな高収益型の畜産ビジネスモデルを構築できる。そうすれば、多くの若手人材を育成することもできる。

そこで、さかうえは、目指している未来を実現するためにみらい基金への助成申請を行った。

地域ぐるみで人を育てる仕組みをつくる

この事業はさかうえの第3ステージと言える。
「私自身が30代のときは、有機物の循環モデルとしてデントコーン（トウモロコシの一種）を栽培し、地域の課題解決に向けて取り組んできました。40代は若い就農希望者が自分たちで就農できるよう人材育成を行ってきた。50代は2019年10月から畜産業を開始しています。ただし、当社だけで人材育成を行うことに限界を感じていました。周囲の人が新規就農者の成長を支える仕組みが必要だと思いました。当社には優秀でやる気のある人材が入社してきますが、自社だけでなく、地域の関係者など世の中全体で人を育てる仕組みをつくらなければならないと考えています」（坂上社長）
40代に行った人材育成とは、野菜生産で新しいビジネスモデルを構築したことである。独立した経営を志す若者を積極的に受け入れ、生産やマネジメントのノウハウ習得を支援し、独立後は生産者の生産物を買い取ることで、安定経営を支える。ピーマン栽培でこのモデルの構築に成功し、多

放牧中の牛。広大な土地をストレスなく、すくすくと育っている

くの農業人材を育成して輩出してきたのである。今回は同様のビジネスモデルを畜産業で実施し、放牧による中山間モデルとして構築するものだ。

しかし、それで十分とは考えていない。

「農業経営体数は依然減少傾向にあり、このまま続けば2030年には現在の107万戸が50万戸程度へ、との予測もある。今は高齢者が多く占めているものの、10〜20年後は若い人の割合も高くなってくることから、様変わりしているかもしれません。今後、若い経営者による農業経営体を中心に、徐々に1経営体当たりの生産規模が拡大していくと思われますが、農業界がそれで万全かと言えばそうではない」と坂上社長は農業への危機感を示し、さらに新しいモデルが必要と考えてきた。

そんな中、坂上社長は、2017年に米国のシリコンバレーを視察した。そこで見たものは、新しい挑戦をしようとする若者たちと、彼らを育てるエンジェル

●図表3-1-2 地域の未来を支えるアグリバレー構想

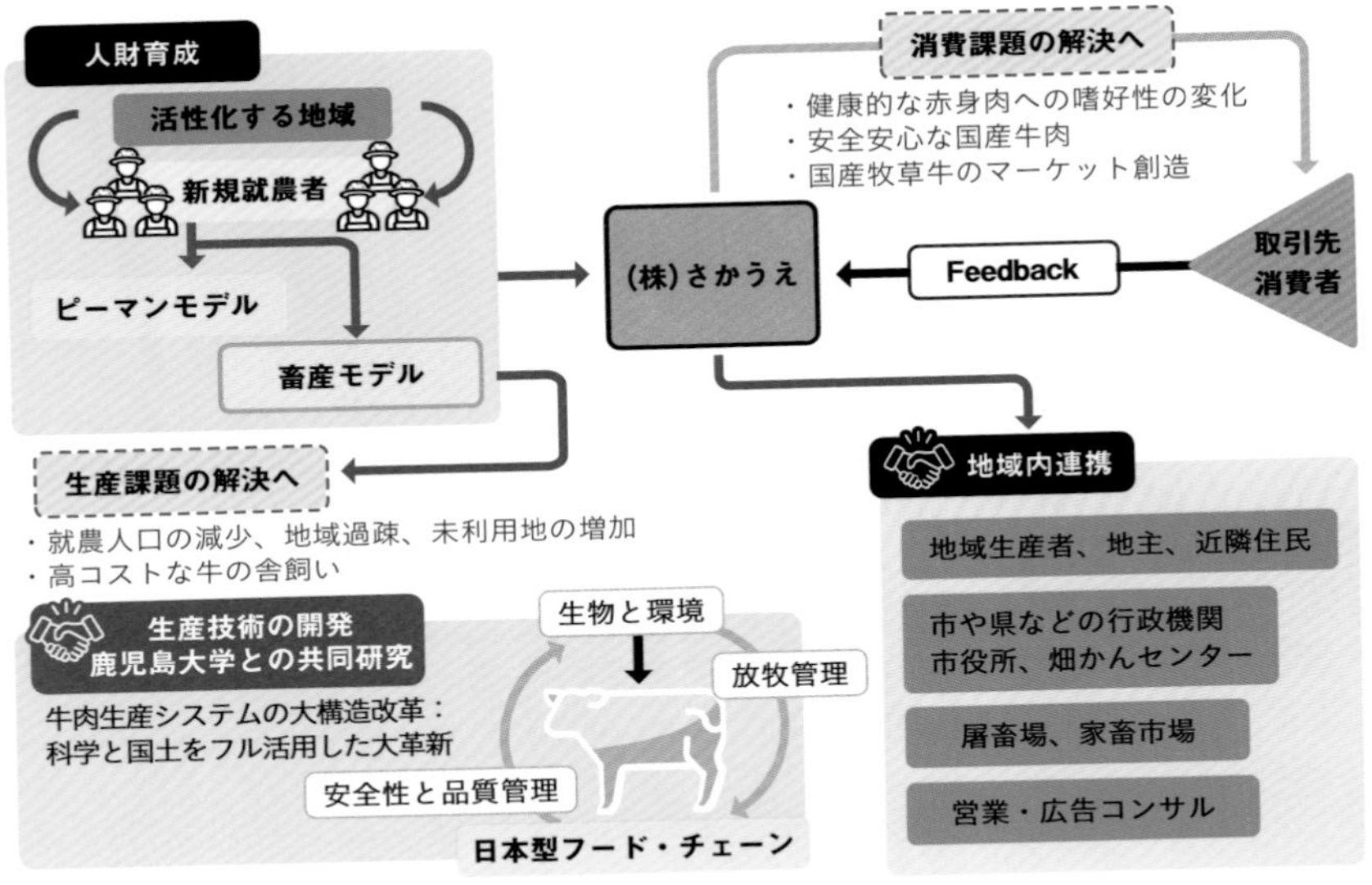

投資家たちの存在だった。

「それがヒントになりました。シリコンバレーのように、農業に想いのある人たちが集まる仕組みができればと思ったのです。農業がしたくても、土地を持ってなかったり、経験がなかったりするとなかなか踏み込めない。そこで新しい仕組みをつくることで、参入障壁を下げて若い人が入りやすいようにする」（坂上社長）

農業に興味がある若者を積極的に受け入れるため、農業と地域の発展基盤を創り出す仕組み、つまり農業版シリコンバレーである「アグリバレー」という構想を生み出したのである。「里山牛」の事業を、この構想で加速する（図表3-1-2参照）。

【申請事業の概要】

●代謝プログラミング技術などの先端技術を導入したビジネスモデルの構築
●健康的かつ安心安全な牛肉をコンセプトとした広報活動・マーケットの構築
●人材育成プログラムの構築

【委員会の審議のポイント】

◆コロナ禍の中、国産和牛の販売価格は安く推移しており、低コストでの和牛育成が求められている。本事業は、ＩｏＴを活用しながら放牧による低コストで黒毛和牛を育成する新たな取り組みであり、非常に有益な取り組みと言える。

◆申請者のビジネスモデルとしては、霜降り肉を生産するのではなく、低コストで健康に大きく早く育てることが重要であり、そのためには現地で生まれた子牛を育てることに意義があるのかもしれない。また、低コストにもかかわらず、3等級の赤身肉を育成できており、消費者にも受け入れられるのではないか。

【委員会でのその他の意見】

◆牛の繁殖について、廃用牛（家畜としての価値が認められなくなった牛）を放牧により再生させ、受胎率の向上を目指しているが、本当に可能なのか実査で確認したい。

◆申請者については、これまでピーマン栽培のビジネスモデルを確立し、人材育成も行うなど堅実な経営をしており、仮に本事業が当初描いた通りに進まなかったとしても、事業規模を踏まえるとさかうえの経営への影響は少ないのではないか。

【現地実査での質疑応答】

申請者＝さかうえメンバーほか鹿児島大学や地域の関係者が集まり、みらい基金との間で質疑応答が行われた。

みらい基金「中山間地で肉用牛による放牧が可能となれば、畜産業界のブレイクスルーにつながります。代謝プログラミング技術は、これまでさかうえや九州でどの程度実践しているのでしょうか」

鹿児島大学「代謝プログラミング技術については、いかに少量の牧草で良質な肉を生産できるかを目的として、20年ほど研究しています。その結果、放牧であっても10カ月程度で、よいものではA3（中上級）ランクの肉質となることが確認できています。この方法では、黒毛和種は穀物でなく草を食べさせてもある程度霜降りになる可能性があることが確かめられたので、ビジネスモデルとなるよう取り組んでいきたい」

みらい基金「情熱をもったプロジェクトであり、アグリバレー構想は魅力的に感じる。地主、近隣住民、志布志市などの行政機関との関係について、坂上社長はどの程度中心的な役割を果たすのでしょうか」

さかうえ 「当社の関係者としては、約700人の地主がいます。ある地主は、家畜が入ったことでにぎやかになり、大変喜んでいる。本事業により土地を有効活用することで、地域経済を回し、活性化させていきたいと考えています」

みらい基金 「黒毛和種はどちらかと言えば肥育場での肥育に適している品種であり、ほかに放牧に適した品種がいる中、この事業ではなぜ黒毛和種としているのでしょうか。アニマルウェルフェアと関連付けたストーリーも考えられますが、それならばホルスタインも候補としてあるのではないでしょうか」

さかうえ 「当初、ホルスタインも候補として考えていました。ただし、グラスフェッドの肉を食べ比べした結果、黒毛和種のほうがおいしかったこと、志布志市が黒毛和種の産地であることも考慮し、黒毛和種を放牧することにしました。本事業がうまくいけば、将来的にホルスタインでも検討したいと考えています」

このやりとりを通じて、代謝プログラミング技術の確からしさ、地域の関係者とのつながり、本事業の将来的な展望なども含めて確認された。こうした点が理事会においても評価され、採択に至った。

味と地域資源活用で得た評価

アグリバレー構想から始まったこの事業。今では60カ所の圃場、面積にして15haの土地で放牧が行われている。市役所からも後継者不在などの理由で、土地を借り受けてくれないかといった相談があり、圃場は今後ますます拡大する見通しだ。飼養頭数も、事業開始当初の44頭から、今では200頭規模にまで拡大している。

代謝プログラミングについては、母牛のゲノム解析から、繁殖性や産肉能力に影響を与える塩基配列を発見している。子牛の生育には時間を要することから、一定の実証にとどまっているが、代謝プログラミング技術を含んだ効果的な放牧肥育のモデル形成に向けて取り組んでいる。

坂上社長。若者が地方に集まるような魅力的な「コト」を創るため、日々奔走している

放牧して大切に育てた牛は「里山牛」として販売を開始している。一般的に、牛舎の中で育てられたいわゆるグレインフェッドビーフに比べ、広大な土地で適度に運動しながら育ったグラスフェッドビーフは、ほどよく引き締まった赤身の肉質になる。また、グラスフェッドビーフにはオメガ3脂肪酸やカロテン、ビタミン、鉄分など植物由来の栄養素が多く含まれていることが論文などで分かってきている。

それを裏付けるように、「『里山牛』は、かむほどに味わい深い、赤身肉のおいしさを十分に堪能できる」「赤身部分のタンパク質やそれに含まれるビタミン群、亜鉛、鉄分がバランスよく含まれており、エシカル農産物として十分に一般消費者に受け入れられる牛肉」といった評価がある。実際、健康志向が広がっている中、ステーキ肉などでよく売れているという。

黒毛和牛を耕作放棄地に放牧し、自給飼料で飼育していることなど地域資源を最大限活用していることが評価され、〝Sustainable Japan Award2022〟（主催：ジャパンタイムズ）の優秀賞を受賞した。

アグリバレー構想のこれからを、坂上社長はこう話す。

「私たちは牛の放牧だけでなく、精肉加工から販売までをトータルで行う畜産ビジネスを目指しています。実現するまでにはかなり時間がかかると考えていましたが、みらい基金の『将来性のある事業を早く世に出す』という考え方で力をもらうことができました。今は就農人口が減っている状態なので、とにかく農業がしたいという想いのある人が参入しやすくすること。それが非常に大事だと思います。その支援をアグリバレーでできたらいいなと考えています」

古くから日本人が大切にしてきた自然と人との調和を象徴する里山。自然のエネルギーが牛を生かし、そのエネルギーが肉に姿を変え、人を生かす。

自然と人とが共に生きる持続可能な社会づくりを見据えて、鹿児島の小さな山あいの町で生まれたアグリバレー構想が、この国の地方の未来を変えていくかもしれない。

水管理は稲作のカギ。自動化で農家の負担を軽減し栽培技術共有のツールにも

農匠ナビ株式会社

稲作農家には昔から「水《みず》見《み》半作《はんさく》」という言葉が伝わる。これは、米作りにおいて水管理が稲作の半分を占める重要な作業だということを意味する。その水管理に着目し、農家の持つ視点からの技術開発を進めているのが、農匠ナビ株式会社だ。開発した農匠自動給水機の現地実証を全国規模で行うとともに、自動給水機による水管理のノウハウを収集し、これを普及することで次世代の農業技術を創造する。“農の匠《たくみ》”を結集した取り組みが今、始まっている。

助成先の組織概要

農匠ナビ株式会社：水管理改善につながる自動給水機の開発などを農家主導で実施すべく、稲作農業法人である有限会社フクハラファームと有限会社横田農場を中心に設立した農業ベンチャー。水管理にかかるノウハウを共有することで、次世代の後継者育成に貢献することを目指している。

プロジェクト：農匠技術開発プラットフォーム構築
―農家目線の次世代稲作イノベーションを目指して―

地域：滋賀県彦根市、茨城県龍ケ崎市ほか

〝農の匠〟の知恵を結集し、農家が真に必要とする農業技術を農家目線で開発する農匠プラットフォームの構築を目指す――これが農匠ナビの目標だ。

農家目線・農家主導による技術開発

現在の日本の米農業は、米の需要が減少する一方、農業従事者の高齢化＝若い世代の農業従事者の減少、種苗・肥料・農薬など生産コストの上昇といった問題が増大し、農家の経営を圧迫している。稲作の低コスト化、省力化は待ったなしだ。

稲作を巡るさまざまな課題に対しては、日本の米農業はこれまでも品種改良、肥料とその施し方の工夫、機械化など、さまざまなイノベーションを実現してきた。近年は、IoT活用や圃場管理システムによる効率的な管理、ドローンを活用した省力化、GPSを利用した農業機械の自動操縦など、スマート農業が目覚ましい発展を遂げている。

茨城県の水田に設置されている自動給水機

だが、実際の農家からすれば、それら新しい技術で解決されないもの、見逃されている課題もあるという。そこで、農家主導・農家目線の次世代農業技術を開発するために、全国の農業法人4社が集まって2014年に「農匠ナビ1000プロジェクト」が立ち上がった。

ちなみに稲作は、土づくり、苗作り、水管理など、年間を通じて多くの作業が必要となるが、中でも水管理は「水見半作」の言葉の通り、米の品質や収量に影響を与える重要な仕事だ。水田1枚ごとに稲の生育状況を詳しく確認しつつ、季節や気象にも対応しながら細かな管理をする必要がある。そのため、米農家にとっては大変な重労働なのだが、これを解決し、農家も納得するという技術開発がなかなか見当たらないという状況が続いていた。

「各生産者の自動給水機の使い方を共有し、新技術につなげていきたい」と農匠ナビの横田社長

農匠ナビの横田修一社長は、当初からプロジェクトに参加してきたメンバーの一人。横田社長も当時、自身の農場において水管理に年間1000時間以上も費やす状態にあり、頭を悩ませていた。省力化はしたいが、水管理をおろそかにして品質は落としたくない。その想いから当プロジェクトに参画した。

農匠ナビ1000プロジェクトでは、実現すれば大きな省力化が期待できる水田用自動給水機の開発が始まった。ただ、自動給水機を開発するといっても、単純な機械化では、繊細な仕事である水管理は実現できない。

「生産者が集まって、こういう課題を解決したい、こうすればコストが下がるのでは、という議論を交わしながら進めてきたのが農匠ナビ1000プロジェクトです。今回の自動給水機もその研究が生んだ成果の一つです。自動給水機については、開発を重ねてきたものを実装し、農家に普及させるという段階に来たので、中核となる組織として農匠ナビ株式会社を2016年に設立しました」(横田社長)

壁を突破し、さらに大きなイノベーションへ

農匠ナビ1000プロジェクトの研究では、まず、参加している農業法人4社の約1000枚の水田の生育データ・収量データを詳細に解析。その結果、水管理が米の収量・品質に与える影響が大きいことが明らかになった。水管理の中でも、特に制御が難しいのが開水路、すなわち管水路(暗渠《あんきょ》)ではない水面を持つ水路だ。しかも、日本の水田の7割は開水路から水を引いている。

農匠ナビ1000プロジェクトは、この難しい開水路に対応する「農匠自動給水機」を開発。開水路に本体を固定すれば給水管にホースをつなぐだけと設置が容易で、水位センサー部にある上限・下限のセンサーを上下するだけで目標水位をキープできる。ごみや砂も詰まりにくい。

「この自動給水機でその時期に合った水管理をし、収穫量の増加につなげてもらう。そんなことを

思いながら普及に努めていきたいと考えています」（福原昭一会長）

しかし、自動給水機を全国に普及させるには大きな壁が立ちふさがった。開水路から水を引く水田は、パイプライン用水路が整備されている水田とは異なり、地域や圃場によって水を水田に引き込む形状が極めて多様なことから、それぞれに対応するためのバリエーションや機器活用のノウハウが必要となったのである。その一方、この自動給水機の普及による新しいベネフィットも見えてきた。自動給水機の動作のデータを収集することで、全国の農家それぞれがどのように水管理を行っているかのノウハウを収集できる。そこで、これを体系化・可視化・共有する「農匠技術開発プラットフォーム」の構築も目指そうというのである。

水管理を自動化することで稲作全体の効率化を進めるとともに、技術・ノウハウを共有し、栽培技術を向上させ、次世代にも伝えていくイノベーションを実現しようと考えたのである。この想いをかなえるため、農匠ナビはみらい基金へ助成を申請した。

【申請事業の概要】

●自動給水機の改良、新規開発

●水管理関連技術の現地実証

●水管理関連技術・ノウハウの普及活動

●図表3-1-3 農匠ナビの成長・展開イメージ

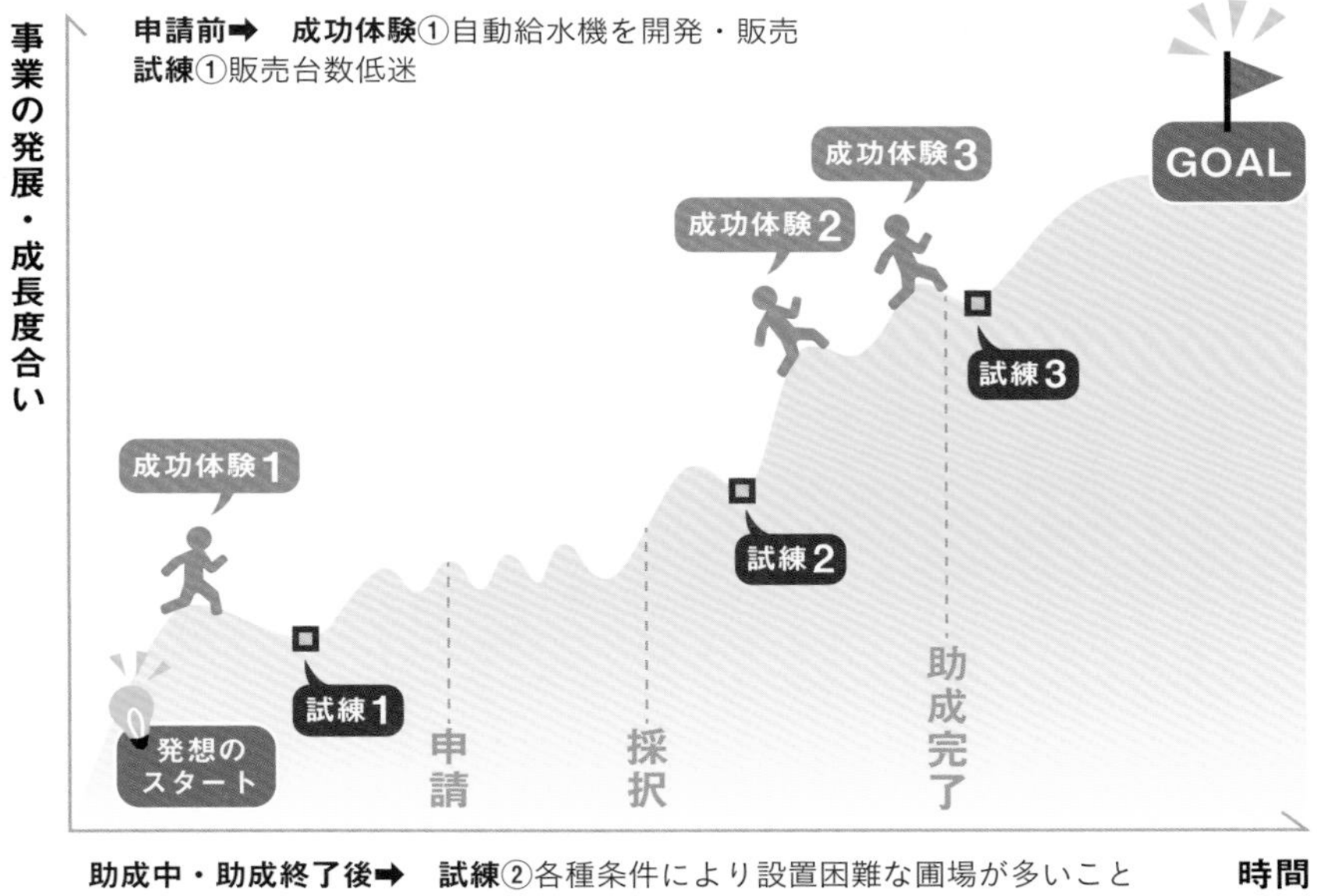

助成中・助成終了後➡ **試練**②各種条件により設置困難な圃場が多いことが判明 **成功体験**②改良し低価格化を実現 **成功体験**③設置事例等の利活用法を多方面に共有 **試練**③他社との競合激化や低価格化が限界にまで達することが予想される

【委員会の審議のポイント】

◆本事業における自動給水機をベースとした農匠プラットフォームについては、水管理の省力化に加え、収量の増加が見込め、本件のように大規模な圃場が点在している生産地では需要が認められる。

◆自動給水機については、小規模な一般農家からのニーズは限定的であり、当面は基本的に大規模経営体をターゲットにマーケティングするものと思われる。今後、稲作経営の不確実性を踏まえると、小規模な農家が農業法人等に作業委託を行うことで集約化が進むものと思われ、本事業のような省力化の取り組みは必要になってくる。

◆本事業によって改良が進めば、50ha規模の経営に限らず、40haや30ha規模でも一定程度の経済効果が期待できるかもしれない。

【委員会でのその他の意見】

◆自動給水機は、農匠ナビ1000プロジェクト等で長い間研究されてきており、技術的な確立に向けて見通しが立っているのかもしれない。この先、本事業で全国各地のデータを収集することで、技術を確立できるのか、率直に言って現在はどの段階なのか、自動給水機の開発状況や効果について実査で確認したい。

◆自動給水機を導入することによる経済効果について、まだまだ実証段階なのではないか。導入コストに見合った経済効果はまだ不確実な部分があるものと思える。

【現地実査での質疑応答】

申請者=農匠ナビのメンバーほか九州大学、協力農家、茨城県農業総合センター、製造業者など幅広い関係者が集まり、みらい基金との間で質疑応答が行われた。

みらい基金「ある程度大区画の圃場でないと自動給水機の効果が出ないようにも読み取れますが、一定の面積以下の区画ではどうなのでしょうか」

農匠ナビ「私の農場もトータルでは160haで作付けをしていますが、うち40％が20a未満であり、区画で言えば必ずしも大きくありません。むしろ、中山間地域の条件が悪いところでも十分機能すると考えています」

みらい基金「この事業の意義はプラットフォームづくりにあり、そのコンテンツとして自動給水機の普及という課題があると理解しました。助成期間が終わった後も自立的にプラットフォームを運営していけるのでしょうか」

農匠ナビ「今までにないものを広めていくので、最初はそれなりの規模で始めたい。自動給水機が売れれば当社としてもロイヤルティ収入が入るので、維持・発展できると考えています」

九州大学「既に稲作以外も含めた、日本各地の代表的な農業経営者とのネットワークはある。彼らとも、新しいプラットフォームづくりの話をしていくことで、横展開はできると考えています」

みらい基金「このタイミングで当基金が助成するということにフォーカスした場合、何がボトルネックで何があと一歩なのでしょうか」

農匠ナビ「水管理をしっかりすれば収量が向上することは分かっているが、7割が開水路であり、さまざまな開水路のパターンを精緻化するのが難しかった。自動給水機での水管理はまだ普及していないので、広く使ってもらうことで、ノウハウを含めて集めていくことが重要と考えています」

農匠ナビ「スマート農業が注目されているが、これまでは研究機関やメーカーの技術開発が主流であったことから、生産者が求める地域や圃場の条件に適した省力化や収量・品質向上が期待できる技術開発などがなく、生産者が置いてきぼりになっている感覚がある。農家が本当に解決してほしいと思っているのはもっと手前の部分なのに、ズレがある。今、我々が考えるアプローチで発信していかなければ、新技術利用の流れが変わっていかないと思っています」

このやりとりを通じて、稲作農家にとっての自動給水機の重要性などが確認された。重要性や意義が理事会においても評価され、採択に至った。

自動給水機の社会実装と普及に挑む

本事業を始めた当初は、間水路の7割に自動給水機を設置する予定だったが、実際に調査したところ、その形状や水量は地域よってはまちまちであり、スムーズに導入できない例も出てきた。例えば、一定の水量があることが自動給水機を設置する前提だったが、中山間地域では、水源から新たに水を引いてくる必要があったり、圃場ごとの水路を連携したりする工夫が必要になっていた。

そこで農匠ナビは、開水路で普及可能な190市町の地域を洗い出し、その地域の県の機関や農協などの協力も得ながら、確実に自動給水機の普及が見込める場所からの取り組みに変更した。

現在では全国の200人余りの農家が参加し、これらの農家でノウハウを共有するプラットフォームが構築されている。また、全国のモニターからの意見を踏まえ、鋼板製から樹脂製に切り替えた軽量化した自動給水機も開発した。

また、多くの農家が手軽に使えるSNSツールを活用し、自動給水機の使用状況などの画像や動画を投稿してもらうことで、水管理のノウハウの収集も行っている。これらを体系的に整理して映像化することで、教材ビデオなどのコンテンツを作成し、全国的にノウハウの共有を図っている。さらに、育苗、代掻《しろか》き、田植え、収穫・乾燥調製など稲作に関わる水管理以外のノウハウも幅広く映像コンテンツ化して公開しており、好評だ。

自動給水機は水位センサー（右）により制御される（宮崎県の水田）

農匠ナビでテクニカルアドバイザーを務める田中良典さんは、「研修会を通じて、全国のモニターさんと自動給水機の使い勝手や設置のしやすさなどの情報交換をしています。SNSツールでも、こんなふうに設置したとか、このへんを工夫したいとか、いろんな意見をいただいている。現在はより多くの現地の写真を集約し、検索しやすく情報提供できるように整備を進めているところです」とプロジェクトの進捗と手応えを語る。
農匠技術開発プラットフォームを通じて、省力化や収益性の向上のためのノウハウを全国の稲作農家と開発・共有し、少しでも農家の手取りを増やしたい——農業のイノベーションは自分たちで起こすという想いが未来を変えようとしている。

バージ船を使った自動給餌でサーモントラウト養殖の効率・安全・環境性能を向上

日本サーモンファーム株式会社

青森の自然がもたらす豊かな環境のもと、サーモントラウト（海水養殖するニジマス）の革新的な養殖が行われている。国内最大規模のサーモン養殖を行っているのが日本サーモンファーム株式会社である。バージ船（無動力の貨物運搬船。はしけ）を遠隔で管理できる自動給餌が可能な船として導入し、海面養殖生産コストの削減や従業員の安全を確保する。従来の養殖生産体制を変える取り組みとして、地域や関連産業からも注目されている。

助成先の組織概要

日本サーモンファーム株式会社：地方から世界の食料問題に取り組み、新たな社会的価値の創造に挑戦する養殖会社。世界自然遺産白神山地を背景に、豊かな漁場を活かした日本初の生食用サーモントラウトの大規模養殖を実証し、高品質かつ安定生産・供給可能なサーモンを世界に届けることで、社会への貢献を目指している。

プロジェクト：バージ船を活用した大型トラウトサーモンの大規模な海面養殖生産の革新事業

地域：青森県今別町《いまべつ》

青森の自然に育まれた青森サーモン。ほどよい身のしまりと、上質な脂ののりが別格のおいしさとなっている

青森県の北西、津軽半島の先端で津軽海峡に臨む三厩湾《みんまやわん》は、津軽暖流という速い潮の流れに接している。そこは、世界自然遺産・白神山地から湧き出るミネラル豊富な水を含んだ対馬海流と津軽暖流が交じり合う、年間を通して多彩な魚介類が水揚げされる「豊穣《ほうじょう》の海」だ。その中央に当たる今別町で、日本最大規模のサーモントラウト養殖が行われている。

日本サーモンファームの親会社である株式会社オカムラ食品工業は2005年からデンマークで生食用サーモントラウトを養殖してきたが、この事業を日本で展開するため、2014年から青森県深浦町と弘前大学地域戦略研究所との産学官連携によるサーモン養殖の実証事業を開始。事業の本格化を目指して日本サーモンファームを設立し、新たに三厩湾の今別町に大規模な養殖場を設けた。

アジアでは難しいサーモン養殖に成功

日本国内では漁業生産量が減少の一途をたどっているが、海面養殖業による生産量は拡大している。特に西日本では主にマダイ、ブリ、マグロといった魚類の養殖が盛んだ。しかし、東日本では養殖に適した魚種を見いだすことができていなかった。

一方、生食用サーモントラウトは日本市場でも需要が伸びているが、サーモン類は冷水性の魚であるため水温の高いアジア地域では養殖が難しいとされ、高緯度の北欧や南米からの輸入が中心だった。そこで、東北地方や北海道ならば養殖が可能ではないかとの考えが、この事業に挑戦するきっかけとなった。実現すれば、東日本で生産量拡大が見込める海面養殖として成長が期待でき、漁業生産量が減少した北日本沿岸地域に持続可能な新しい水産業を創出することになる。

今別町での展開より前の青森県深浦町での産学官連携の実証事業では、2017年6月に3tのサーモントラウトを初めて水揚げした。この成功を受けて、1000t以上の海面養殖生産が可能な漁場を探していた。そこで見いだしたのが、三厩湾の今別町だった。

三厩湾は津軽半島の先端、西の竜飛《たっぴ》崎と東の高野崎に囲まれて北向きに開いた小湾である。サーモントラウトの育成に適した水温18度以下の環境が、11月中旬から翌年6月末にかけて維持される。健康なサーモントラウトの育成には最適な場所であった。

「デンマークでの養殖事業の経験から、ここならサーモンの養殖が可能だと考えました。この今別

●図表3-1-4 日本サーモンファームの成長・展開イメージ

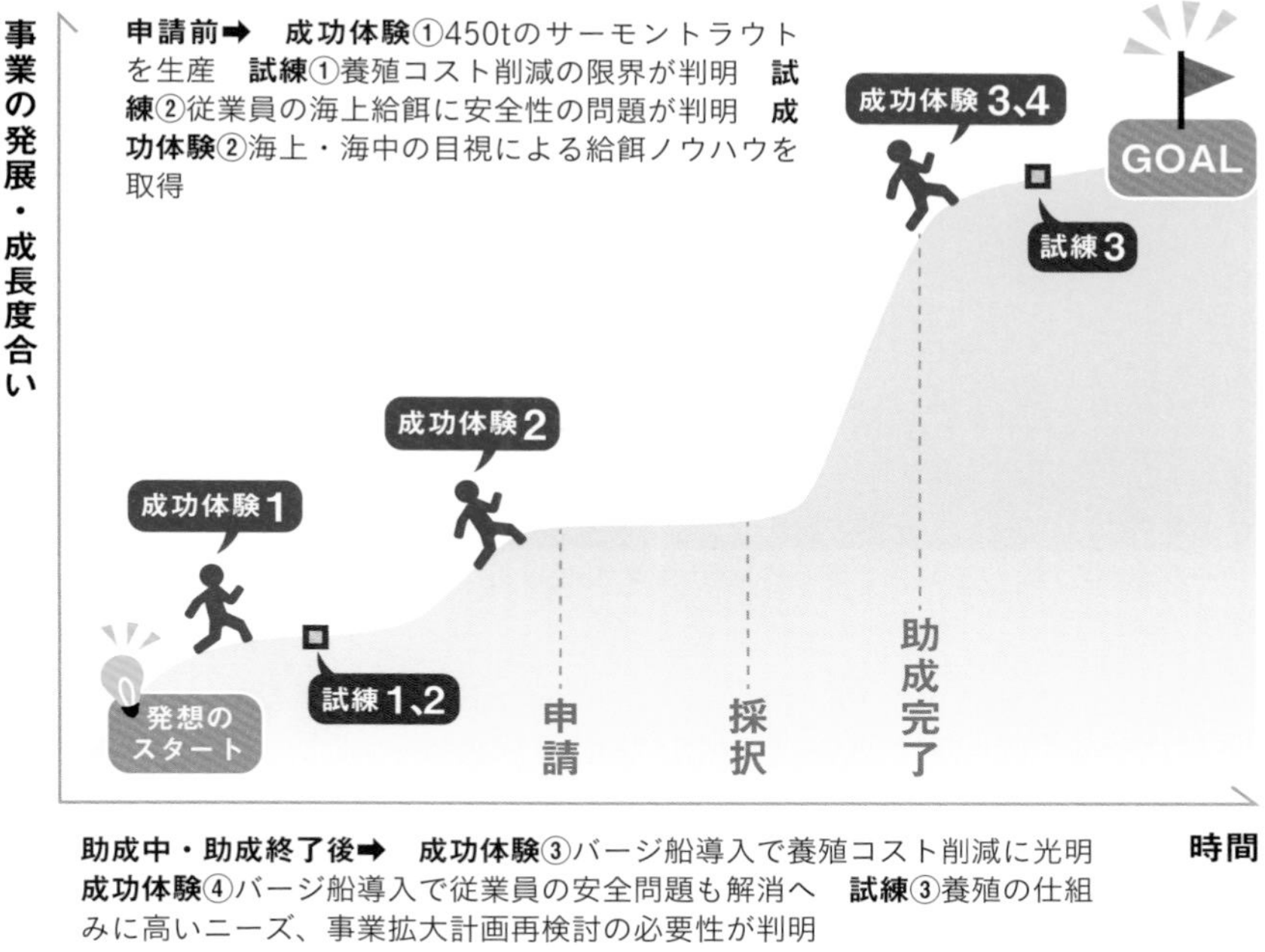
事業の発展・成長度合い
申請前➡ 成功体験①450tのサーモントラウトを生産 試練①養殖コスト削減の限界が判明 試練②従業員の海上給餌に安全性の問題が判明 成功体験②海上・海中の目視による給餌ノウハウを取得
成功体験3､4
GOAL
試練3
成功体験2
成功体験1
試練1,2
発想のスタート
申請
採択
助成完了
時間
助成中・助成終了後➡ 成功体験③バージ船導入で養殖コスト削減に光明 成功体験④バージ船導入で従業員の安全問題も解消へ 試練③養殖の仕組みに高いニーズ、事業拡大計画再検討の必要性が判明

町は、豊かな自然環境から絶好の場所だと判断したのです。竜飛今別漁業協同組合の皆さんにもご協力いただいて、２０１８年から養殖試験をスタートし、翌年には４５０ｔの養殖サーモンが水揚げできました」（日本サーモンファームの鈴木宏介社長）

　竜飛今別漁業協同組合の野土一公組合長は、「今別町はかつてコウナゴの漁場でしたが、近年はまったく獲《と》れなくなりました。そんなときに、サーモン養殖のための潮流検査をやりたいという打診があったのです。この話を受けて、漁師みんなで協力することにしたのです」と振り返る。

　こうして日本サーモンファーム、竜飛今別漁業協同組合ならびに今別

バージ船からパイプを経由して、約200m離れた生け簀に給餌を行う

町の三者それぞれが抱える課題を解決できる事業として、三厩湾でのサーモントラウトの大規模な海面養殖事業が始まったのである。

事業拡大の壁を突破するバージ船

2017年に3tから始まった水揚げ量は、2018年には50t、2019年には450tへと年々拡大。2020年は前年と同じ450tであったが、生産効率が向上した。生産技術の確立で品質も向上し、1尾で3kg以上の脂乗りが良いサーモントラウトが1000円／kg以上の価格で取引されている。

ただし同時に、生産規模をさらに拡大するには、従来のやり方では限界がきていた。日本国内におけるサーモントラウトに適する海面養殖の期間は、海水温の低い時期に限定され、最大で7カ月。この限られた条件で大型サーモントラウトの生産規模を拡大するには、従来の海面養殖生産では実現できない。このボトルネックの突破が課題となった。

弘前大学地域戦略研究所の准教授としてプロジェクトに参画し、現在は北海道大学地域水産業共創センターの福田覚教授は、その問題点をこう説明する。

「今回のプロジェクトでは、サーモントラウトの海面養殖生産量1000tを目標に掲げています。これを従来方式で行おうとすると生け簀《いす》が4つ必要となりますが、それに合わせて給餌のための船も4隻用意しなければなりません。これらの確保と管理にはかなりのコストが発生することになります。また、海面養殖の作業は天候の影響も受けやすいものです。悪天候の際は給餌作業が滞ったり、作業員が危険にさらされたりする可能性もあり、その解決も課題でした」

試算では、従来方式で生産規模の拡大を図ろうとすると、費用対効果がほとんど見込めないことが分かった。教授の指摘の通り、荒天時にも安定して安全に給餌をする方法も、事業を大幅に拡大するには必要なことだった。

この難問を打開するために考え出されたのが、遠隔操作で給餌ができるバージ船の導入だ。

バージ船とは無動力の貨物運搬船（はしけ）。発電機能を備えたバージ船に1～2週間分の餌を積み込み、沖合の養殖場の近くに常駐させ、給餌用のパイプをそれぞれの生け簀につなぐ。給餌はコンピューターで自動管理し、適切な時間に適切な量の餌を与える。これがあれば、給餌をするたびに船を出す必要も、人による作業も不要となる。荒天時に作業員が危険を冒して海に出ることもない。つまり、ボトルネックとなっている海面養殖の生産コストの低減と、従業員の安全確保を一

陸から、海上のバージ船を遠隔操作している様子

気に解決できる。世界品質のサーモンを作りたい——その願いを込めて、日本サーモンファームはみらい基金への助成申請を行った。

【申請事業の概要】

●海面養殖の給餌へのバージ船の導入

●ＩＣＴ（情報通信技術）化による遠隔生産管理システムの実証

【委員会の審議のポイント】

◆日本はサーモンの輸入大国であり、食料安全保障の観点から見ても国産サーモンで代替する取り組みは有意義。水産庁の養殖業成長産業化総合戦略においても、サーモンは戦略品目として設定されており、今後、国内で広がる可能性もある。

◆本事業は海外のサーモン養殖と伍していく取り組みであり、将来的に旺盛な需要が見込まれるアジアなど、海外マーケットも視野に入れている。生産規模からしても、少なくとも「ご当地サーモン」と競合するものではない。むしろ本事業によって、国産サーモンの認知向上につながれば、結果として、日本各地の「ご当地サーモン」を盛り上げることにもつながるのかもしれない。その点において、広い意味では波及性があると言えるのではないか。

◆申請者はこれまで地元の竜飛今別漁協との連携や地域住民との信頼関係も築いており、規模拡大による新たな雇用の創出で、地域活性化にもつながる取り組みとも言える。

【委員会でのその他の意見】

◆日本におけるサーモン養殖の最大の課題は海水温が高いこと。海水温が20度を超えるとサーモンの斃死《へいし》（病気などでの突然死）が増え始め、青森県でも1年間を通しての操業は難しく、今後、より水温の低い水深が深い場所で養殖を行う等、工夫しないといけなくなるのかもしれない。

◆バージ船を活用した給餌についてはまだ実証段階であるが、欧州で既に実績がある技術を取り入れることから、技術的には問題ないであろう。従来の有人船での給餌は天候による影響を受けることから、バージ船を活用した給餌を行うことで増産が認められる。

【現地実査での質疑応答】

申請者＝日本サーモンファームのメンバーほか、竜飛今別漁協、弘前大学などの関係者が集まり、みらい基金との間で質疑応答が行われた。

みらい基金「環境に配慮しつつ製品価値を高めるために大きく太らせる、御社の飽食給餌ノウハウによって、3kg以上のサーモンを増やしていくとあるが、バージ船を導入することで、どの程度まで増やしていく計画でしょうか」

日本サーモンファーム「現状、出荷するサーモンの5～6割となっておりますが、それを7～8割まで伸ばしていきたいと考えています」

みらい基金「この事業は従業員の安全性の確保にも資する取り組みと認識しているが、現状でどのような問題点・課題があるのでしょうか」

日本サーモンファーム「三厩湾は三方を山に囲まれ、生け簀の定置が可能な程度に比較的波が落ち着いているものの、それでも12月から3月にかけて、津軽海峡は荒れています。19t以上の船でなければ沖に出られないほど風が強いことも多い。さらに給餌では、そのような中でも6時間くらい船上で見守ったり作業をしたりすることになる。バージ船を活用できれば、そのような仕事に伴うリスクを軽減できると考えています」

みらい基金「養殖事業がうまくいかなくなる要因として未曽有の災害を挙げていますが、東日本大震災では、大きな設備投資でなかったことが結果的にレジリエンスにつながった事例もある。貴社は大型の設備投資を行っているが、津波などの災害に対し、レジリエンスをどう確保していくのでしょうか」

日本サーモンファーム「陸上養殖については、大雨による養殖場付近の土砂崩れや河川氾濫などさまざまな災害が考えられるため、1カ所で大量に養殖せず分散する。海上養殖は、効率性やコスト面、環境負荷などを考慮すると集中してやらざるを得ない。確かに津波のリスクが高いところでは当モデルは展開しづらいかもしれません。しかし、津軽半島はこれまで津波被害の事例がなく、地形的にも津波の影響が考えづらいこともあってこの場所を選んでいます」

みらい基金「当基金の助成では、〝あと一歩の後押し〟というステージを重視している。例えば、8〜9合目にあるプロジェクトに対し、当基金が助成することで山を登り切れる、というイメージです。その点、本事業は、そのような高みにまで果たして到達しているでしょうか。もしもバージ船を導入してからノルウェーに行ったりノルウェーから人を呼んだりして、運用を学びながらやっていくというプロセスを踏むのであれば、これはあと一歩ではなく初めの一歩ではないでしょうか」

日本サーモンファーム「この事業は、2014年12月から6年が経過し、漁業権の取得、マーケティングを含めて進めてきた結果、生産規模も順次拡大し、品質もいいものが生産できてきています。そして残った課題がコスト削減、環境負荷の軽減、安全の確保です。つまり、バージ船導入がまさに〝最後の一押し〟です。このパズルの最後の一ピースがそろうことで、大規模化・さらなるマーケット拡大につながっていく」

このやりとりを通じて、バージ船による遠隔給餌システムの意義などが確認された。こうした点が理事会においても評価され、採択に至った。

サーモンの魅力が若者も引き付けた

2022年12月、ベトナムで建造されたバージ船が、今別・三厩海面養殖場に導入された。全国で初めてのバージ船による自動給餌のスタートだ。

「遠隔操作のためのカメラや各種センサーがあらかじめ設置されていて、これをカスタマイズすることで海中の魚もリアルタイムで見られるようになりました。揺れる船上で給餌作業に追われることがなくなった分、魚の状態を集中して観察でき、より質の高い養殖が行えるようにもなったと思います」

と、鈴木社長は手応えを語る。

順調に見えるこの取り組みだが、実は試練を乗り越えた先に得た成功であった。バージ船が完成して養殖場に到着する4カ月ほど前、青森県を含む東北地方に集中豪雨が発生した。このとき、日本サーモ

「品質・価格ともに、ノルウェー産・チリ産のサーモンと伍していきたい」と語る鈴木社長

ンファームの中間養殖場がある深浦町付近では、1時間に約90㎜の猛烈な雨に見舞われた。結果、隣接する山が崩れるなどして大量の土砂が中間養殖生け簀に流れ込み、稚魚の半分程度が死滅してしまった。このとき生き残った稚魚を、今別・三厩海面養殖場で大切に育てていったのである。

バージ船によって、従来は1日に6時間ほどしかできなかった給餌が、導入後は朝から晩まで約12時間の間に連続して実施できるようになった。さらに悪天候でも給餌が可能で、生産効率が向上し、バージ船導入後の生産量は1600tと当初目標に掲げた1000tを大きく上回った。

「魚のサイズが大きくなれば、脂ののりも身の色も違ってきます。品質が非常によくなりますし、海外市場では大きければ大きいほどよく売れるんです」と鈴木社長は声を弾ませる。

高評価は市場からのそれにとどまらない。今別・三厩海面養殖場は、2019年、日本で初めてASC（水産養殖管理協議会）サケ基準の認証を取得した。従来の飽食給餌ノウハウに加えてバージ船内でのコンピューター制御（詳細な海中観察が可能）により、さらに環境に負荷をかけることなく（餌の食べ残しなどがほとんどなく、海洋汚染を防げる）大規模サーモン養殖産業を実現することで、地元での雇用拡大、付随産業への波及効果が期待されている。そして、サーモン養殖をやりたいという若者も多く集まってきており、地元も活気づいている。

青森の自然がもたらす豊かな環境のもと、持続可能な大規模サーモン養殖を通じて、環境・地域・経済の持続可能性を追求し、地域の継続的な活性化につなげる――日本の水産業の新しい挑戦が青森の地から始まっている。

農作業の委託と受託を繋ぐ、マッチングプラットフォームの構築

TOPPANエッジ株式会社

個人農家の高齢化や担い手不足などによる生産力の低下を、農業法人などに作業を委託することで解決し、持続可能な農業の実現を目指している企業がある。TOPPANエッジ株式会社である。同社がこれまで培ってきたノウハウを農作業に応用し、農業DXを通じて地域の生産を支えるインフラを創り上げる——地域関係者のマッチングによって、地域の農家・農地を支える仕組みづくりがここにある。

助成先の組織概要

TOPPANエッジ株式会社：企業のDX支援の一環として、全体最適で業務を再構成するBPM（ビジネスプロセス・マネジメント）の手法を採用し、業務プロセスの細分化や各工程の分析を行っている。地域農業の課題に対して、このノウハウを農作業に応用し、地域を担う農業経営者が地域の農家・農地を支える仕組みづくりを構築しようとしている。
プロジェクト：農作業マッチングサービス
地域：宮崎県、大分県

コントラクターが農地を耕している様子

近年では、企業による農業への参入が相次いでいる。特に従来の食品関連企業ばかりでなく、建設業やサービス業など、農業に携わっていないさまざまな業界から参入している。

しかしながら、一般的に儲《もう》かりにくいと言われる農業だけに、せっかく参入しても数年後には撤退してしまう企業がいることも事実である。

異業種が農業に新規参入する目的とは……

TOPPANエッジは、その名の通りTOPPANホールディングスのグループ会社である。データプリント関連の製品とサービスを提供し、近年ではデジタル技術の進化に合わせて、デジタルソリューションの提供にも力を入れている。

特に、企業のDX支援の一環として、全体最適で業務を再構成するBPMという手法を用いて、ユーザー企業の業務プロセスの標準化や業務効率化を推進しているのが特徴だ。

農業分野では、TOPPANエッジはまったくの異業種である。なぜ農業に参入したのであろうか。TOPPANエッジの鳥越秀イノベーションセンター長はこう振り返る。

「当社は異業種ではありますが、利益追求のみを目的とした参入ではありません。社会で何か問題になっていることはないか、そこに対して当社ができることは何かないか、ということをいろいろ考えておりました。そうして考えた中の一つが今回の農作業マッチングだったのです」

積み重ねていった地域農業のニーズ把握と解決策の検討

実は、TOPPANエッジは単に困っている地方に赴き、新規参入したわけではない。2019年に事業検討を始めたが、実際に宮崎県と大分県で実証を開始したのは2年後の2021年秋のことである。

農家の高齢化や担い手不足。それに伴う生産面積の減少や耕作放棄地の増加。それらは日本各地で進む深刻な社会問題だ。

そこでTOPPANエッジは実際に農家に赴き、ヒアリングを重ねた結果、負担が大きい作業を外注したいというニーズが多くあることをつかんだ。ただし、農作業の外注は緊急手段と捉えられ

●図表3-1-5 **農作業マッチングサービス**

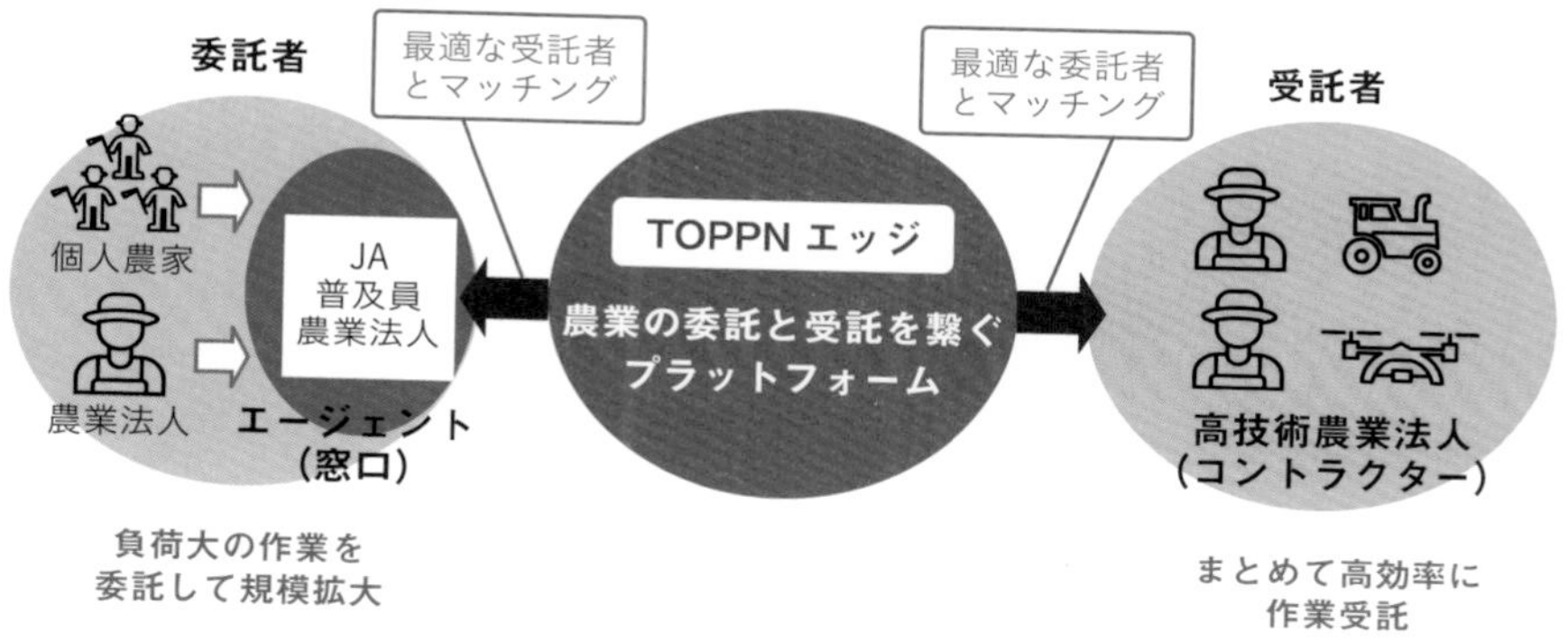

ることが多く、委託者である農家と受託者であるコントラクターと言われる高い知識、高性能な農機を持つ農業法人の両方が最適になることは稀《まれ》なことであった。

そのため、その地域でTOPPANエッジと想いを共有でき、熱意あるコントラクターを探し、代行によって大幅に効率化できる農作業工程を選定して、作業時間を実測し、コスト試算するといった綿密な調査を積み重ねていったのである。これに2年間という時間がかかった。

TOPPANエッジは、自身が有するノウハウを活用し、受託側は専門農機や技術を活かして効率化できる作業を引き受け、委託側は委託で生じる余力で面積拡大や他品目にチャレンジする、それぞれが相互成長を実現する仕組みづくりを目指したのである（図表3-1-5参照）。

「単に農業の関係者を支援するだけでなく、地方の活性化、地方の創生を目指しています。当社としても、業務プロセスの細分化や各工程の分析など、事務作業を効率化してきた知見はあるが、農業に関するノウハウがなかったので、周りの方々の支援をいただきながら今まで行ってきました。なぜ当社なのかと言えば、当社の知見が活かせる分野だったからです」と鳥越センター長は熱く語る。

実はTOPPANエッジは、みらい基金にこれまで2020年度、2021年度、2022年度と計3回申請している。積み重ねていった実績を基に2022年度にようやく助成先として採択された。

地域を担う農業経営者が地域の農家・農地を支える仕組みづくりを目指す。そこにはTOPPANエッジとしての意志と覚悟が詰まっている。

大分県と宮崎県で農作業マッチング事業を開始

調査活動を経て、実際にコントラクターの農作業代行によって大幅に効率化できるかどうか、大分県と宮崎県で実証が始まった。

大分県では、県が掲げる「ねぎ産出額100億円プロジェクト」の達成に向けた一環として、地元農業法人、農家のほか、大分県豊後大野市、竹田市を管轄する豊肥振興局と共に取り組みを開始。

TOPPANエッジは、この豊肥振興局と共にコントラクター推進計画の策定から、農家向けのセミナーの開催、コントラクターを活用した際の経営収支シミュレーションなども手掛けてきた。

さらに、農機メーカーと連携したコントラクター作業のデモンストレーションの実施と精力的に推

●図表3-1-6 **TOPPANエッジの成長・展開イメージ**

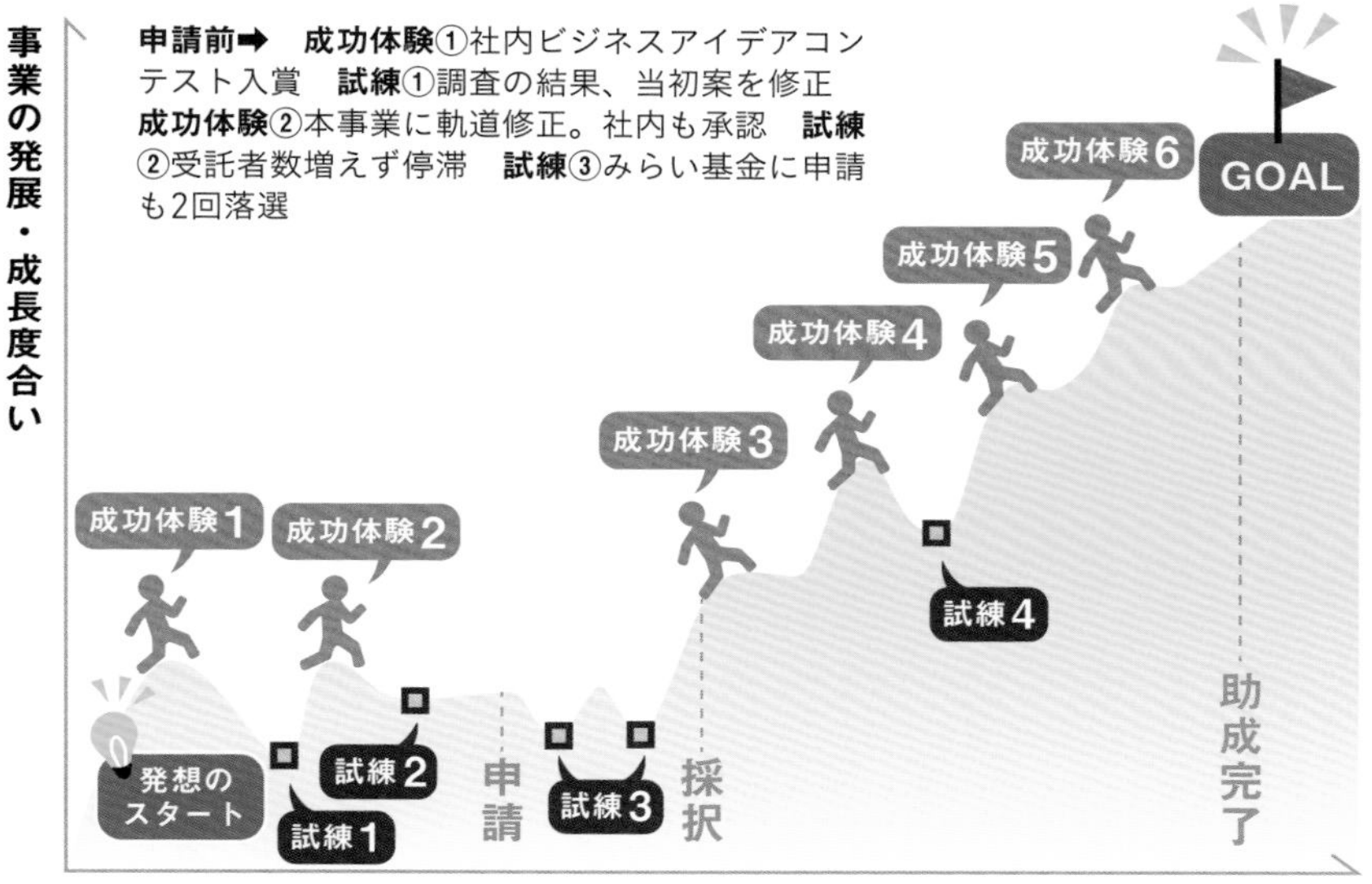

助成中・助成終了後➡ **成功体験**③みらい基金の助成採択 **成功体験**④展示会初出展で問い合わせ急増 **試練**④受託者増につき農機レンタル体制整備に遅れ **成功体験**⑤レンタル農機導入、マッチング実績増 **成功体験**⑥マッチングシステムVer.1リリース

進してきた。結果、生産量を拡大するモデルの構築にめどが立ってきていた。

また、宮崎県では宮崎県経済農業協同組合連合会、こばやし農業協同組合の協力のもと、コントラクターである農業法人が大型農機による大根収穫作業を受託し、委託側の高齢農家の生産量維持に貢献している。

この大分県と宮崎県での取り組みを通じて見えてきたものが2つある。

一つは委託側・受託側共に採算が合うこと、もう一つは委託側・受託側双方にニーズがあることだ。

これまで大分県、宮崎県での計30

大分産のネギ。コントラクターに作業委託したことで栽培面積は拡大を続けている

件の実績を踏まえ、具体的な運用フローも確立しつつあった。一方、委託側のニーズは、受託側の農業法人などが保有する農機で引き受けられる受託量を超えるほどあり、オペレーターの確保・育成が課題になっていた。

以上の実証を基に、個人の農家とコントラクターをより高度にマッチングするプラットフォームを構築することで、農作業の効率化を目指すべく、TOPPANエッジは、みらい基金への助成申請を行った。

【申請事業の概要】

●農作業マッチングプラットフォームの構築

●周年安定したコントラクターの仕事づくり

●農機シェアリングおよび人材育成

【委員会の審議のポイント】

◆申請者がプラットフォーマーとして、システムを作るだけでなく主体的に関わっており、農協や地域をしっかり巻き込んで、両者を結び付けている。

◆まだまだ試行錯誤している部分もあるが、前回申請からの改善点や前回不明確であった事業の効果等が具体的に示されており、実現可能性が向上している。

◆農業法人等のリソースを個人農家が有効活用する事業として、興味深い。

【委員会でのその他の意見】

◆委託する側としての小規模農家は減少傾向にある。そのことをどのように考え、対応・対策を立てているのか、確認したい。

◆農地を分けて依頼を受けるのは効率が悪く、ある程度まとめて依頼を出してもらう必要があるのではないか。

【現地実査での質疑応答】

申請者＝TOPPANエッジのメンバーほかコントラクターや豊肥振興局など地域の関係者が集まり、みらい基金との間で質疑応答が行われた。

みらい基金「データに基づいたマッチングだけでこの事業はうまくいくのか。データに表れない地域の特性等を考慮した個別の対応が必要なのではないでしょうか」

TOPPANエッジ 「この事業は単純なマッチングを行うのではなく、最初に当社とコントラクターで受託可能なメニューを作成します。そうすることにより、委託者（生産者）との認識齟齬《そご》を減らすとともに、コントラクターも利益が確保できるようにしています」

みらい基金 「この事業の目指す先には、生産面積の規模拡大があるが、そのためには土地集積が必要となる。その課題はどのように整理しているのでしょうか」

豊肥振興局 「大分県豊肥地区では、農地処分に困っている農家や農地を貸し出す意向がある農家と、規模を拡大したい農家との農地のマッチングに昨年度から取り組んでいます。農地のマッチングについては、関係機関と地元農協が一体となって取り組むことを想定しています」

みらい基金 「この事業で構築するプラットフォームに参画する、コントラクターや貴社にとっての意義はどこにあるのでしょうか」

TOPPANエッジ 「農業法人であっても営業活動が弱いところもありますので、その点を当社が代わりに対応します。また、煩雑な集金業務についても、当社が間に立って行うことを考えています」

農業法人 「農家を大工に例えると、大きい建物を造ろうとしても大工だけでは戸建てくらいしか造ることができません。東京スカイツリーのような大きいものを造ろうとすると、ゼネコンが間に入って、得意な業務を得意な人が行う環境を整備して初めて実現します。この考え方は、農業にも当てはまると考えています。農業人口が減少する中、地域の農業を守る手段として、コントラクター

マッチングサービス“農託”のWebサイトトップページ

の活用は有効です。そのためのプラットフォームを当社だけでつくるのは難しかったのですが、この事業に声掛けしてもらったことで実現に近づいていると感じています」

このやりとりを通じて、本事業で構築するプラットフォームを用いることで、委託者である農家と受託者であるコントラクター双方の利益につながることなどが確認された。こうした点が理事会においても評価され、採択に至った。

農作業マッチングプラットフォーム “農託”のサービス開始

TOPPANエッジは、農業の効率化を図り、所得向上につながるWebサービス「農託《のうたく》」を、2023年10月13日から開始した。

個人の農家とコントラクターをマッチングすることで農業の効率化に貢献するWebサービスは、当アプリが日本初になるという。

このWebサービスは、農家が現在の経営情報を入力するだけで、委託前と委託後の労働生産性や所得変化のシミュレーションを提供する。しかも無料だ。

一方、農業法人であるコントラクターは、従業員や農機の情報、作業工程ごとに要する時間などを事前入力することで、作業原価および受託価格の計算が可能となる。この情報を使用して、仲介者であるTOPPANエッジが、面積や移動時間などの委託条件を踏まえた見積もりを作成するという仕組みだ。

これにより、個人農家は、負荷の大きな作業をコントラクターへ委託できるようになり、委託による所得変化を事前にシミュレーションすることが可能となる。一方、コントラクターは、作業原価計算支援機能を使って適正な受託価格を設定できるため、赤字受託のリスクを低減することができる。

今後はアプリの改善を継続的に実施し、2027年度には年間マッチング案件数2万件を目標に掲げ、農家や農業法人、自治体・農協に働きかけていく方針だ。

本事業は、社会的な課題解決を目指すTOPPANエッジと、これまで培った知識やノウハウを活かしてビジネス化したい農業法人などが、お互いの得意分野を組み合わせることで成り立っている。異業種とのコラボレーションが農業の新たなイノベーションにつながっている形だ。

TOPPANエッジの皆さん

Ｗｅｂサービス「農託」は、単に農作業をコントラクターに委託するだけではない。委託者である農家と受託者であるコントラクターそれぞれの地域に対する想いもつなげている。

それぞれ手を取り合って、共に地域を盛り上げていく。ここにある想いは、地域づくりの原点なのかもしれない。

情報共有が進まない 林業界をデジタルで変革。都市と繋ぎ、儲かる山に

宮城十條林産株式会社

コロナ禍で顕在化した社会・産業構造の転換に向け、宮城県内の林業・木材産業事業者と共にDX実践モデルに取り組んでいる、宮城十條林産株式会社。同社はデジタル技術を活用して、林業と木材産業事業者間の情報の壁を打破し、消費者とつながることで、新たな価値を共創しようとしている。林業・木材産業の未来が宮城から生まれそうだ。

助成先の組織概要

宮城十條林産株式会社：宮城県石巻市で事業を開始し、宮城県を中心に現在東北各県で、山林の伐出、造林、管理を行っている林業会社。木を植えて、育てて、利用する持続可能な林業を進めることで循環型社会の実現に貢献し、「すべての人々と共有する森林の価値を最大化する」企業を目指している。

プロジェクト：「D」が森林と都市を「X」する

地域：宮城県仙台市

日本の多くの山では主伐期を迎えている

近年、都市部を中心に木造の建築物が増えつつある。記憶に新しいのは、東京2020オリンピック・パラリンピックで使われた国立競技場だ。外観のデザインには、47都道府県から調達した木材がふんだんに使われ、木のぬくもりが感じられるスタジアムとなっている。

主伐期を迎える国内人工林

国内の森林に目を向けると、戦後復興や高度経済成長期を支える木材を供給するため、拡大造林によって、現在、人工林はその半数が50年生を超え（一般的な主伐期〈木が育って伐採できる時期〉は50年と言われている）、森林資源はかつてないほどに充実している。

加えて、林業・木材産業分野は、SDGsの推進や脱炭素化社会の実現に向けた貢献が求められ、2021年10月に改正された「公共建築物等木材利用促進法」に基づいた木材需要の拡大により、木材における炭素の固定

林業・木材産業事業者が集まり、システム構築に向けた検討が開始されている。これ自体がICTリテラシー向上にもつながっている

（貯留）、木材供給源と炭素の吸収源となる森林の適切な更新を積極的に推進する体制整備が必要となってきているのである。

このため、宮城十條林産は事業地である宮城県を中心とする林業・木材産業の事業者と連携し、「森林と都市をつなぐ共創型システム」の構築を開始した。

これは、デジタル管理技術を活用して、森林認証林をはじめとする適切に管理された森林から信頼性の高い木造住宅や木材製品を一般消費者（都市住民）に届けるというものである。伐採後の再造林など、資源循環を考慮した適切な管理を行っている森林から生産される木材に対して、消費者サイドからインセンティブを付与することで、「持続的に儲かる林業・木材産業」への転換（林業・木材産業におけるＤＸの実践モデル）を目指している。

「コロナ禍で顕在した社会構造の変化を踏まえて、森林認証材、いわゆるきちんと管理された木材の情報について、川上側の林業事業体が、消費者も含めた川下側とお互いに共有することによって、信頼性が高い生産加工体制を構築したいと考えています」と宮城十條林産の亀山武弘代表は語る。

林業・木材産業のステークホルダーが集まり、旧態依然から脱却

今、コロナ禍を踏まえた新しいビジネスモデルを検討するにあたって、デジタルツールを活用したDXが製造業ほか産業界全体で加速度的に推し進められている。それは林業・木材産業でも例外ではない。ただ林業・木材産業では、旧態依然とした紙やFAXなどによる慣習的な取引が主流であり、製品の供給も事業体間の対面による人的な調整業務によって行われている。デジタル化にはほど遠いのが実情だ。そこには製品ごとにさまざまなステークホルダーが存在し、その間に「情報の壁」が存在している。素材を生産する川上から、建築物の施工販売会社などの川下に至るまで、各ステークホルダー間の情報共有が乏しく、サプライチェーンの商流が固定化され、既存の取引先以外への供給が難しくなっているのだ（図表3-1-7参照）。

「林業・木材産業はICTリテラシーが低いのが課題です。データを扱うのに慣れていません。また、個々の山林から製材工場などの1対1の情報共有はありますが、サプライチェーン全体で情報を共有する仕組みはありませんでした」と亀山代表は振り返る。

●図表3-1-7 林業・木材産業の「情報の壁」

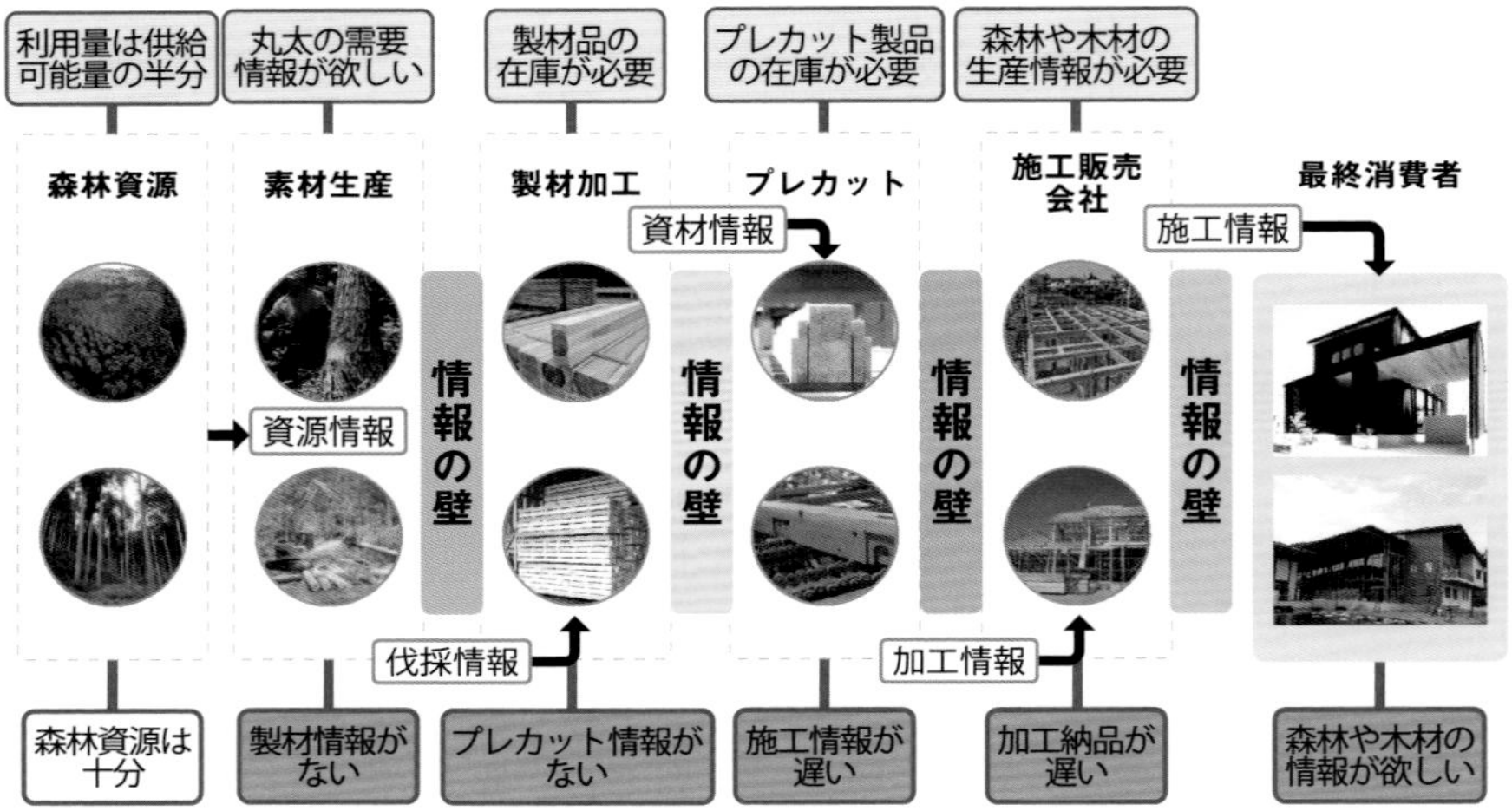

山側が儲かる、持続的な林業モデルの構築に向けて

この状況を改善するため何から始めるか——。

当初、参画する事業体自体がシステムの基本フレームを構築する知識を持ち合わせていなかった。このため、知識の習得から進めなければならなかった。

「システム会社がモデルケースをつくり、各事業体はデータ入力をするだけだと、いざシステムを実装するときに問題になると思いました。従って、各事業体には、基本フレームなどシステムをつくる段階から参画してもらいました。また、システムの構築作業を一緒にやることで人材育成も図っていけます」と亀山代表。

2017年から「合法伐採木材等の流通及び利用の促進に関する法律」、通称、クリーンウ

●図表3-1-8 **宮城十條林産の成長・展開イメージ**

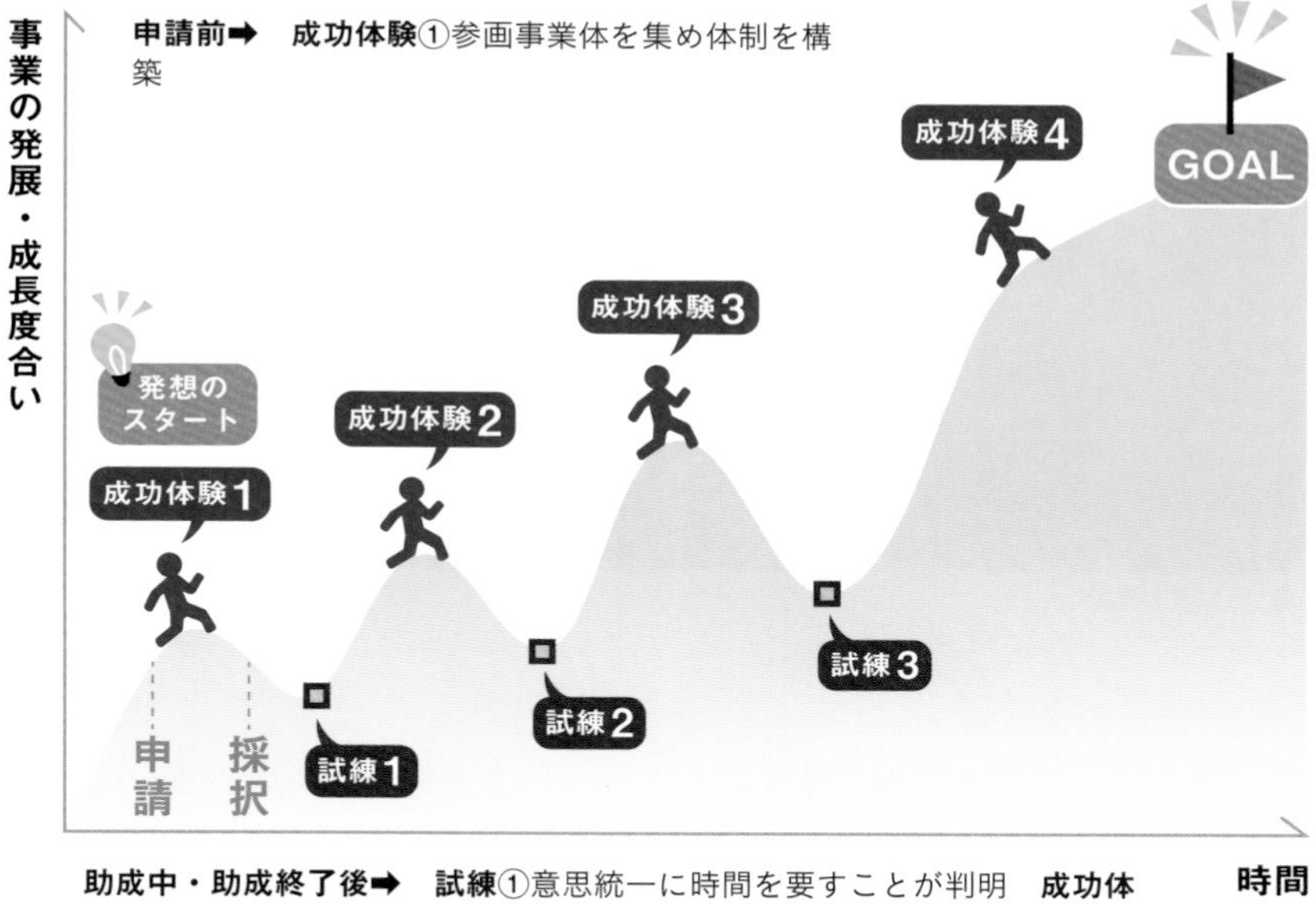

助成中・助成終了後➡ **試練**①意思統一に時間を要すことが判明 **成功体験**②参画事業体が意思統一。システム開発開始 **試練**②今後、サプライチェーン間の連携困難を予想 **成功体験**③木材のトレーサビリティー確保 **試練**③今後、システムの使い勝手で試行錯誤を予想 **成功体験**④需給情報共有化成功、システム完成

ッド法と呼ばれる法律が施行され、国産材・輸入材に関わらず木材の合法性の証明が必要となっている。海外などでは、紙ベースで行っていた合法性の証明において改ざんする事例も報告されており、林業・木材産業におけるシステム化は待ったなしの状況だ。

　他方、新築住宅着工数などが長期的な減少傾向にあり、選ばれる商品づくりも求められている。林業・木材産業分野（供給側）間の情報共有が不十分なことは、購入商品や価格を決定する需要側との情報共有も阻害し、「儲かる林業・木材産業」への道のりを険しくしているのだ。

そのため、ブロックチェーン技術を活用することで、データの透明性が高く、改ざん防止機能が高い管理システムとし、個別管理されていた生産・加工流通情報の見える化やデータ共有体制を構築することで、計画的な木製製品の製造と適切な在庫管理により、サプライチェーンにおいて関係する事業体が責任を持って、計画的な施業管理を行う森林（森林管理認証林等）の木材を使った木造住宅や多様な木製製品を一般市民(エンドユーザー)まで確実に届けることとした（図表3－1－9参照）。

素材生産の現場

「このシステムの導入で事業の効率化、在庫管理、リードタイムの短縮などさまざまな効果があります。現在紙で行われている森林認証作業も簡素化が期待できます。とはいえ、まず一緒に取り組んでくれるのは、若手の経営者など、一部の方々だけかもしれません。しかし、10年後には間違いなく必要になるシステムです」と亀山代表は意気込む。
事業名のようにD（デジタル）が森林と都市をX（トランスフォーメーション）するための熱き想いを胸に、宮城十條林産はみらい基金への助成申請を行った。

【申請事業の概要】

●シームレスな情報管理システムの構築

●情報共有に向けたアプリケーションの製作・実装

●他地域への情報管理システムの提供と相互共有に向けた検討

【委員会の審議のポイント】

◆過去の助成先で、森林認証を取得して事業を進めていくもの（2017年度採択先：登米町森林組合）があったが、日本国内で森林認証はまだ広まっていない。今回は認証材だけではなく、一般材まで範囲を広げて考えていることは評価できる。

◆困難なチャレンジだが、川上から川下までつなげること自体に意味がある。仮に当事業が失敗したとしても、積み上げたものには意味があるのではないか。

◆ブロックチェーン技術を使うことにより、事業の横展開はしやすくなると思われるが、最初の入力値を間違えると正確さが担保されず、管理にも手間がかかる。管理システムの構築のためになぜブロックチェーン技術まで必要となるのか、その蓋然性や必要性について確認したい。

【委員会でのその他の意見】

◆情報の改ざんリスク自体がそこまで大きくないのではないか。既存の電子証明書等の技術で、十分情報の秘匿性は担保される。

◆システムを作っても、機能しないと意味がないので、事業関係者の連携状況や意向について確認したい。

◆事業に必要な資金を全て助成金にて賄おうとしているが、内発性を持って行う事業であれば、自社でもある程度リスクを取って資金を捻出すべきではないか。

【現地実査での質疑応答】

申請者＝宮城十條林産のメンバーほか、宮城県林業技術総合センターやシステムベンダーなどの関係者が集まり、みらい基金との間で質疑応答が行われた。

みらい基金「ブロックチェーン技術を活用して、改ざん防止機能が高い管理システムを構築する計画となっていますが、あえてブロックチェーン技術を利用する必要性等について教えてください」

宮城十條林産「今回、当社以外に多数の事業体が参画し、基本となる森林情報はもとより伐採・加工・流通・販売等幅広い情報についてのデジタルデータ（共通言語）管理システムを構築する。本県以外の他地域との連携を見据えた場合、ブロックチェーン技術が最適だと考えています」

みらい基金「このシステムを構築することで、どの程度管理コストが低減できるのでしょうか」

宮城十條林産「認証製品の生産加工販売に関わる全ての事業体において、認証材に関する情報入力

●図表3-1-9 **サプライチェーン連携によるバリューチェーンへの対応**

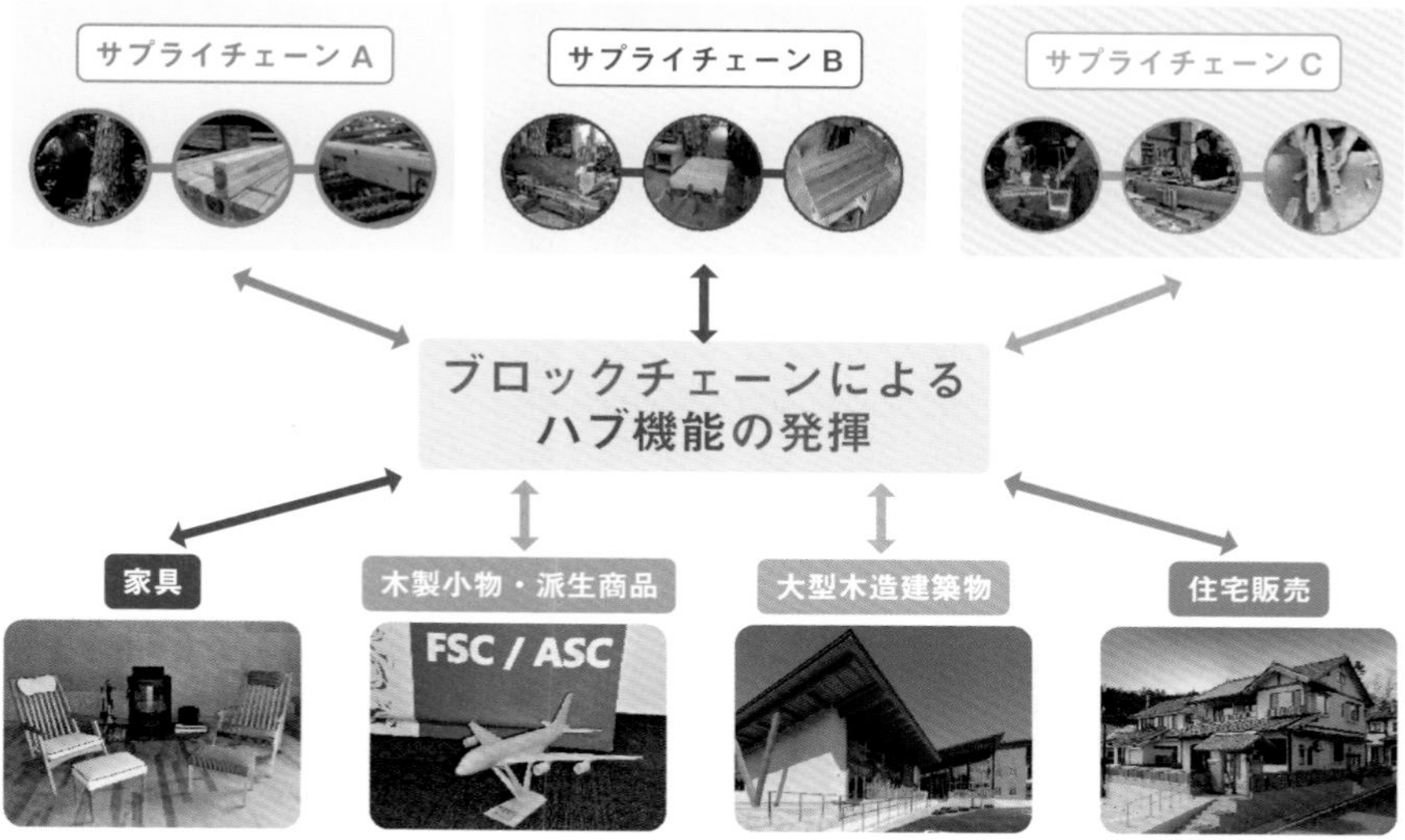

作業（紙ベース）や年次監査受検時における事前準備等の大幅な軽減につながります。取扱数量により効果が異なりますが、入力作業が全体で60%程度削減されます。事前準備も監査前1日、監査当日程度まで削減することが可能となります。同様に、合法木材の合法性証明を客観的かつ合理的に実施することが可能となり、合法性証明にかかる事務処理手続きが大幅に軽減されます」

みらい基金「同じ県内の登米町森林組合との兼ね合いはどうでしょうか。この組合もDXに取り組んでおり、その取り組みは全国波及する可能性があるとも聞いています」

宮城県林業技術総合センター「登米町森林組合は、山側からの発信で想いを届けたいというシステムですが、こちらの事業は消費者までを含めています。とはいえ、登米町森林組合のシステムが無駄になるわけではありません。登米町のシステムは、地域レベルでこのような流通ができるということを発信するものです。全国に普及しても地域ごとに使えるシステムです。一方で、当事業のシステムは、国・県レベルの規模感のシステムなので、登米町森林組合のシステムと相反するものではありません」

このやりとりを通じて、ブロックチェーン技術による各事業者の情報共有によって、信頼性の高い木材製品を消費者に届けることが可能になることなどが確認された。こうした点が理事会においても評価され、採択に至った。

世界初のマネジメントシステムの実装に向けて

事業1年目の2023年はシステムのデモ版を開発、2023年7月からはトレーサビリティー機能と在庫管理機能について実証を開始している。今後、作業環境や課題などを整理したうえで、本格的に実装する方針だ。

2023年12月14日に本事業の報告会およびシステム実証実験意見交換が木材会館で開催された。林野庁はじめ素材メーカー、施工販売会社、大学の研究者などオンラインでの参加者を含めると総勢60人超が集まった。それだけこの取り組みが幅広い関係者によって成り立っており、かつ業界と

製材されてできた木材

しても注目されている証しだ。

亀山代表はこの取り組みの展望をこう語る。

「このシステムは認証材、合法木材の証明がきちんとできる仕組みです。将来は木材の使用状況に応じたCO_2の削減効果や吸収効果をシステムとして提供できるようにもしていきたい。参画事業体の材料を使っていただく消費者も脱炭素化社会への貢献が見えるようになり、新たな価値の創造につながると考えています」

今後、林業・木材産業のDX実践モデルを構築するためには、デジタルネーティブな人材の確保も必要だ。この取り組みはそのような人材が林業・木材産業に入ってもらう窓口にもなるだろう。これまでの慣習を打破するのは一筋縄ではいかない。それでもこの事業に挑戦することが林業・木材産業事業者やステークホルダーの意識改革にもつながってくる。森林と都市をつなぐシステムが林業・木材産業の未来を創造していく。

専門家に聞く

スマート農業って何？

守勢から攻めへ転じる決め手、スマート農業は人と人の繋がりも活性化

株式会社日本総合研究所
創発戦略センターエクスパート
（農学、科学技術イノベーション）
三輪泰史氏

スマート農業が注目されています。最近の動きはどのようでしょうか。

農業に最新のＩＣＴやロボティクスなどの技術を取り入れる動きは以前からあって、今世紀に入ってから多様な研究開発が進んできました。少し前までは、「精密農業」とか「ハイテク農業」「アグリテック」とかと呼ばれ、ほかに植物工場の研究も古くからあります。

しかし、ここ3年ぐらいの動きとして一連の技術や活動に「スマート」という言葉が付いて「スマート農業」と呼ばれ始め、しかも農業分野の研究開発のど真ん中になり始めました。それも研究者だけでなく、一般の農業者も関心を持ち始めている人が増えています。

というのは、国内農業が抱えてきた諸課題が、いよいよ待ったなしのところに来ているからです。その一つで、最も大きなものは農業生産者が減っているという問題です。生産者はこれからも減り続け、半減へ向かうという予測がされています。生産者が減れば耕作放棄地が増えます。これを放置すれば、自給率はさらに下がっていくことになります。国際情勢の影響では、燃料の高騰、肥料の高騰と入手難といった問題も起こっています。

このような山積みの諸課題に対して、今までは農業者が頑張ることで乗り越えようとしていたわけですが、これがいよいよどうにもならなくなってきました。どんなに「頑張りましょう」と言っても、一人ひとりが今までの形のまま2倍も3倍も4倍も働くことはできません。

5年ほど前から、「何とか耕作放棄地が増えることに歯止めをかける、むしろ耕作放棄地を農地に戻すとすれば、それには気合と根性ではないものが必要だ」という考えも広まってきました。つまり、農業者が新しい技術を採り入れる、今までにないやり方を受け入れる、その心の準備が整ってきた段階に入ったと言えます。そこへ、これまでに研究されてきた多彩な技術が花開いてきた、しかもスマート農業という名前が付いて。

スマート農業と呼ばれるものにはどのようなものがあるでしょうか。

現在、スマート農業と呼ばれているものは200種以上あります。これらを私は、「目」「技」「力」

の3つの分野に分けて捉えています。

最も早くから進んだ研究は「目」です。これには映像を撮ったりするだけでなく、各種センシング技術とそれらから得られるデータの解析技術が含まれます。例えば、人工衛星から農地を撮影して、それぞれの圃場で栽培されている品種や栄養状態などを解析するといった研究がかなり以前から進められてきましたが、今はここにドローンが入ってきました。

ドローンであれば、圃場により近い場所で詳細な映像やデータを得られます。それも、低コストで手軽に臨機応変に利用できます。例えば、作物の生育状況や病害虫の発生有無などを把握するには、これまでは農業者が実際に足繁《あししげ》く圃場に出向き、歩いて見回る必要がありましたが、ドローンを使えばその必要はありません。

元々日本の農業地帯は平坦《へいたん》でなく、土地の所有も入り組んでいて、圃場の巡回は非常に時間と労力を必要としました。さらに、農業者が減る中、営農を続ける農業者がほかの農家の農地も引き受けて1人当たりの農地面積が増えてきています。しかもその中には離れた農場も含まれていることが多い。巡回がさらに大変になってきているわけです。

人工衛星からの写真を使っていた研究の段階では、コストや機動性などの問題から、現場での利用にあまりつながっていませんでした。これがドローンを活用することで、利用しやすくなり、農業者の目の代わりになるシーンが増えてきています。

次に「技」というのは、農業者が五感によって状況を把握して、次の行動・対策を取ることをスマート化する技術です。

今説明したドローンでの圃場のデータの収集は、従来人が肉眼で観察していたのと同じ作業を単に機械に置き換えるというだけではありません。ドローンは映像を撮るだけでなく、肉眼など人の感覚では得られないデータも集められます。日本は元々こうしたセンシングと、それで得たデータを分析する技術にたけています。今では、ドローンでデータを集め、AI（人工知能）による分析を組み合わせるというセカンドステップの活用段階に入っているのです。

スマートフォンで撮った作物の写真をAIが解析するサービスを提供するアプリも開発されています。農業者がスマートフォンを片手に圃場を回って、作物に何か異常を感じたら診断用アプリで写真を撮る。すると、もし病害虫が発生していれば、その病気の名前と解説、さらにそれに対応する農薬、施用量・希釈率まで進言してくれるのです。これがあれば、農業の経験の浅い人であっても、匠の技を使えるというわけです。

もう一つの「力」とは、生身の人間の体力・筋力を補う、あるいは労働力そのものを提供するものです。農業生産の現場には、力のいる作業や難しい姿勢を長時間取らざるを得ない作業が多い。特に高齢化した農家にはつらいものです。そうした作業を補助してくれるロボットがこれに当たります。各種ロボットや農薬散布もできる大型ドローンなどがそうですが、従来のトラクターなど農業機械も自動運転ができるなど進化しています。

この分野は、スマート農業の中では最近になって研究が進み、この2～3年で一気に実用的なものが出てきました。特に、これまではそれぞれの作業に特化した専用機の開発例が多かったのですが、今ホットなのは小型汎用ロボットです。

例えば、スタートアップ企業が開発した小型農業ロボット「Ｄｏｎｋｅｙ」は、全長１１０㎝ほどの自律自走する台車のようなロボットです。これは収穫などの作業をする人に追従しながら移動してくれるので、それに収穫物を載せ、自動で所定の場所に運んでまた戻ってという動きができます。これに、各種の作業機を搭載すれば、農薬散布やハウス内での紫外線照射をはじめ各種の作業ができます。農薬暴露など危険を伴う作業や、夜間長時間にわたる作業も、これに任せることができるのです。専用機であれば、作業の種類ごとに１台ずつ別なロボットをそろえることになり、場所を取り、コストが上がる一方、１台ごとの稼働率が低くなるということが問題でした。汎用機なら、その問題はクリアされます。

「目」「技」「力」を統合した技術も期待できそうです。

このような「力」に対応する技術に「目」「技」を組み合わせさることで、今までできなかったことが可能になる例は増えていきます。

例えば、圃場に肥料を散布する大型のロボットの場合、ただ全面に同じ肥料を一様に撒《ま》くというのではなくなります。圃場の中で、今走行しているその場所の土壌や作物の状態をセンサーで検知、解析しながら、その区画に最適な肥料成分をリアルタイムで配合しながら撒いていく可変施肥という技術ができました。

これは少し前までは「すごい技だけどマニアック」「きっと高価で手を出しにくい」などと思われていましたが、ここ1年ぐらいで可変施肥に取り組む農業者が非常に増えています。その背景になっているのは、肥料価格の上昇です。撒かずに済むものは撒かない。それは、肥料のコストを下げるだけでなく、環境負荷低減にも直結します。

つまり、これは儲かる農業と環境に優しい農業が一致する時代が来たということです。しかも、この数年、リン肥料やカリウム肥料の出荷が輸出国側で止められるといった情勢もありますから、施肥量を的確にして使用量を抑えることは食料安全保障にもつながるわけです。コストダウン、環境負荷低減、食料安全保障の一石三鳥です。

スマート農業も、人間の仕事を奪うといったイメージもあるのでは？

確かに10年ほど前は、スマート農業のことを話すと、ベテランの農家から「わしらの仕事を奪うのか」と怒られたことがあります。ところが最近は同じ人から「今なら分かる」と言われます。また、スマート農業の導入に積極的に取り組んでいる地域では、ドライな世界と思われていたスマート農業によって、かえって人とのつながりが増えたという声をよく聞きます。新しいこと難しいことへの挑戦ですから、みんなで情報を持ち寄りながら試行錯誤して進めていることが多いのです。

これまで「絶対に人に見せない」と言う人も多かった生育や収穫の情報を、共有するという発想も出てきています。センシングのデータと、それぞれの生育、収穫のデータを持ち寄ることで、解析の精度はさらに上がっていきますから、むしろ積極的にデータを提供し合うことにメリットを感じる農業者が増えているわけです。地域の連携が円滑になってきているのは、スマート農業を推進している我々のほうでも当初想定していなかった現象です。

地域おこし協力隊や就農希望の都会から農村に来た若い人たちが、なかなか地域に入り込みにくいというケースはよくあることですが、スマート農業が導入されると、若者はドローンや各種のスマート農業の機械の操作が得意なのでは？ということで地域の人から誘われ、高齢者が技を伝えながら一緒に農業に取り組むといったシーンも見られます。つまり、地域の中にいた人と外から来た人、年齢差といった分断も改善しつつあるのです。スマート農業は農村の在り方も変えるというわけです。

スマート農業導入成功のカギは何でしょうか。

もちろん、取り組んだ全ての地域でスマート農業導入が成功しているわけではありません。スマート農業の実装に成功した地域に共通していることの一つとして、まずは地域に先見性がある人がいたなど、受け入れる土壌があったと見ています。

さらに成功のために必要なこととしては、目標からバックキャスティング（未来から現在へさかのぼってシナリオを作っていく手法）する中でスマート農業を選ぶべきということが言えます。未来の理想的な農業の在り方をまず想定して、そこから逆算して新しいテクノロジーを探して選んでいくのです。その際、外部の目や意見も役立ちます。現場の農家では、目標や将来必要になる技術や、不要になる技術が見えづらいこともあるからです。

うまくいけば、日本の農業は非常に強い農業になると考えています。農家の所得水準も上がり、大学生が企業の就職と同じように就農を考える時代も来ると思います。農業は守るだけでは守り切れない段階に来ました。であれば、守る農業から攻める農業へ反転攻勢せざるを得ない。その形がスマート農業と言えます。かつて農水省は10年単位の政策を進めていたと思います。その農水省が今は2～3年で政策を上書きする機動力を見せています。官も動き出しています。

みわ・やすふみ　2002年東京大学農学部卒業。2004年東京大学院農学国際専攻修士課程修了。同年日本総合研究所入社。2008年東京大学大学院農学国際専攻博士課程単位取得退学。農業IoT、スマート農業、日本式農業の海外展開等を研究。農業分野を中心に調査、コンサルティングに従事。食料・農業・農村政策審議会委員、農林水産省委員、内閣府委員。著書に『次世代農業ビジネス経営　成功のための〝付加価値戦略〟』（日刊工業新聞社）など

ハワイのコナコーヒーのように、沖縄にコーヒー産業を定着させたい

沖縄SV株式会社・沖縄SVアグリ株式会社

コーヒーの消費大国である日本。だが、コーヒー豆はほぼ100%輸入に頼っている。そんな中、沖縄でコーヒーづくりに挑戦している企業がある。沖縄SV株式会社と沖縄SVアグリ株式会社だ。沖縄SVを司令塔とした、コーヒー産地化を目指した取り組みが走り始めている。

助成先の組織概要

沖縄SV株式会社：沖縄県全域を本拠地とするサッカークラブであり、「With the Community」をビジョンに掲げ、サッカーを軸としたさまざまな活動を通じて、地域コミュニティの活性化に取り組んでいる。その一環として、需要が拡大しつつも国内でほぼ生産されていない「コーヒー」に着目、沖縄県で生産・販売する事業モデルの確立を目指している。

プロジェクト：「人」と「農地」を未来につなぐ持続可能なコーヒーベルトの整備

地域：沖縄県豊見城市

移植直後のコーヒー農場

かつて沖縄にコーヒーの木が定植されたことをご存じだろうか。それは今から約１３０年前の明治時代に遡る。本格的な国産コーヒーの生産は40年ほど前、沖縄県の地元の農林高校で教員をしていた和《わ》宇《う》慶《け》朝伝《ちょうでん》氏によるものだ。

コーヒー豆が実るコーヒーの木は、直根性で酸性土壌を好む。そのほかにも気候や標高などが複雑に関係している。世界的に見れば赤道を中心として、北回帰線・南回帰線に挟まれた地域でコーヒーの生産が盛んだ。いわゆる「コーヒーベルト」と呼ばれているものである。

沖縄県はコーヒーベルトの北限近くに位置し、近年ではコーヒー栽培農家が増えつつあるのだが、沖縄での栽培ノウハウは乏しい。しかも毎年のように来襲する台風による風害や周りを海に囲まれている島特有の塩害などもある。そのため、本格的なコーヒー栽培を行っている農家は少ないのが現状だ。

スポーツでの沖縄創生から、コーヒーの沖縄産地化もスタート

沖縄SVは、沖縄県全地域を拠点として設立したサッカーを中心としたスポーツクラブである。そのCEOを務めている高原直泰氏はご存じの通り、サッカー元日本代表のエースストライカーだ。

「SVはドイツ語でスポーツクラブを意味する『シュポルト＝フェアイン』の略で、2015年に当社を設立しました。サッカーに限らず、スポーツを通じて地域と関わっていくことを大切な考えとして置いています。ビジョンとしてWith the Communityという言葉を掲げ、地域と一緒に地方創生を行っていきたいと考えています」と設立の目的を高原CEOは語る。

高原CEOが沖縄県を選んだのは、沖縄県の内閣府総合事務局から『スポーツを観光・ICTに次ぐ第3の産業としたいので、モデルとなる事業を行ってほしい』という依頼を受けたのがきっかけになっている。

「私はサッカーから多くの恩恵を受けてきたので、いつかサッカーをはじめとしたスポーツを通じて恩返しをしたいと考えていました」と高原CEOは沖縄での取り組みに対する想いを語る。

そして、沖縄での地方創生を考えたときに、もう一つ見いだしたのがコーヒーづくりだった。

コーヒーは、今や現代人の生活に欠かせない飲み物である。毎日のルーティンにしている人も多いだろう。6次産業化による高付加価値作物として期待できるとともに、観光立県である沖縄県ではコーヒーの収穫体験もあり、観光業との親和性も高い。これらが決め手になった。

コーヒーの花。開花期間は2日間であり、見るのが難しい幻の花だ

コーヒーチェリーがなっている様子。この中にコーヒー豆が入っている

「コーヒーを選んだ理由は、日本国内ではごく限られた場所でしか作られていないことも挙げられる。将来的にはハワイのコナコーヒーのようになればいい。沖縄県の新たな特産物として全国に発信したい。沖縄県の第1次産業の課題は耕作放棄地の存在、担い手不足・高齢化、沖縄県産農産物の競争力（の低さ）であり、その課題解決のため、耕作放棄地を利用して沖縄県産コーヒーを作りたいと考えています」と高原CEOはコーヒーに想いを込める。

沖縄では難しいコーヒー栽培を軌道に乗せる

手を組んだのは世界的コーヒーメーカーと琉球大学、地元の農家である。世界的コーヒーメーカーからは、沖縄の気候に合った種子の提供サポートを受け、琉球大学からは農学的見地からのノウハウや情報の提供を受けている。その技術や生産ノウハウなどを地元農家とも連携し、スピード感を持って「コーヒーの沖縄産地化」の実現を目指している。

同社は2017年からプロジェクトを開始させたが、コーヒーの沖縄産地化へは多くの課題があることが分かっている。

1つ目が「栽培における課題」だ。2022年には農業法人である沖縄SVアグリを立ち上げ、琉球大学による専門的なサポートを受けながら苗木の育成などを進めているが、沖縄特有の気候に合ったコーヒー栽培の確立が必要だったのだ。

2つ目が「精選における課題」である。コーヒー豆作りには「精選」と呼ばれる特殊なプロセスがある。収穫後、豆の周りを覆う果肉を取り除いて乾燥、さらに内果皮も取り除いて豆を取り出す。その際、未成熟豆や欠点豆を取り除く工程もある。おいしいコーヒー豆を得るにはこの精選の技術が必要になる。コーヒーは移植から収穫まで3〜5年と時間がかかる作物であり、2022年から本格的な収穫が開始されるが、収穫後のコーヒー豆の精選の手法や技術についても確立しておかなければならない。

3つ目が「販売における課題」である。現在、我々日本人が飲んでいるコーヒーはほぼ100%、ブラジル、ベトナム、コロンビアなどから輸入したコーヒー豆を使っている。国産コーヒーというだけでもスペシャリティーは高いのだが、ブランドを保持するためには、上質なものからB級、C級を選定し流通させるノウハウも必要であった。

沖縄の気候を活かしたコーヒーの産地化に挑戦するため、沖縄SVはみらい基金への助成申請を

●図表3-2-1 沖縄SV・沖縄SVアグリの成長・展開イメージ

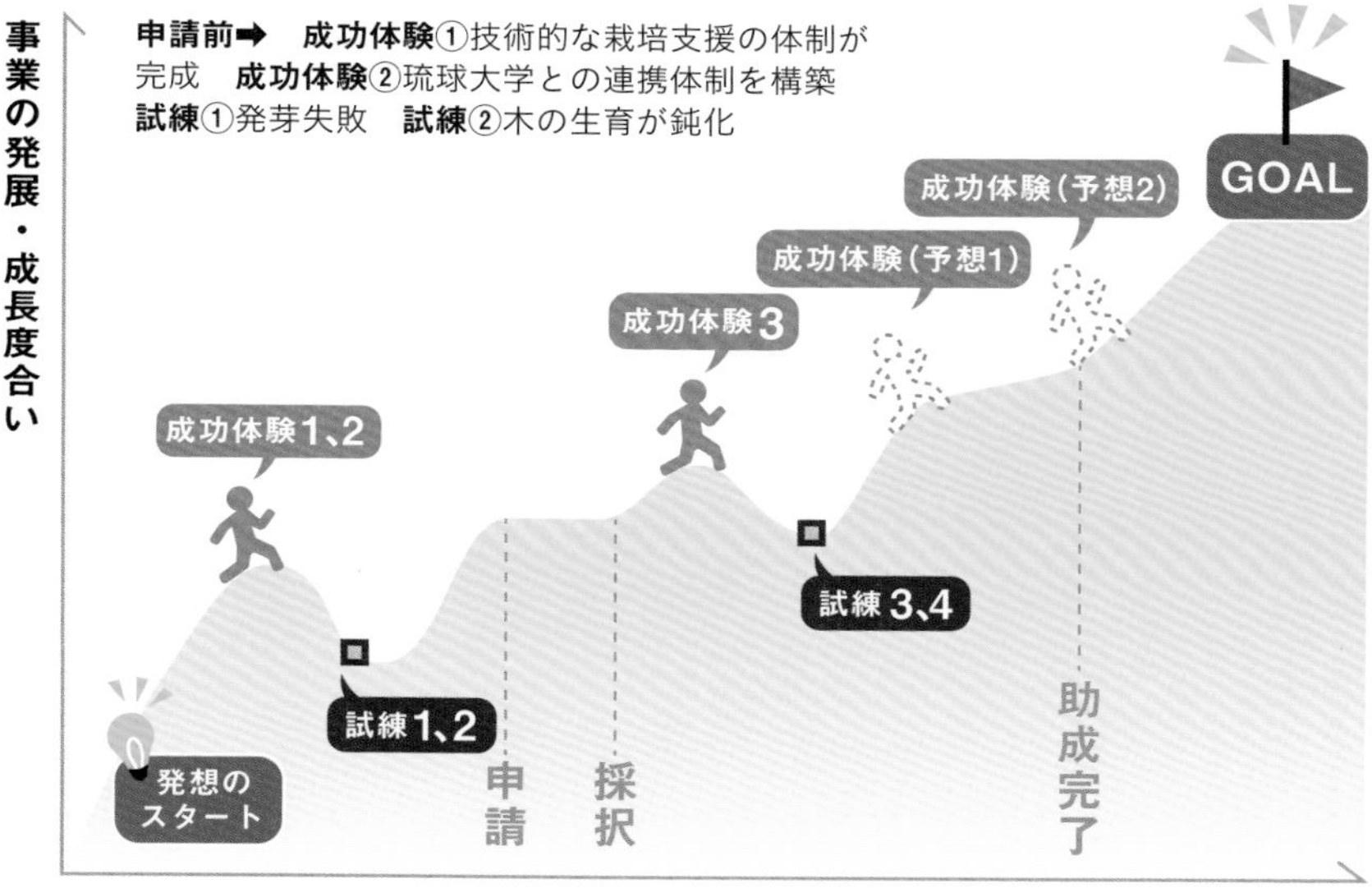

助成中・助成終了後➡ **試練**③台風によるダメージ大 **試練**④育苗、栽培、収穫豆の品質等、各段階に課題 **成功体験**③自治体から連携を求める声。海外からの指導者に指導受ける **成功体験（予想1）**地元農業高校と連携、農業・SDGs等の取り組み開始。コーヒー豆販売 **成功体験（予想2）**マンゴー等の販売、ツーリズムの実施等

行った。

【申請事業の概要】

●コーヒーの栽培技術等の確立

●収穫後の処理・精選体制の確立

●生産者の拡大および販路へのアプローチ

【委員会の審議のポイント】

◆コーヒーベルトの北限である沖縄県で品質の良いコーヒーを産地化することは有意義な取り組み。

◆沖縄県でアラビカ種の栽培は難しいと思われるが、世界的コーヒーメーカーの協力のもと、ロブスタ種の栽培ならば実現可能

ではないか。（注）

（注）現在、商業用に栽培されているのは主に、アラビカ種、ロブスタ種の2種。アラビカ種は一般に風味、香りともロブスタ種に比べて優れており、コーヒー消費の主流に位置している。ロブスタ種は炒《い》り麦を思わせる香りと酸味の少なさが特徴。日本では、主にアイスコーヒー用として広く用いられている。

◆広い土地が確保できており、地元生産者とのつながりも確認できる。

【委員会でのその他の意見】

◆現在、どの程度しっかりしたコーヒーの木に育っているのか確認したい。

◆事業化して、コーヒーをどのように販売していくのか確認するとともに、助成期間終了後の事業継続性についても確認したい。

【現地実査での質疑応答】

申請者＝沖縄ＳＶ株式会社・沖縄ＳＶアグリのメンバーほか琉球大学やコンサルタントなどの関係者が集まり、みらい基金との間で質疑応答が行われた。

みらい基金「御社におけるコーヒーの栽培状況を教えてください」

沖縄ＳＶ「現在定植している数千本のほとんどがアラビカ種です。現在、沖縄県で定植しているコーヒー豆はムンドノーボ種。私たちの事業で生産するコーヒーとは品種も異なるため、競争優位性はあると考えています。協力農家ごとの味の均質化が課題となっていますが、マニュアルを作成することにより、農家ごとの品質の均質化を図っています」

みらい基金「協力農家を20農家程度に増やす計画で、希望する農家も多数いるということですが、選定基準を教えてください」

沖縄SV「協力農家の選定基準は、土壌成分試験や栽培履歴、標高等の周辺環境を確認のうえ選定しています。また経済的理由から、苗木を200〜300本植えることができる農家を対象とします。彼らには、月に1回写真やレポートを提出してもらい、可能であれば標本木を設定して栽培状況も確認しています」

みらい基金「〝スペシャリティコーヒー〟として販売していく戦略を採用するということだが、作戦やノウハウはどのように考えているのでしょうか」

沖縄SV「現在沖縄のコーヒーは、コーヒーの品質というよりも国内産であることの希少性で価格が高値となっています。事業化のためには、状況が変わっても一定の価格で、一定の量を販売できるブランド力や販路の確保が必要と考えています。大手コーヒーメーカーだけでなく、さまざまな販路も探しています。既に何社か引き合いもありますが、価格を守りながら販売量を増やすため、試行錯誤しながら進めています」

みらい基金「この事業における人材戦略として、習得した知識等をどのように事業の中で蓄積して

コーヒーの豆を植える沖縄SVの選手たち

いくのでしょうか」

沖縄SV「これまでは人海戦術でコーヒーの栽培面積を増やしていくフェーズにあったが、これからはコーヒー豆をいかに高度に加工できるかというフェーズに入っています。その体制整備のために助成を申請しました。県内にコーヒーの専門人材はほとんどいないため、この事業で研修等を行い、最終的にこの事業に参加してもらうことで、コーヒーの産地化が可能になると考えています」

このやりとりを通じて、コーヒー栽培の実現可能性に加え、協力農家との関係性や沖縄県産ブランドの確立に向けた取り組みなどが確認された。こうした点が理事会においても評価され、採択に至った。

コーヒーの産地化に向けて着実に階段を上がっている

2022年、5年前に移植したコーヒーの木から初めてコーヒーの豆が収穫された。その特徴を高原CEOはこう語る。

「味はフルーティーで苦味は少なく飲みやすい。コーヒーの味をガツンと感じたい人には物足りないかもしれないが、アイスコーヒーにすれば最高だと思う」

同社は味がおいしいアラビカ種の提供を受け栽培しているが、当初は沖縄県の気候に合わず十分に生育できなかったという。その後、播種《はしゅ》の方法や日当たりなど仮説を立てながら検証し、苦心の末に収穫できたものである。場所によって生育に違いがあるものの、現在の栽培方法によって十分に生育することが確認できており、おおむねアラビカ種の生産体制が確立できる段階まできている。

今後、十分な収穫量が確保できれば、コーヒーチェリー（果肉が付いたままのコーヒーの実）として加工、利用することやコーヒーの収穫体験などで付加価値を高めていく方針だ。

サッカーチームとしても、2022年に日本フットボールリーグ（JFL）に昇格を果たした。今後、Jリーグへの入会を目指して走り始めている。

「サッカーは、どうすればうまくできるのかを自分自身で考え、覚えて、自立していくもの。試合の中でも状況を把握し、臨機応変に対応する必要がある。そういったところは農業とサッカーは親和性があると思っています」と高原CEOは語る。

サッカーで培った経験を活かしながら、アグレッシブ&スポーティーに農業をどんどん面白くしていく。「農業はスポーツだ」を合言葉に、ここ沖縄から農業の未来を耕している。

マダイが拓く地域の未来。残渣《ざんさ》やごみの有効活用でサスティナブルに

愛南漁業協同組合

日本トップクラスの養殖マダイの生産量を誇る愛媛県の愛南漁業協同組合。そこには一大産地が故の課題があった。加工工程で生じる大量の加工残渣。海上には、廃棄すべき発泡スチロール製の大量のフロート（ブイ）があり、マイクロプラスチック化することで、海洋生態系への影響が問題視されている。そこで、加工残渣は余すことなく活用し、廃棄するフロートは新たなエネルギーとして有効活用している。マダイを中心とした真のサスティナブル循環の歯車がいま動き出している。

助成先の組織概要

愛南漁業協同組合：愛南町は愛媛県の南端に位置し、南は黒潮躍る太平洋を望み、西は豊後水道に面している自然環境に恵まれた地域で、魚類の養殖業が盛んだ。同組合はこの地で、マダイに加え、カンパチ、ブリも生産しており、国内上位の生産量を誇っている。

プロジェクト：「愛南の真鯛《まだい》」が拓く地域の未来〜我々にとって真のサスティナブルを実現するために〜

地域：愛媛県愛南町

一大産地である海面養殖漁業の様子

愛南漁業協同組合がある愛媛県愛南町辺りの漁場は黒潮の分岐流が流入し、夏季には、この海域特有の「急潮」と「底入り潮」によって海水が頻繁に入れ替わっている。このため、当地の漁場は浄化されており、魚類養殖に非常に適した環境とされる。その恩恵を受け、マダイをはじめ、ブリ、カンパチ、シマアジ、クロマグロ、クエなど多くの魚種が養殖されている。

養殖の一大産地が抱える課題

中でも、マダイは日本のマダイ養殖生産量の21%のシェア（2017年度農林水産業海面漁業統計情報から）を占める、一大産地となっている。

「愛南町のマダイを中心とした養殖業は、町全体の約2割の売上高を占める基幹産業です。町内人口の10%以上が漁協の組合員です。漁協が町に果たす責

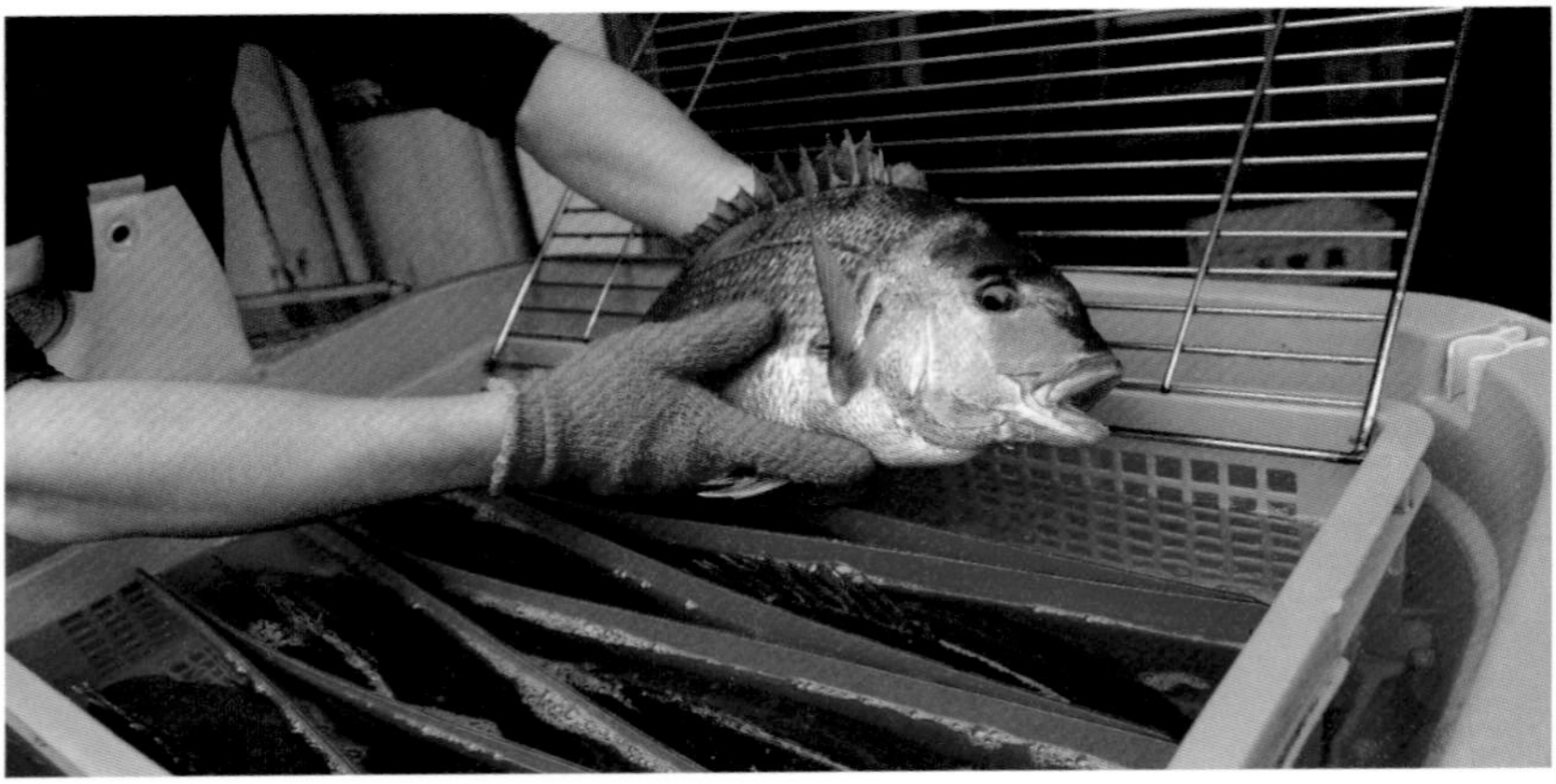
愛南のマダイ

任と役割は非常に大きい」と愛南漁協の立花弘樹組合長。

ところが、日本トップクラスの魚類養殖産出額を誇る愛南町でも、生産コストの大半を占める飼料価格の高騰に加え、魚価の低迷により、生産者は厳しい経営を強いられているのが実情だ。

そこで愛南漁協では2011年に販売促進部を立ち上げ、東京・大田市場を拠点に養殖マダイの活魚定期便の取り組みを開始した。さらに、愛南漁協の独自性と日本有数の養殖産地として取り組める優位性、町内養殖水産物の全体的な品質管理の向上、およびそれに伴う訴求力向上を目的として、次の3つの認証を取得している。

①「国内版養殖エコラベル認証（AEL認証）」。マダイを含めた全10種類の養殖水産物が対象で2017年3月に取得②日本初の「国際的水産エコラベル（MEL養殖認証）」。次世代を担う若手生産者中心に2020年2月に取得③持続可能な水産養殖を目指した「種苗認証（CoC認証）」を2021年6月に取得。

このように愛南漁協は時代の変化に応じて、養殖魚の販売を進める体制を整えていったのである。

■真のサスティナブルに向けて

また、2019年4月に町内に大規模加工場を設けたことで、これまでより高度な加工や商品開発ができる体制が整った。

「それまでは町内に加工場がなかったことから、加工品にはあまり目を向けていませんでした。そこに大規模な加工場ができたことで、今では企業や地元の高校と連携し、新商品の開発を行っています」と愛南漁協の岡田孝洋・販売促進部長は語る。

ただ、積極的に加工品の開発を進める中、漁協の冷凍保管庫には限界があり、このため製造過程で生じるロスが大きなインパクトとなって顕在化。加工品の原魚重量140tに対して、最終製品としては約25%しか使用されず、100tを超える残り75%ものロスが発生していたのである。

養殖の一大産地ならではの課題も出てきていた。愛南漁協では毎年、約8000本の養殖フロートを使用しており、廃棄するフロートなどの海ごみは膨大な量となる。養殖業に欠かせない発泡スチロール製のフロートは、容器などの硬いプラスチックに比べ、自然に砕かれてマイクロプラスチックになりやすく、海洋生態系への影響が懸念されていた。

「自らが使用した漁具、自らが利用する海の保全に責任を持たなければなりません。これも率先し

積み上がった廃フロート

て取り組むべき課題でした」と立花組合長は語る。

「愛南の真鯛研究室」の立ち上げ

こうして地域の基幹産業である養殖業を、真に持続可能な産業へと発展させる取り組みが始まった。

手始めにこれまでの取り組みと課題を踏まえ、生産面、加工面、地域との連携を含め、次世代に産業をつないでいくために、2021年に「愛南の真鯛研究室」を立ち上げた。加工した際に生じる端材や、養殖場のフロートなども含め、地域内の資源循環の仕組みづくりに先導者として取り組んでいる。

「これまで必要性は感じていましたが、愛南の真鯛研究室ができるまでは実現できていませんでした。研究室では、直接的に売り上げにつながらないことも含めて取り組んでいますので、基幹産業である養殖業を次世代につないでいく役割を果たしていけるものと確信していいま

●図表3-2-2 愛南漁業協同組合の成長・展開イメージ

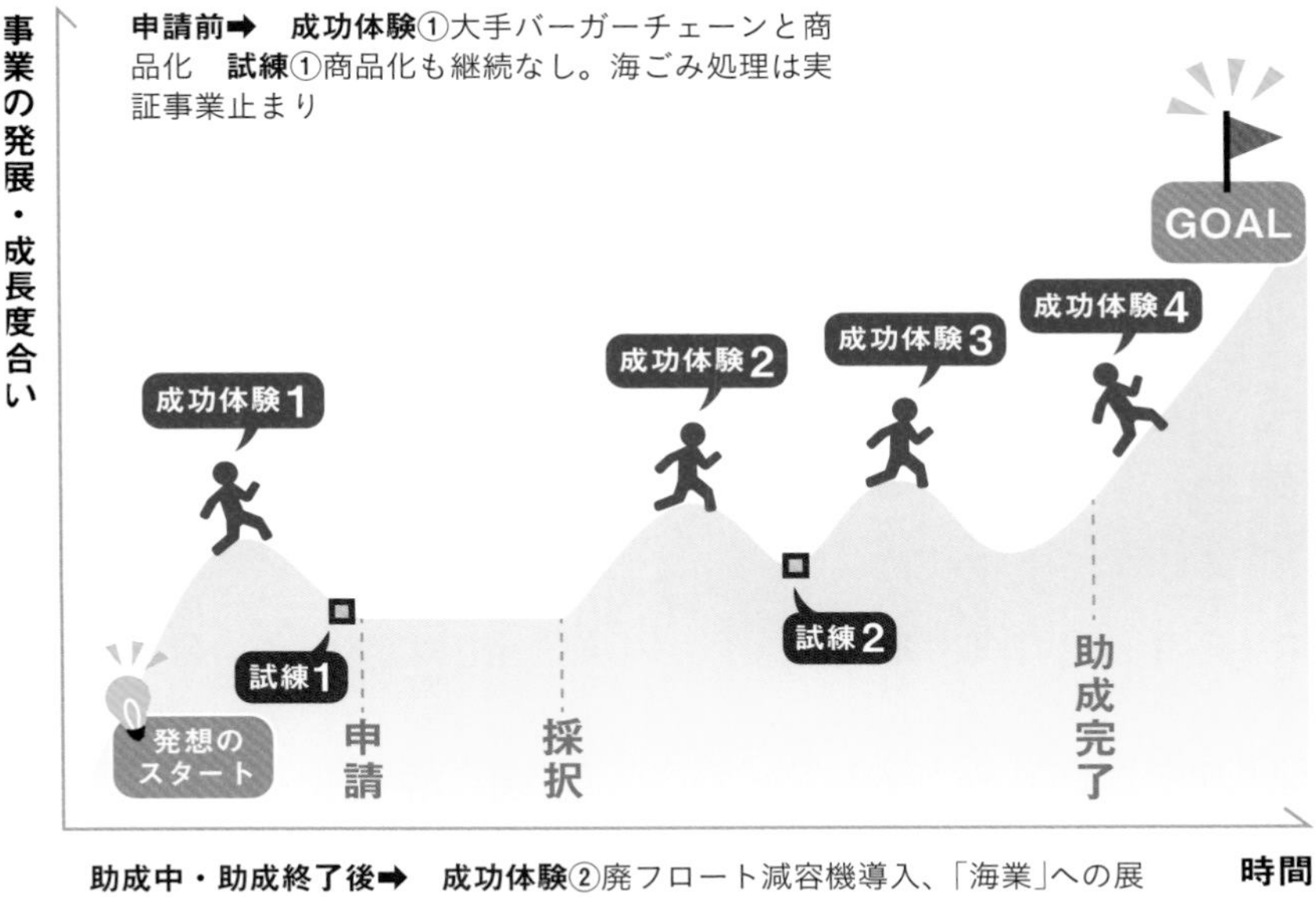

助成中・助成終了後➡　成功体験②廃フロート減容機導入、「海業」への展開　**試練**②廃フロート減容機設置の行政手続きが停滞。費用面でボイラー導入断念　**成功体験**③カマの煮付けなどの商品開発が企業と進む。ペレットの行き先に目処(めど)　**成功体験**④「海業」へ展開

す」と岡田部長は話す。

具体的な研究室の取り組みとして、まず加工面では、加工段階で生じる端材を①カマなどの再製品化が容易な部位、②頭・骨などだし汁としてうま味成分を抽出する部位、③えぐみや臭みがあり食品として再製品化できない部位の3つに分類した。さらに再製品化が容易な部位については一時的に保管するためのプレハブ冷凍庫を導入することとした。

うま味成分を抽出する部位については、企業とともに、マダイのだし汁を使ったカレーを開発するなど、うま味成分に着目した商品開発を進めている。

食品として再製品化できない部位については、肥料へと変えることができる残渣処理機を導入することとし、地域の特産品である愛南ゴールド（河内晩柑《かわちばんかん》）を育てる有機肥料とする予定だ。また、愛南ゴールドの果皮部分には機能性成分であるオーラプテンが豊富に含まれており、その皮をマダイの餌として活用することにした。これは、地域のサーキュラーエコノミーの一モデルになる。

さらに使用済み発泡スチロール製フロートは、圧縮してボイラー燃料に変換する燃料化装置の導入を検討している。これまでフロートは廃棄費用をかけて処分していたが、燃料へと再資源化することで、生産者の負担も減り、海の保全への意識も高まることを狙っている（図表3－2－3参照）。

このように、愛南の真鯛研究室を中心としたサスティナブルな水産業モデルの構築に向けて、愛南漁協はみらい基金への助成申請を行った。

【申請事業の概要】

●生産段階での環境負荷削減のための取り組み

●加工段階での食品ロス削減のための取り組み

【委員会の審議のポイント】

◆①漂着プラ・廃プラなどの海ごみ対応、②加工工程で出る食品ロス対応、③企業や高校・大学等と連携した商品開発など、さまざまな取り組みを行い、循環モデルを構築する取り組みは興味深

●図表3-2-3 愛南の真鯛研究室を中心とした事業全体像

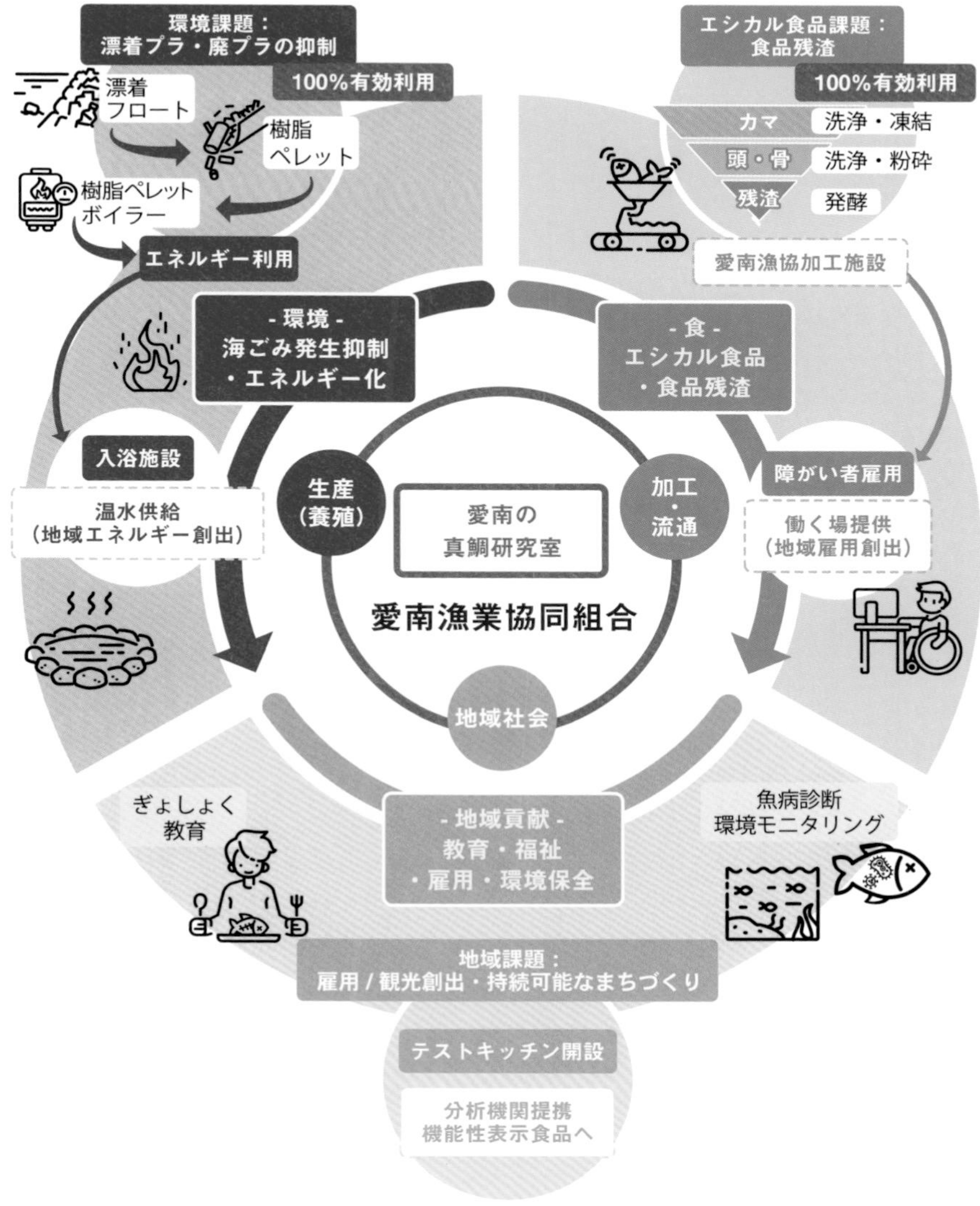

い。養殖産地における地域内循環モデルとなる取り組みになるのではないか。
◆当組合を中心として、大学等さまざまな機関・企業が関係してくるが、その連携状況については確認したい。多くの取り組みを実施するうえで、漁業者や関係者、愛南地区にどの程度便益が得られるのかが肝となる。

【委員会でのその他の意見】

◆魚の頭やカマの活用は通常の水産加工事業者が行っており、既存の事業を組み込んだ仕組みに見えるが、その連携については定量的な面を実査で確認したい。
◆輸出するために毎年必要となる水質モニタリングなど、通常の事業継続に必要な経費も助成金額に含まれているように見えるため、事業継続性について助成期間経過後も含めて確認したい。

【現地実査での質疑応答】

申請者＝愛南漁協のメンバーほか、地域関係者が集まり、みらい基金との間で質疑応答が行われた。

みらい基金「この事業は廃プラのペレット化、食品残渣の堆肥化、鯛を使った商品開発等、多岐にわたる事業となっているが、全て愛南漁協が中心となって進めていくのでしょうか」

愛南漁協「愛南漁協と愛南町は近い関係であり、農業支援センターや環境衛生課等とも相談は密に行っており、日々の連携に問題はありません」

愛南町「平成20年に愛媛大学の水産研究センターを誘致してから、産学官連携でさまざまなことに取り組んできました。販売促進は愛南町で協議会をつくって取り組んでいます。ボランティアが海洋ごみを拾ってきたら、それを地域通貨と交換するといった取り組みも検討している。その地域通貨は、町内で食事等に使えるものにする予定。この事業は愛南漁協だけのものではなく、産学官が連携して行う町おこしの役割を担っている」

みらい基金「水質モニタリングの内容や必要性についてどのように考えているのでしょうか」

愛南漁協「安全性は当然に重要だと考えており、残渣においても抗生物質等が含まれていないか調査する必要があると考えています。愛媛大学とも連携して水質調査も実施しているので、活用していきたい」

みらい基金「この事業で、広域に販売できる商品開発ができることにより、エシカルバリューチェーンの道も広がったものと思われる。事業計画ではほかにもエコツーリズムにつながると記載されているが、エコツーリズムにつなげるためには地域で消費されることが必要となるが、その取り組み状況はいかがでしょうか」

愛南漁協「地元では普通に食べられているものでも、観光客にとってはなじみのないものも多く、そのようなものを訴求していきたい。エコツーリズムを実現するためには、宿泊施設がネックとな

ペレット化された廃フロート。燃料になる

っているが、民泊も含めて宿泊先が少なく現実的ではない。近県の高知県ではアウトドアブランドと連携し、キャンプでの宿泊に取り組んでいることから、同じように体験等も交えながら実現できないか考えている。体験の内容としては、例えば愛南町が積極的に行っている、魚食教育として漁場で鯛の餌やりの見学等を想定しています」

このやりとりを通じて、食品残渣や廃プラの有効活用のほか、愛南町のブランドイメージを向上することにより、エコツーリズム事業にもつながる可能性があることなどが確認された。こうした点が理事会においても評価され、採択に至った。

社会を変える愛南のマダイ

海ごみ対策として、これまで廃棄されてきたフロートを減容・再資源化するための燃料化装置は、2022年10月に導入された。再資源化した燃料ペレットは、主に地元の育苗施設のハウスを温める熱源として活用されている。

また、加工残渣で生じた端材を使った商品開発も意欲的だ。大手バーガーチェーンにて愛南の真鯛カツバーガーを販売したところ、わずか2週間で60万食を完売する大ヒットとなっている。残渣処理後の成分分析や堆肥化試験については、地元高校や農業支援センターと連携して継続している。

さらに、2023年に、マダイでは世界で初となる養殖水産物の国際認証である「BAP認証」を取得した。「BAP認証」は養殖水産物のふ化場、飼料工場、養殖場、加工工場を対象とし、その全ての段階において環境や社会への責任、養殖される魚介類の健康、食品安全を保証する認証制度である。

「この事業によって、地域の価値が向上し、若者のUターン・Iターンにつながることを期待しています」と岡田部長は話す。

愛南漁協の取り組みがベースとなり、行政でも環境に配慮した町づくりを進めていく機運が高まっている。愛南町では、2023年を始期とする「愛南町SDGs水産環境未来都市構想」を策定したほか、サスティナブルに軸足を置いた「付加価値」をテーマとした、海業モデル地区に申請し、水産庁の海業モデル地区として採択された。

マダイを中心として、きれいな海を取り戻し、人や環境に配慮したエシカルな消費につなげ、持続可能な暮らしの実現に向け着実にその歩みを進めている。地域の資源を活かし、新たな価値の創造へ。四国から生まれた熱き情熱が日本の水産業の未来を大きく変えつつある。

国内外市場に有機茶で攻勢。有機茶の高い価値により“有機の郷《さと》”が広がっていく

有限会社人と農・自然をつなぐ会

SDGsへの関心の高まりや、農林水産省による「みどりの食料システム戦略」の策定などによって注目されている有機農業。50年ほど前から地元地域に有機農業を広める活動を行っているのが、静岡県藤枝市の有限会社人と農・自然をつなぐ会である。国内に限らず、国外からも人を呼び込み、有機茶を中心とした交流の輪は世界に広がっている。

助成先の組織概要

有限会社人と農・自然をつなぐ会：静岡県藤枝市を中心に、JAS認証を受けた有機茶農園と共に有機茶・無農薬茶の製造工場を経営する。親子2代にわたり、周辺の茶農園の有機化指導と、有機茶葉の適正価格での全量買い取りを実施することで、有機茶・無農薬茶の普及に取り組んでいる。
プロジェクト：有機農園拡大及び販路の確保による「有機の郷」構想の実現
地域：静岡県藤枝市

人と農・自然をつなぐ会が栽培している有機茶葉

国内農林水産業の生産力強化や持続可能性の向上を目指し、2021年5月に農林水産省は「みどりの食料システム戦略」を策定した。ここでは持続可能な食料システムの構築に向け、調達・生産・加工・流通・消費の各段階で、カーボンニュートラルなどの環境負荷軽減を中長期的に推進することとしている。その一環として、2050年までに、耕地面積に占める有機農業の取り組み面積の割合を25％（全国で100万ha）に拡大することを打ち出している。

静岡県藤枝市の中山間地で始まった〝有機〟を広げる取り組み

その戦略から遡ること50年ほど前。緑茶の有機農法を普及する取り組みが静岡県藤枝市で始まっていた。

茶畑と、人と農・自然をつなぐ会のメンバー

1975年、人と農・自然をつなぐ会の先代の社長、杵塚《きねつか》敏明氏が地元農家と連携して「無農薬の会」を立ち上げ、有機農法による土づくりからお茶の生産、お茶の加工販売に至るまで、全ての工程を一貫して実施することで、おいしく、安全安心なお茶の提供に尽力してきたのである。

その後、その想いは先代の息子である杵塚一起社長に引き継がれている。先代が自社で開墾した農園を活用して、地元農家だけでなく、世界中の茶農家に有機農法を広げるための指導や研修を行っている。

「父の有機茶の栽培はほんのわずか10aから始まりました。子供のころの記憶は、昼間は農作業、夜はお茶の袋詰めをしていた父の背中です。今では、子供時代に見えなかった父の背中が背負っていたもの、そしてそれらを背負い続ける信念の強さを実感しています」と杵塚社長は振り返る。

有機農法に魅了された人々

事業地である静岡県藤枝市瀬戸ノ谷地区は、藤枝市の市街地から車で20分程度という距離にありながら、360度見渡すと見えるのは山ばかりという中山間地である。実際、公共交通機関も1日に5本程度のバスしか通っておらず、お世辞にも便利とは言えない場所だ。

しかしながら、そのような場所にもかかわらず、近年、人と農・自然をつなぐ会が進める農園の有機化に賛同するメンバーは増えており、これまでに国内外での新規就農者は6人、慣行農法から有機農法に切り替えた生産者は30人以上に上り、そのうち4人が他の地域から瀬戸ノ谷地区に移住してきている。

中には研修のために来日した米国人のＧａｖｉｎ Ｍｃｆａｒｌａｎｅさんが、有機農法を学ぶために同社に就職したこともあった。有機茶は、環境意識が高い海外においてニーズが高いことから、人と農・自然をつなぐ会が開催する有機農法の研修は外国人にも門戸を開いており、茶摘み体験会など外国人向けのプランも準備していたことが功を奏した結果だ。

Ｍｃｆａｒｌａｎｅさんは、今では米国で茶農家として活躍しているが、ここ瀬戸ノ谷地区の観光資源をアピールするために立ち上げた「Ｓｅｔｏｙａ協議会」の発起人でもある。この協議会では、同地区の新規就農者や若手経営者などが経営する飲食店、雑貨販売店が連携して、観光客向けの観光マップを作成したり、茶摘み体験会を開催したりしている。今でも米国在住のＭｃｆａｒｌ

●図表3-2-4 “有機の郷”構想

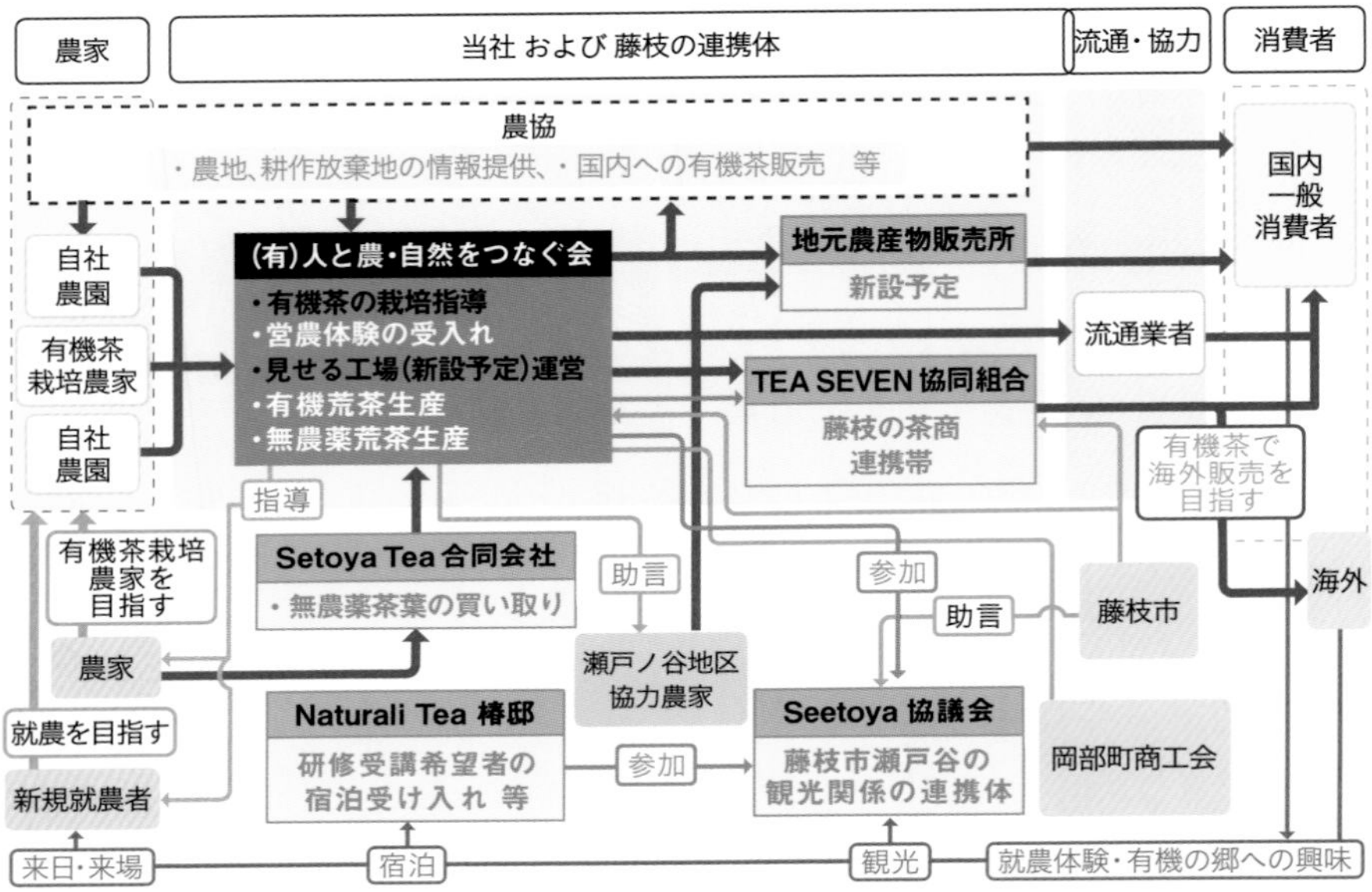

aneさんとの交流は続いている。

「主に60代以上の方がこの地域の農業を支えています。既に耕作放棄地が多数出ていますが、今、課題解決に取り組まなければ5年、10年後には手を付けられない状態になってしまいます。この課題解決に向けて必要なのが若手の育成、農産物の受け入れ、販路の確保であり、これらを成し遂げるうえで必要なのが、『有機の郷』構想です」と杵塚社長は語る（図表3-2-4参照）。

“有機の郷”構想の実現に必要なパーツとは

人と農・自然をつなぐ会は、現在8軒の生産者から、有機緑茶および無農

●図表3-2-5 人と農・自然をつなぐ会の成長・展開イメージ

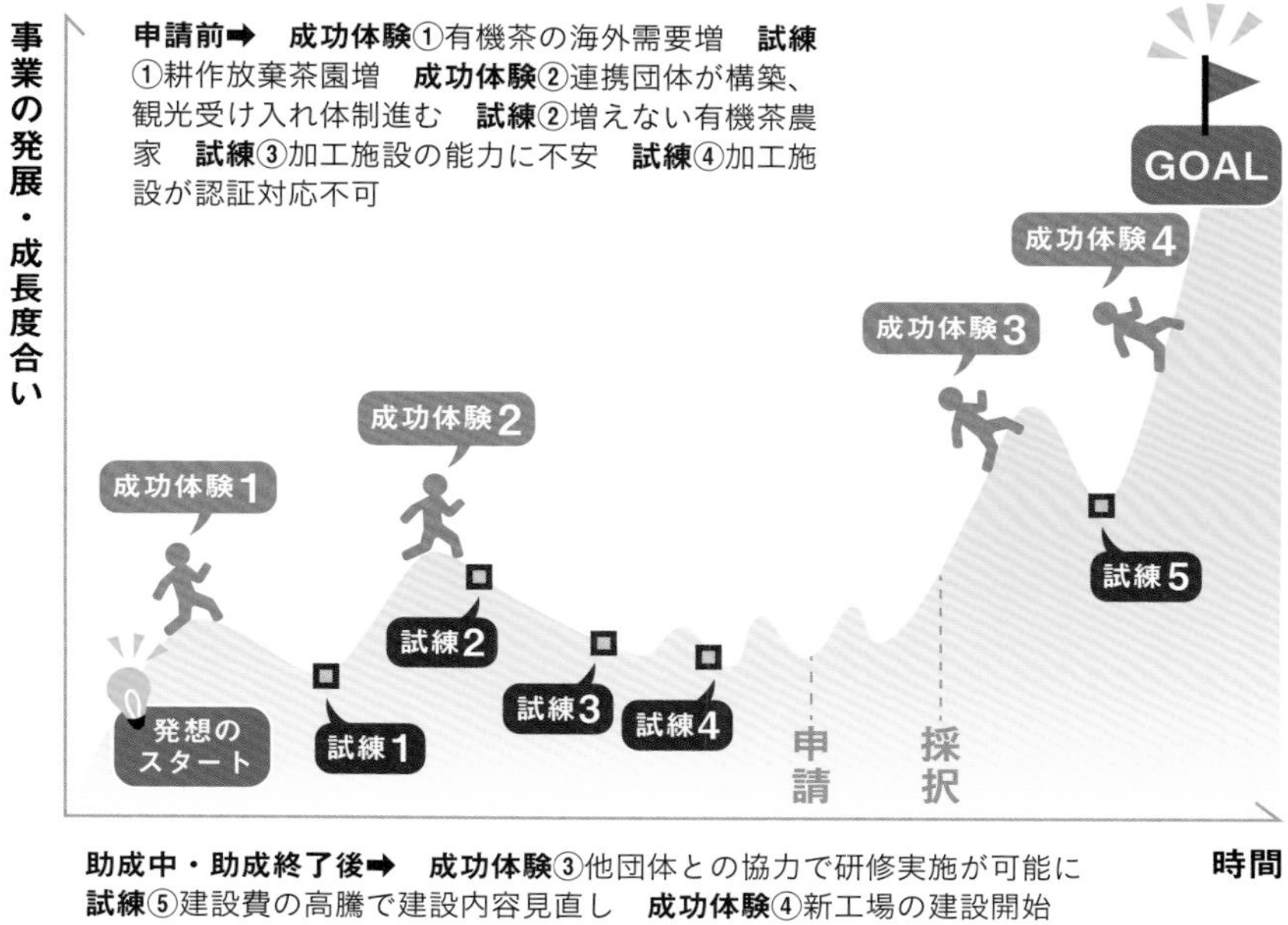

申請前➡ 成功体験①有機茶の海外需要増 試練①耕作放棄茶園増 成功体験②連携団体が構築、観光受け入れ体制進む 試練②増えない有機茶農家 試練③加工施設の能力に不安 試練④加工施設が認証対応不可

助成中・助成終了後➡ 成功体験③他団体との協力で研修実施が可能に 試練⑤建設費の高騰で建設内容見直し 成功体験④新工場の建設開始

薬緑茶を一般的な慣行農法で栽培された茶葉より高値で直接全量仕入れ、茶農家の所得向上を応援してきた。これまで、自社農園で有機茶栽培を指導することで、近隣の農家の有機化も進めてきた。また仕入れた茶葉は、素朴な荒茶や茶葉の見た目も整った仕上げ茶に加工し、国内外に販売している。

国内ではお茶の安定需要がある。一方で海外では、日本食ブームのほか、お茶に含まれるカテキンに抗ウイルス作用や抗酸化作用があるため、健康志向の高まりとともに需要が爆発的に増加している。ただし海外では、農薬の制限が大きくJAS認証を受けた工場で製造された有機茶しか受け入れられないことも多いという。有機茶として

お茶畑から茶葉を機械で刈り取っている様子

販売するためには、有機JAS認証を受ける必要もある。

こうして動き出したのが〝有機の郷〟構想だ。ただ、特別なことをするわけではない。これまで同社が進めてきた、有機茶葉の買い取り、就農体験や新規就農者への研修のほか、地域の仲間と共に有機茶園の栽培面積を拡大していくことでおのずと見えてくるものだ。

「私が働き始めた当初は、緑茶の加工は外部委託しており、当社に工場はありませんでした。その後、加工を委託していた方が高齢となり、今後長く続けることは難しいため、その方のもとで約5年間、荒茶加工の技術などを習得、今から9年ほど前に、地元の旧加工場を買い取り、荒茶加工を自社で行うようになりました。担い手不足、耕作放棄地拡大等地域の問題を乗り越え、有機茶園を未来に残すために必要不可欠なのが〝有機の郷〟構想だと考えています」と杵塚社長は語る。

現在の人と農・自然をつなぐ会が抱えている課題は、加工場の生産能力向上と国際認証の取得である。生産能力については、新茶の時期には荒茶製造ラインの能力を目いっぱいまで使ってしまい、仕入れた茶葉を加工し切れないという生産能力不足の状態だ。また、設備の老朽化のため、バイヤーから求められる国際認証ＩＳＯ２２０００などを獲得するのも難しい状況であった。

それら課題を解決できれば〝有機の郷〟構想の実現に向けた道筋が見えてくる。そのために人と農・自然をつなぐ会はみらい基金への助成申請を行った。

【申請事業の概要】

●有機農法等の研修

●生産能力を高めた荒茶プラントの整備

●地域特産品等を販売する販売所の設置

【委員会の審議のポイント】

◆新規就農者とのつながりと販路の拡大という、縦と横のつながりをうまく組み合わせた事業ではないか。既に実績もあり、波及性も期待できる事業ではないか。

◆申請者は、ＩＳＯ取得や国際的な普及活動として研修等も実施している。お茶を輸出するには無農薬有機栽培は必須であり、ブランディング等についてもよく考えられている。業界にインパクトがある事業になるのではないか。

【委員会でのその他の意見】

◆会社規模に対して助成申請額が大きい。事業継続性の観点から、規模を縮小しての事業推進も可能かどうか確認したい。

◆本事業による生産者へのメリットやつながりについて確認したい。

◆世界農業遺産に認定されている静岡の茶草場農法（注）との関係について確認したい。

（注）茶園の畝間に、ススキやササを主とする刈り敷きを行う伝統的農法のこと。これにより、茶の味や香りが良くなると言われている。

【現地実査での質疑応答】

申請者＝人と農・自然をつなぐ会のメンバーほか、行政、ＪＡ、茶農家など地域の関係者が集まり、みらい基金との間で質疑応答が行われた。

みらい基金「会社の規模と比べて大きい設備投資になりますが、その必要性や妥当性について教えてください」

人と農・自然をつなぐ会「お茶の生産は、収穫してその日のうちに加工をしないと品質が悪くなるため、翌日に持ち越すことができません。この事業では費用を抑えるため、現行の機械設備をそのまま利用する予定で、最低限の茶加工工場建設の見積もりとしている。段階的に導入するとの考えもありますが、茶加工工場を段階的に整備する場合、増設のタイミングで加工作業を止める必要があります。また機械設備についても、茶加工は工程が多く、必要となる設備の数も多い。加えて、おのおのの設備が連鎖・連動していることから、構造上の観点からも段階的な導入が難しいのが現状です」

みらい基金「慣行農法から有機農法に切り替えた生産者は30人以上に上りますが、有機農法に切り替えた場合、生産者にとってどのようなメリットがあるのでしょうか」

人と農・自然をつなぐ会「お茶については有機農園への切り替え後、当社と取引することにより、市場価格以上の価格で販売できるため、慣行農園から有機農園への切り替えにより人手は必要になりますが、経費増加以上に販売金額が増加しています。新茶の場合、時期が遅くなればなるほど取引価格が低下する傾向にありますが、有機茶は値崩れしにくいため、農家の収入が安定します」

みらい基金「世界農業遺産に認定された『静岡の茶草場農法』と御社で展開している有機農法モデルとの関連性について教えてください」

人と農・自然をつなぐ会「当社も45年前から『茶草場農法』を取り入れており、関連はありますが、世界農業遺産の認定地域には該当しません。当社茶園の周辺には、草を刈り取る『茶草場』があり、秋から冬にかけて草を刈り取り茶園の畝間に敷く作業を毎年行っています。しかし、農家の負担が大きいこのような伝統農法だけではなく、茶樹の成長を促進する自家製の馬糞《ばふん》を使用した堆肥やオリジナルの有機肥料を活用する等、新たな農法も確立しています。当社が中心となり、『有機の郷』構想を通じて地域の農業の有機化を進めて、『稼ぐ農家の増加』が実現すれば、就農する若者が増え、地域活性化につながると考えています」

このやりとりを通じて、多様な関係者が連携して〝有機の郷〟としてのブランディングを行うことで、地域活性化につながることなどが確認された。こうした点が理事会においても評価され、採択に至った。

〝有機の郷〟は国内外に広がりつつある

事業1年目である2023年は、引き続き有機農法の研修のほか、藤枝市と連携したオーガニックツアーの実施や国内外からインターンやボランティアを受け入れている。

福岡から研修を受けに来たお茶農家は、息子が有機栽培をするかどうか迷いながらの参加であったが、研修後、有機栽培を始める決心をしたという。国外からは、米国や欧州などからの訪問を受け入れている。既に〝有機の郷〟構想は静岡にとどまらず、国内外に広まりつつあるのだ。

また、新たな加工場については2025年には完成する予定である。完成すればさらに多くの有機茶葉を買い取ることができ、国際認証を取得することで海外にも販路が広がっていく。

杵塚社長はお茶づくりへの想いをこう語る。

「お茶の時期は収穫と加工で忙しい日々ですが、私たちのお茶を飲んでくださる方には安全と安心

国内外から多くの研修生を受け入れている

を、そして目まぐるしい時代の中でほっと一息つける時間をつくってほしい。また、共に農業を営む仲間たちには、長く安心して真摯に作物と向き合える心の余裕を、そして将来農業を担う若者たちや移り住んで来られる方々には今と変わらぬ自然を残し、現役世代よりもさらに高く跳躍できる環境を残すことが重要だと考え、日々お茶づくりに励んでいます」

50年ほど前から始まった有機農業は、志を同じくする仲間と共に今後もつながっていく。

定置網を核に コミュニティビジネスの 展開で地域に活力を与える

宇波浦漁業組合

今後、存続が危ぶまれている地域は全国に数多くある。そのような中、地域住民自らが、地域の課題を解決するコミュニティビジネスを展開している。まず、本業の定置網などの経営安定化を図り、そこから生まれる「ゆとり」を活かして、地域の文化やにぎわいを絶やさないための活動を展開中だ。――地域住民による定置網が地域に活力を与える取り組みが拡大しようとしている。

助成先の組織概要

宇波浦漁業組合：地域住民が出資する、いわゆる「村張《むらばり》定置」といわれる定置網漁業を運営している任意組織。この村張定置は、漁業による収益が出資者である地域住民に還元され、地域の漁業者は定置網漁業を通じ、漁場の管理のほか、地域活動を実施するといった役割を担っている。
プロジェクト：村張定置網のコミュニティビジネスへの変革……定置網とオラッチャの生活……
地域：富山県氷見市

操業している定置網。20代の乗組員もおり活気づいている

能登半島の付け根部分に位置する富山県氷見市。その地形を俯瞰《ふかん》すると、あたかも巨大な定置網（富山湾）の一部にもみえる。そうした地形もあって、回遊魚を中心とする魚が入り込みやすい漁場が形成されていることに加え、氷見沿岸部は富山湾で最も大陸棚が発達しており、日本有数の好漁場になっている。

定置網と共に歩んできた氷見

そこでは古くから定置網漁業が盛んに営まれ、夏のマグロ、秋から冬にはブリが多く水揚げされており、特に「ひみ寒ブリ」は全国的に知られている存在だ。氷見は、今でも県内漁獲量の3分の1以上を水揚げしている「魚のまち」である。

氷見の定置網漁業の歴史は古く、今から約400年以上前まで遡る。先人たちは、定置網漁業に適した沿岸海域を活かして数多くの定置網を敷設し、そこから水揚げ

村張定置を担う宇波浦漁業組合の乗組員たち

される魚で生計を立て、地域の社会・経済・文化を支え、育みながら暮らしてきた。

現在では、大型定置網6経営体17カ統、小型定置網13経営体13カ統があり、地域の営みの核として継承されている。この定置網が地域に果たす役割は大きく、その取り組みは2021年に、「氷見の持続可能な定置網漁業」として日本農業遺産に登録されている。

氷見における定置網の必要性について、宇波浦漁業組合でこの漁を営む浜谷忠・総括は、自身の経験を交えてこう語る。

「昔から氷見には、嫁ぎ先にブリを送るという風習があります。ブリは成長とともに名前が変わる出世魚。出世するようにという願いを込めてブリを送っています。私も娘を大阪に嫁に出したときブリを送ろうとしたところ、居酒屋に送ってくれと言われた。すると、居酒屋の板前から、『こんな本物のブリは初めて捌《さば》いた』と言われ、うれしかった。それを聞いて、今後も氷見で、この地域の人たちと一緒に定置網を続けないといけないと思いました」

■村張定置の衰退により、地域の活力も低下している

宇波浦漁業組合は、地域住民の出資により定置網（村張定置）を敷設し、地域住民の就労先の確保と所得の確保を主な目的として設立された任意組織である。漁業による収益は地域住民へ配当されるとともに、地域の漁業者は定置網漁業を通して、漁場の管理や地域の行事などを行う役割を担っている。これは、漁業がいわゆるコミュニティビジネスとして存続していると言える。

しかしながら、近年では村張定置も生産コストの増加や人材不足、魚価低迷という厳しい経営に迫られている。生産コストの削減や労働力の地域外依存などにより、何とか経営を維持しているという状況だ。このため、定置網の地域での役割や機能が低下しつつあり、徐々に地域との関わりが薄れてきている側面もある。

「当組合は1953年に設立し、現在は250人の組合員となっています。これは氷見の浜側の4地区（宇波、脇方、大境、小境）の世帯総数の7割を占めています。ただし、年を追うごとに水揚げは減少しており、それと同時に組合と地域の乖離《かいり》も出てきています。また、住民の減少と高齢化が進んでおり、保育園、小学校、中学校が近隣と合併してなくなるなど過疎化が進んでいます。地域の活力が低下している状況です」と宇波浦漁業組合の荻野洋一組合長は現状を嘆く。

●図表3-2-6 村張定置網の役割の変遷

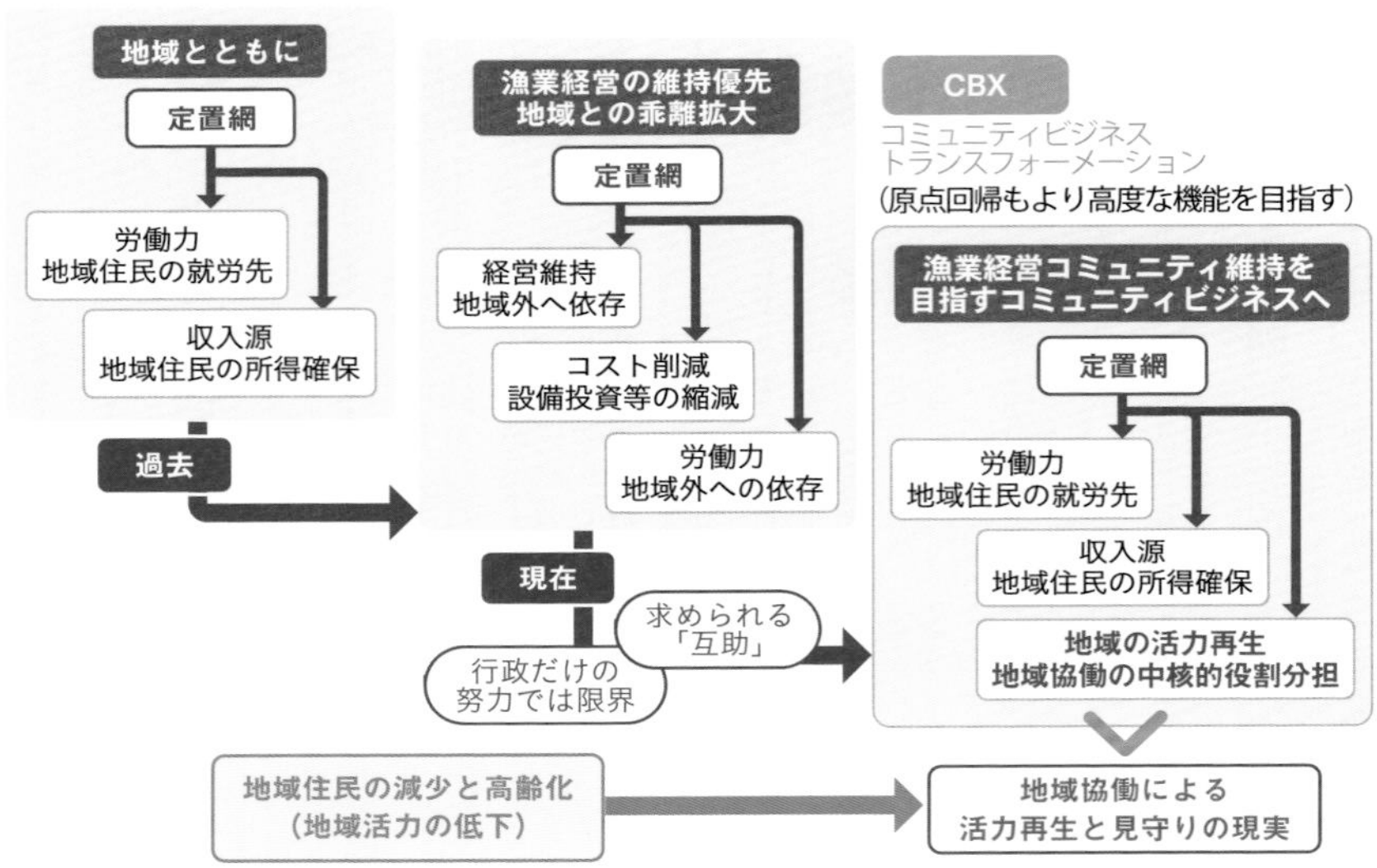

コミュニティビジネスの変革に向けて

地域の活力を取り戻すためにはどうすればよいのか――。

もちろん、宇波浦漁業組合の本業での経営基盤を改善することは重要なファクターであろう。しかし、高齢化が進み、人口が減少している宇波地区の現状を踏まえると、同組合には、原点回帰ではなく、地域活力の再生を実現するための新たな役割が求められる。

そこで同組合は、地域を積極的に支えていく構造に定置網の事業を変革し、結果として定置網の経営が維持、継続されていくものにする。そしてそのためには、より地域住民に近い組織として維持することが重

●図表3-2-7 宇波浦漁業組合の成長・展開イメージ

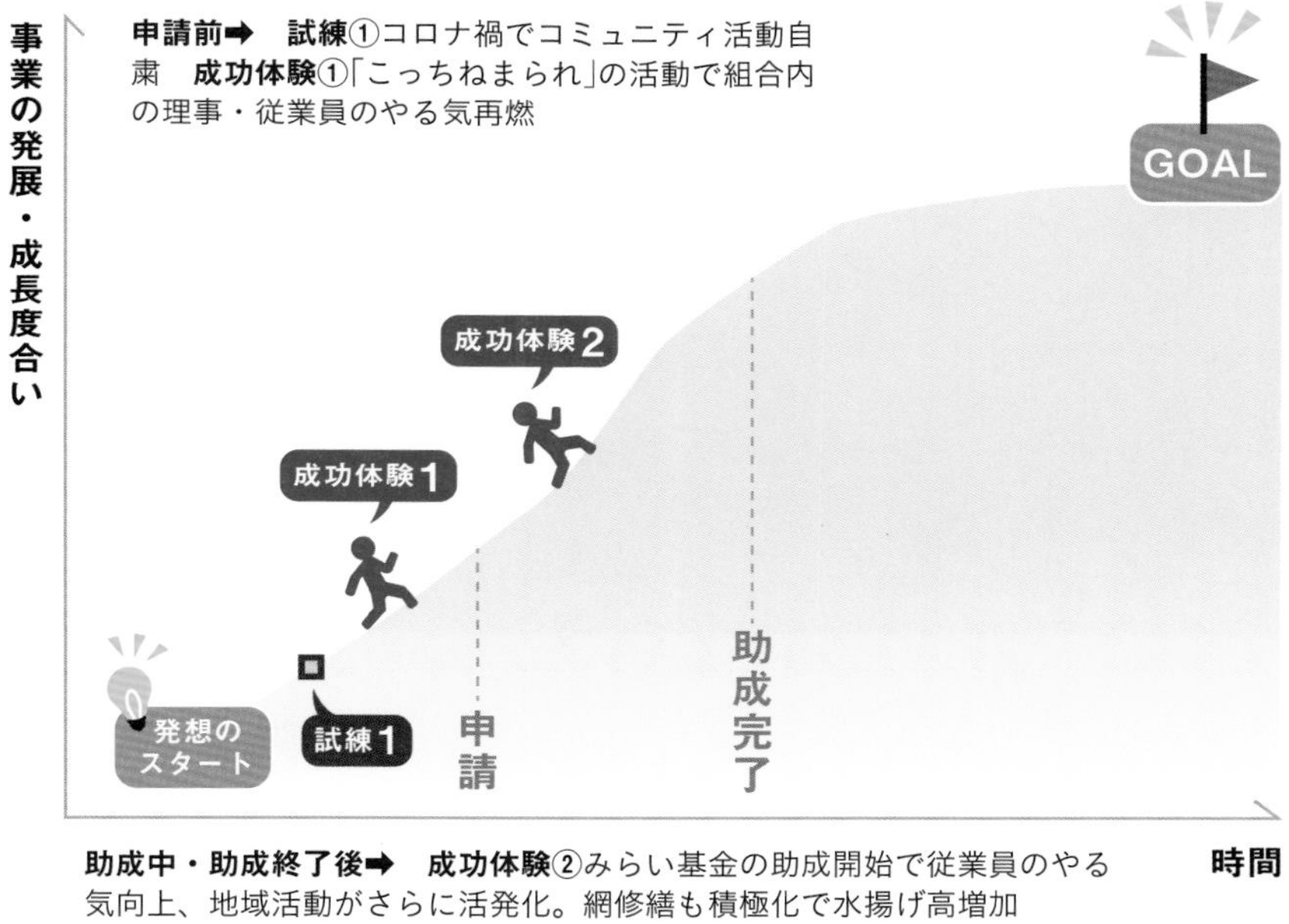
事業の発展・成長度合い
申請前➡ 試練①コロナ禍でコミュニティ活動自粛 成功体験①「こっちねまられ」の活動で組合内の理事・従業員のやる気再燃
GOAL
成功体験2
成功体験1
発想のスタート
試練1
申請
助成完了
助成中・助成終了後➡ 成功体験②みらい基金の助成開始で従業員のやる気向上、地域活動がさらに活発化。網修繕も積極化で水揚げ高増加
時間

要であると考えたのである。同組合は、それをコミュニティビジネス・トランスフォーメーション（CBX）と定義した（図表3-2-6参照）。

宇波浦漁業組合は、「ゆとりの創造」をビジョンに掲げ、漁業だけでなく、組合員個々が地域後継者の育成、故郷づくり、生きがいづくり、見守りなどにも取り組み、「協働による地域活力再生」を目指している。

同組合はまず、「ゆとり」実現へのトランスフォーメーション（X）を進めている。これを実現させるために、定置網の2カ統による周年操業化、洋上での網の洗浄や防汚加工による入網率（定置網に入った魚の割合）の向上のほか、ギンザケ養殖の拡大などに取

生け簀を泳いでいるギンザケ。最大で1.9kgの大きさまで養殖されている

り組むこととした。まずは定置網の「経営のゆとり」を創り上げることが、トランスフォーメーションを実現するために必要なこと、と考えたのである（図表3-2-8参照）。

「当然のことながら、地域活力の再生については、氷見市も積極的に取り組んでいます。ただし、行政における公助の限界もあり、自助・互助を軸にした取り組みが必要になってきています。村張定置を原点回帰ではなく、もう一段、機能を高め、地域活力の再生のために中核的な役割を果たしていきたいと考えています」と荻野組合長は語る。

定置網を、以上のようにコミュニティビジネスの核とすべく変革するため、宇波浦漁業組合はみらい基金への助成申請を行った。

【申請事業の概要】

●定置網や中古漁船の購入等による効率化・合理化

●図表3-2-8 コミュニティビジネスとしての村張定置の変革（概要図）

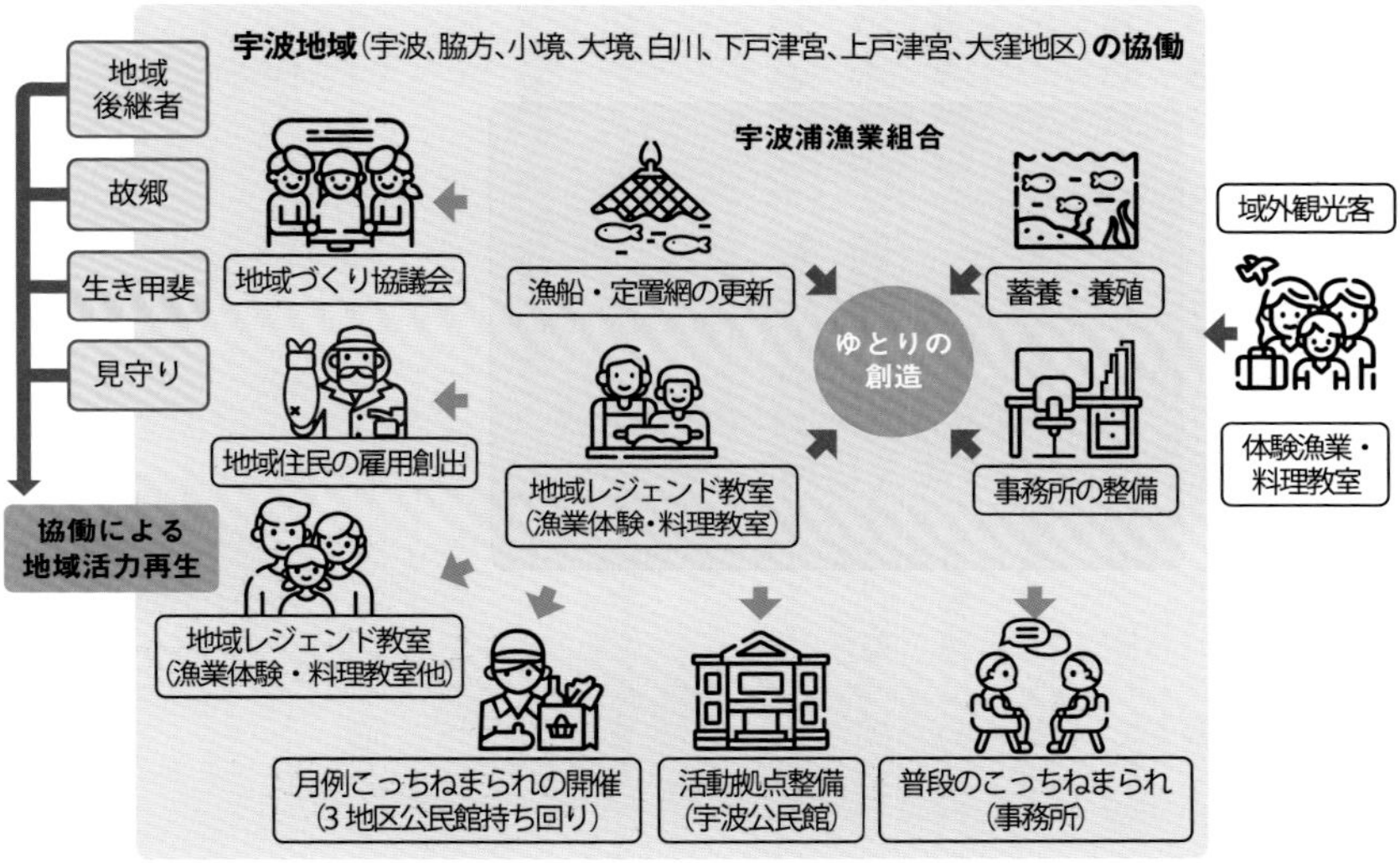

●ギンザケ養殖の拡大による収入の増加

●地域活動による宇波地区の活力再生

【委員会の審議のポイント】

◆村張定置網漁業に対して設備投資等を行うことで作業の軽減化を図り、コミュニティビジネスに取り組んでいく社会性のある取り組み。地域との連携も期待できる。

◆昨年度の申請以降、サーモンの養殖や地域見守り活動等の進捗が確認できる。本気度がある申請ではないか。

◆このような事業は、本来、任意組織である宇波浦漁業組合ではなく、地域を管轄する地元氷見漁業協同組合が主体となって実施するべきではないか。生産者が生産分野以外でしっかりと取り組めるのか確認したい。

【委員会でのその他の意見】

◆内発性が確認できる良い事業だが、計画に記載されている事業収支で継続性が担保できるのか確認したい。

◆資料作成等については、コンサルタントがきれいに絵を描いているように思われる。任意組織となるので、助成金の会計対応等体制の確からしさについて確認したい。

【現地実査での質疑応答】

当組合メンバーほか地域の関係者が集まり、みらい基金との間で質疑応答が行われた。

みらい基金「当組合は任意組織であり、地域には氷見漁協もある。2つの組織体が同一地域にある中、役割分担や関係性はどのようになっているのでしょうか」

宇波浦漁業組合「氷見漁協は、各集落にあった単一漁協が合併した組織であり、公設市場の運営を主に担っています。当地域での定置網操業については、当組合のような任意組織が主体で担っており、補助金の申請等に関して漁協を通じて実施しています」

みらい基金「当組合は任意組織ですが、導入する設備について、所有者や会計はどのようになるのでしょうか」

宇波浦漁業組合「現在使用している漁船、漁網等の施設・設備は、組合員の総意に基づき、全て当組合の所有（組合長名義）とすることとされています。組合の決算書において、資産として計上しています」

みらい基金「当基金の助成金は、あと一歩の後押しのための資金であり、それをもってプロジェクトが完結するものであります。当組合の説明を踏まえると、当基金の助成金をもって全体が形成されていくものであることから、本プロジェクトそのものが最初の一歩であり、最後の一歩であるとも思えます。この事業についてある種の不安定さを感じるが、その点をどのように考えたらよいでしょうか」

宇波浦漁業組合「確かに不安定さは認識しています。一方で、この事業の構想が出てから集落の活動も前向きになりました。水夫についても、若い船頭を中心に盛り上がっており、日曜日に網の修繕も実施する等、全体的に前向きになってきている。これまでは失敗したらもうやめるしかないと思っていたが、この事業を契機に、たとえ失敗したとしても継続はしていけるのではないかと思えるほど、全員のモチベーションが上がってきております。もし採択されれば、それがもっとステップアップすると考えています」

このやりとりを通じて、宇波浦漁業組合が地域コミュニティの中核的役割を担っていることなどが確認された。こうした点が理事会においても評価され、採択に至った。

見込みだ。

地域活動「こっちねまられ」

「ゆとり」を実現するための取り組みの一つであるギンザケ養殖は、事業1年目の2023年に2500尾を出荷した。今後は新たに生け簀を追加し、9000尾の稚魚を投入し、さらに拡大する見込みだ。

定置網漁業についても中古船を購入し、2024年度に改修したうえで本格的な操業を開始することとしている。

宇波浦漁業組合の活動は、地域活力の再生にもつながりつつある。少しずつ生まれている「ゆとり」を活かした地域活動にも積極的だ。

宇波浦漁業組合の地域活動は、「こっちねまられ」という。これは氷見の言葉で、「こっちにきて座りなさい」という意味であるが、宇波地区の人々が気兼ねなく集まれる場所をつくりたい、との想いが込められている。年5回程度行われている「こっちねまられ」は、地域住民が農産物などをおのおの持ち寄り、交流の場となっている。これは、地域の高齢者にとっては生きがいになっているであろう。まさに、これまで村張定置が担ってきた役割を体現している形だ。

「村張定置は、地域に雇用や水産加工などの産業をもたらすだけでなく、地域の風習、食文化、信仰など、海を想い、深く関わりながら暮らしていく役割も兼ねています。この事業で収益源の確保、経営安定化を図り、それによってゆとりを見いだして、故郷づくり、地域活力の再生につなげたい。

地区で行われている「ふれあいランチ」の会。地域住民の交流の場となっている

当組合のゆとりが生まれることによってさまざまな活動を行い、次の世代に継承していきたいと考えています」と荻野組合長は今後の展望を語る。

これまで400年以上続いてきた氷見の定置網。そこには常に、地域に対する想いが息づいている。先人から引き継がれた想いを胸に、地域住民が出資した村張定置が地域の未来を創っていく。

専門家に聞く

生産現場、みらいの形

大規模農業と小規模農業、それぞれの異なる役割を持続可能にするための仕掛け

新潟食料農業大学准教授
青山浩子氏

青山さんは多様な生産者を調査しています。最近の農業経営の変化は？

現代の国内外の農産物市場に対応していくには、個人が手掛ける中小規模の農業だけでは難しいと考えてきました。実際に、個人事業から法人成りして伸びている生産者が増えてきました。法人化して規模拡大した生産者が、これからの重要なプレーヤーであることは間違いないでしょう。

その一方、そうした時代にも個人で続けていきたいという人はいます。例えば、長年技術の研鑽《けんさん》に打ち込んできた職人的な人は、規模よりも技の追究に興味を持っています。中山間地で規模の拡大は難しいが、土地の特徴を活かした農業を続けたいという人も多い。女性たちがこれまでとは違

う発想や視点で特色ある農業に打ち込んでいるというケースも見逃せません。

そうした小規模な経営には、なくしてしまっては惜しい技術や個性があります。しかも件数は多い。法人による大規模経営が伸びる一方で、そのような特色ある小規模農業がどうやったら生き残っていけるか、持続的にやっていけるかということを考えていくことも重要だと考えています。

経営の大小でいうと、ほかの産業では、大きな事業者が小さな事業者を圧迫するというイメージが持たれがちですが、農業は少し様子が違います。法人の大規模な農業は、食品工業、小売業、外食業などの量の要求に応えることが主力で、小規模な生産者は、量は少ないが高価格な一級品や特別な品質の要求に対応するのが得意というように、大と小の間の競合関係はそれほど強くなかったりします。ですから、大きくて強い農業と、小さくて強い農業と、両方を伸ばしていくことが可能ですし、大切だと考えています。

大規模農業生産者の現在の状況はどうなのでしょう。課題はありますか。

法人化した生産者の多くが今最も課題として意識しているのは、人材育成、人的資源管理です。従業員教育をどのようにするか、どうすれば従業員の定着率を上げられるか、独立する従業員をどう支援してネットワークを広げていくかといった場面で試行錯誤しています。というのも、法人化した農業の多くが〝新しい会社〟〝若い会社〟です。自分で法人化して社長になったり、父親が個人農家から法人化して、今はその子息が社長を務めているといった状況だったりします。

1代目や2代目の彼らが受けてきた教育は、技術にしろ経営にしろ、徒弟制度的な「親の背中を見て育て」「やって覚えろ、やって慣れろ」「仕事は盗め」といった面が強かった。一方、入社してくる人は20代~30代の人たちです。外国人を雇用している例も多い。若い人たちも外国人も、コミュニケーションの形、学習の仕方、価値観が従来の日本社会で普通だと思われていたものとは異なります。彼らには、説明しなくても見れば分かるだろうとはなりませんし、まして根性論などもっての外です。そこで大規模な生産者には、価値観の異なる人たちにも分かりやすく、合理的で納得してもらえるような従業員教育や人事制度が必要になっているのです。

今の農業法人の社長は、企業経営は初めてという人は普通ですし、企業での勤務経験もないという人も多い。そのため、苦労しながら一生懸命対応しているという状況なのです。

ちなみに、法人に入社してくる人には非農家出身の人も多いので、従業員教育の入り口は、まず農業の現場作業をステップごとに理解すること、そのそれぞれを一人でもできるようになることです。今は皆さん、頭の中にあった知識や体で覚えている仕事を言語化して、マニュアルを作ることに一生懸命に取り組んでいるところです。

その次に苦労しているのが従業員の評価制度の整備です。仕組みをつくって評価すること自体に触れた経験のない人もいて、評価制度は難しいことと捉えている経営者が多いのです。ですが、評価の仕組みを持っていないために評価すべき点を見落としてしまったり、逆についひいき目に評価してしまったり、あるいは「私は頑張っている」といった主張の強い従業員に押されて、あまり精査せずに時給を上げてしまったりとかという経験もよく聞きます。

経営の勉強のために、例えば中小企業家同友会などの団体に入るなどして、異業種との交流からも学ぼうとしている人も増えてきました。ただ、法人のトップがそのように地域外での活動にも出ていくためには、営農の現場に頼りになるナンバー2がどうしても必要です。成長する企業のトップが想い描き語るビジョンは、ときに未来的であり過ぎたり、高尚・高邁《こうまい》であったり、抽象的だったりするものです。そのときに優れたナンバー2がいれば、従業員に現場の仕事に沿ってかみ砕いて説明する役割も担ってくれることもあります。人事を整備し、会社を未来へつなげていくために、実はこのナンバー2の獲得、育成、そして辞めさせないことも課題になっています。

小さくて強い農業の形と、それぞれの課題を教えてください。

小さくて強い農業を続けている人のタイプの一つは、職人気質《かたぎ》で技術を探究する人のイメージですが、そういう人も、実はその人一人で経営を成り立たせているわけではなく、家族経営の良さが発揮されているものです。つまり、夫が研究家なら、妻が簿記・会計に強いしっかり者だったり、人当たりがよくて近隣や取引先との調整役だったりします。

土地に合った無理のない経営をしているのも、小さくて強い農業の特徴です。うまくいっている人は共通して、その地域が得意とするものを作っています。

例えば、富山県は県全体としては稲作が強いイメージがありますが、果物もあって、それが得意な地域というのが県内で知られています。呉羽町《くれはまち》は、県外からも梨の産地としては知られていますが、呉羽ではほかにもリンゴなどほかの果樹や、スイカなど果実的野菜もさまざまに栽培されています。県内の人にとっては果物を買いに行く場所になっているのです。

そのように、元々「あの地域はこれがおいしい所」と知られているところで、その得意とされる作物をしっかり作る。そうすると、あえて無理して宣伝しなくてもお客さんは来てくれるわけですから、階段を一段上がったところで勝負できるわけです。そういう力の入れ方をしています。

また、「小さくて強い」というと品質勝負で、一級品だけを出し続けているとか、ブランド化に成功できているとかといったイメージもあるかもしれませんが、必ずしもそうではありません。例えば果物は、米やほかの野菜と比べて品質の評価の差が大きくなりやすい。そこで、品質によって直売所での販売と、農協や市場への出荷を使い分けている生産者もいます。品質にこだわるからこそ、直販はせず出荷だけにしているという人もいます。これは、販売のことに頭を使ったり時間を割いたりせず、良いものを作ることに専念したいという考えでの行動です。

一級品を作ってブランド化に成功しても、販売で成功するか、確実に利益を出せるかは、別なノウハウが必要になります。むしろ、高額ではなくても農協や市場に出荷して、コストを抑えていてきちんと利益を出しているという人も多いのです。

このような小規模な生産者の大きな課題は、後継者問題ですね。理由は2つあります。一つは、そもそも誰かに継がせなくてはという動機があまりない。法人化していれば、他人である従業員がいて、出資者がいて、大きな顧客もありますから、事業を続ける必要があります。ですが、家族経営はそうではない。むしろ、子供が自分の好きなこと、好きな仕事を見つけていて、既にそれで生計も立てていれば、親もそれを認めているということが多い。

もう一つは、子供のほうが、農業経営をシビアに見ているという場合があります。個人の生産者には、実は自分自身の労働の人件費をカウントしていない人も多いのです。それを、経営を勉強したり、就職して企業で働いた経験のある子供が見て損益を概算すると、「親父《おやじ》はあんなに働いて利益はこれだけなのか」というふうに見えたりしています。

この前者と後者が相まって、小規模農業に後継者がいない現象が起こりがちなのです。端から見れば、優れた技術があるのに、それが受け継がれず絶えてしまうのは残念なことと感じるのですが、それは外にいる側の欲なのかなと思うこともあります。

それでも小さな農業を、次につなげる方法はないのでしょうか。

今、農家が自分の子供に継がせない場合は、近隣のほかの人に営農を引き受けてもらう形があります。国としても、第三者継承といって、身内ではない人に事業を渡すという形の推進にも取り組んでいます。北海道では、酪農で第三継承が進んでおり、府県でも野菜などで同様の事例があります。果樹も、リタイアする農家が経営する果樹園を、第三者がそのまま引き継ぐことで、タイムラグがない状態で、果樹園の管理を引き継ぐことができるなどメリットがあります。

ただこの委託も、日本では農地と住まいが隣接していることが多いので、営農をやめてもそこに住み続けるというのは普通であるため、毎日他人がその農地に働きに来て帰っていくというのが、何となく違和感があるためになかなか進まないといった事情もあります。

このように現実問題として、小さな農業を個人で守って継続することには限界があります。ただ、外部者の勝手な想いもあるのかと思いつつも、なくなるのはやはり大変にもったいないことですので、今後いろいろと承継の方法は出てくると思います。

実際に進んでいるのが、小さな農業をそのまま継承するというのではなく、販路開拓や販売を引き受けたり、都会の若者を働き手やインターンとして農村につないだりといった形で、小さな農業を支援する人が全国各地に現れてきています。

また今後、持続・成長しようとする農業の法人、あるいは異業種の企業が、作業受託するだけでなく手を貸すほかの形も検討されていくのではないかと考えています。

例えば、企業と個人とで、役割を分け合う。例えば、オランダ、デンマークなど欧州では、企業が小規模農家の事業を買い取って、元の農家はその企業に雇われて給料をもらうという形がありま す。この企業は農業の会社とは限りません。この形は日本ではまだあまり例のないことですが、企業の農業に対する出資比率や土地の所有に関することなどの規制が緩和されていけば、可能性はあるかもしれません。もちろん、それがベストという話ではありません。特に外資が入ってくるとすれば、食糧安保上の懸念も論議されるでしょうし、農業を続けるとしていたはずの企業が取得した農地をほかの事業に転用するかもしれないといった不安も依然残ります。

このほかには、ＩＣＴの導入、活用で、農作業の量と質が改善する流れの中、従来とは異なるアプローチの課題解決の提案や事例も増えていくと見ています。

みらい基金にはどのようなことを期待していますか。

生産者は、地域のライバルの動きに敏感で、「みらい基金に採択された」となればやっかみも生じるでしょう。みらい基金は地域への波及性も大切にしているとのことなので、採択先がどのように地域にポジティブな効果をもたらしているのか、フォローアップ調査をして、それを積極的に発信することを期待しています。広く地域にメリットが出たとなれば、地域の理解も進み、不採択先からもみらい基金の取り組みに、より賛同してくれるようになると思います。

あおやま・ひろこ　１９８６年京都外国語大学英米語学科卒業。１９８６年日本交通公社入社。１９９０年韓国延世大学に留学し、帰国後、韓国系商社のハンファジャパン、船井総合研究所に勤務。１９９９年から農業分野のジャーナリストとして活動を開始。２０１９年筑波大学生命環境科学研究科（博士後期課程）修了。農学博士。２０２０年新潟食料農業大学講師、２０２２年同准教授。著書に『強い農業をつくる』（日本経済新聞出版）など

トータルなリモートモニタリングによる青果流通システムの構築

幕別町農業協同組合

今では当たり前となった「リモート」によるコミュニケーション。コロナ禍という逆境をチャンスに、ICTを活用し、生産者と販売先をダイレクトに結び、新たな青果流通モデルを確立したのが幕別町農業協同組合だ。野菜生産から流通に至るまで、トータルなリモートモニタリングを実現している。このシステムで、野菜の流通状況をリアルタイムに共有することにより、これまで廃棄しているレタスの中に売れるものがあって、これを活かす（ロスの削減）ばかりか、品質向上と生産量のアップにもつなげている。ICT×農業によるイノベーションが北の大地から生まれている。

助成先の組織概要

幕別町農業協同組合：十勝平野の中心に位置する北海道中川郡幕別町を管轄する農業協同組合。平成6年から野菜の生産振興に取り組み、共同選別・集荷施設を整備。従来の畑作4品に野菜類を加えた多品目による有利販売に取り組んでいる。

プロジェクト：レタス生産から販売までトータルリモートモニタリングを実現し、高品質・安定出荷による所得向上実証プロジェクト

地域：北海道幕別町

広大なレタス畑。一つひとつが生産者によって吟味されて出荷されていく

幕別町は、北海道十勝平野の中心に位置し、北海道でも有数の農業主産地としての地位を築き上げてきている。平成初頭までは、畑作物に野菜生産を取り入れた比較的小規模な耕地面積の経営体と畑作4品（小麦、ばれいしょ、豆類、てん菜）を主とした大規模な耕地面積の経営体に大別されていた。その後、ガット・ウルグアイ・ラウンドにより農畜産物の輸入自由化が加速された時期から、基幹作物であった畑作物では所得率の低下が見込まれたため、高収益野菜を積極的に振興してきた。

幕別ブランドが岐路に立たされている

中でも、寒暖差のある気候を活かして作られるレタスは、道内を代表するブランドとして認知度も高く、近年は遠く沖縄にまで販路を拡大している。しかしながら、そんな幕別町農業協同組合も、農家の後継者不足による生産力の低下に悩まされてきた。

「幕別町農協のレタスは道内を代表するブランドになっていて、消費者や販売先からの期待度も大きく、基幹作物の一つになっています。しかし、20年ほど前から経営者不足、後継者不足が課題になってきています。今後もしっかり生産し、維持していくために、販売先、生産者、農協が情報を共有できるような仕組みができないかと考え、このシステムが生まれました」と幕別町農協の前川厚司組合長は当時を振り返る。

北海道では、後継者不足による1戸当たりの生産面積の拡大に伴い、いかに生産性を上げていくかが課題になっている。元々生産面積が大きい北海道では、人材不足を補うほどの生産性の向上が必要なのだ。ことさら幕別町農協においてその影響は深刻だ。

農産物は気象条件などによって品質や収量が変動するが、特にレタスなどの野菜類はその傾向が強く、生育状況などの日々の管理は欠かせない。異常気象が多発する近年ではなおさらだ。

「現在のレタスの作付面積は45ha程度。1戸当たりの平均作付面積は2haであり、作付面積が多い生産者は4ha程度となっています。収穫期間は6～9月の4カ月間で、収穫作業は10aにつき2～3日かかることから、4haだとほぼ毎日畑に入り収穫することになります」と幕別町農協で青果販売を担う鈴木雅則課長（当時）は話す。

販売先とも直接つながり、ブランドを維持してきたが…

沖縄に到着したらすぐさまレタスの着荷状況を共有している

この課題は販売先にまで至っている。

昔から幕別町では、畑の条件に合った作付けをすることはもちろん、輪作をしっかり守り、農業生産の基本である「土づくり」にも積極的に取り組んでいる。生産した農畜産物の生産履歴を管理するとともに、残留農薬の自主検査を受け、誰もが安心して食べられる、安全な農畜産物を消費者に届けてきた。

特に幕別町を代表するレタスは、消費者からのニーズに応えるため、これまでも先進的な予冷システムを核としたコールドチェーンの構築により、遠くは沖縄まで出荷してきた。しかし沖縄に販売する場合、遠隔地であるが故にほかの販売先以上に品質管理が難しい。幕別町から沖縄への輸送には6日間を要するため、どんなに厳密な出荷ルールを定め、高品質なレタスを出荷しても、着荷したときには商品にならないレタスが発生し、費用をかけて廃棄せざるを得ない状況がある。

沖縄の販売先である株式会社ワタリは、収穫期に毎月のように幕別町の生産現場を訪れ、生育情報などをリサーチし、また、幕別町農協においても定期的に沖縄を訪れ、着荷状況を調査するなど、お互いに情報共有を図ってきた。こうした努力により、少しでも生産性が低下することを食い止めてきた。

ところが2020年からの新型コロナ禍で、そのような産地間の往来が一切遮断されてしまった。生産者・幕別町農協・販売先、それぞれの情報伝達が遮断されてしまったのである。

ICTを活用したトータルリモートモニタリングシステムの導入

そこで幕別町農協は生産者・幕別町農協・販売先のそれぞれが必要とされる情報を、即時にかつ省力的に手間をかけず共有・活用できる仕組みの構築について検討を開始した。

ICTを活用し、販売先には販売戦略に対応する産地情報として、播種・定植情報、生育予測情報や生産履歴情報などを提供する。逆に販売先からは着荷時の品質情報などをフィードバックしてもらう。幕別町農協では実需のニーズに応えるため、生産現場の品質管理や収穫適期などに迅速に対応できるように営農指導の強化を図る。

このように産地と販売先をリアルタイムにダイレクトに結ぶことで、幕別ブランドの魅力向上と生産性の維持・向上を狙ったのである。

「当組合管内のレタスについては厳密なルールを定め、間違いなく売れるものを吟味して出荷して

●図表3-3-1 **幕別町農業協同組合の成長・展開イメージ**

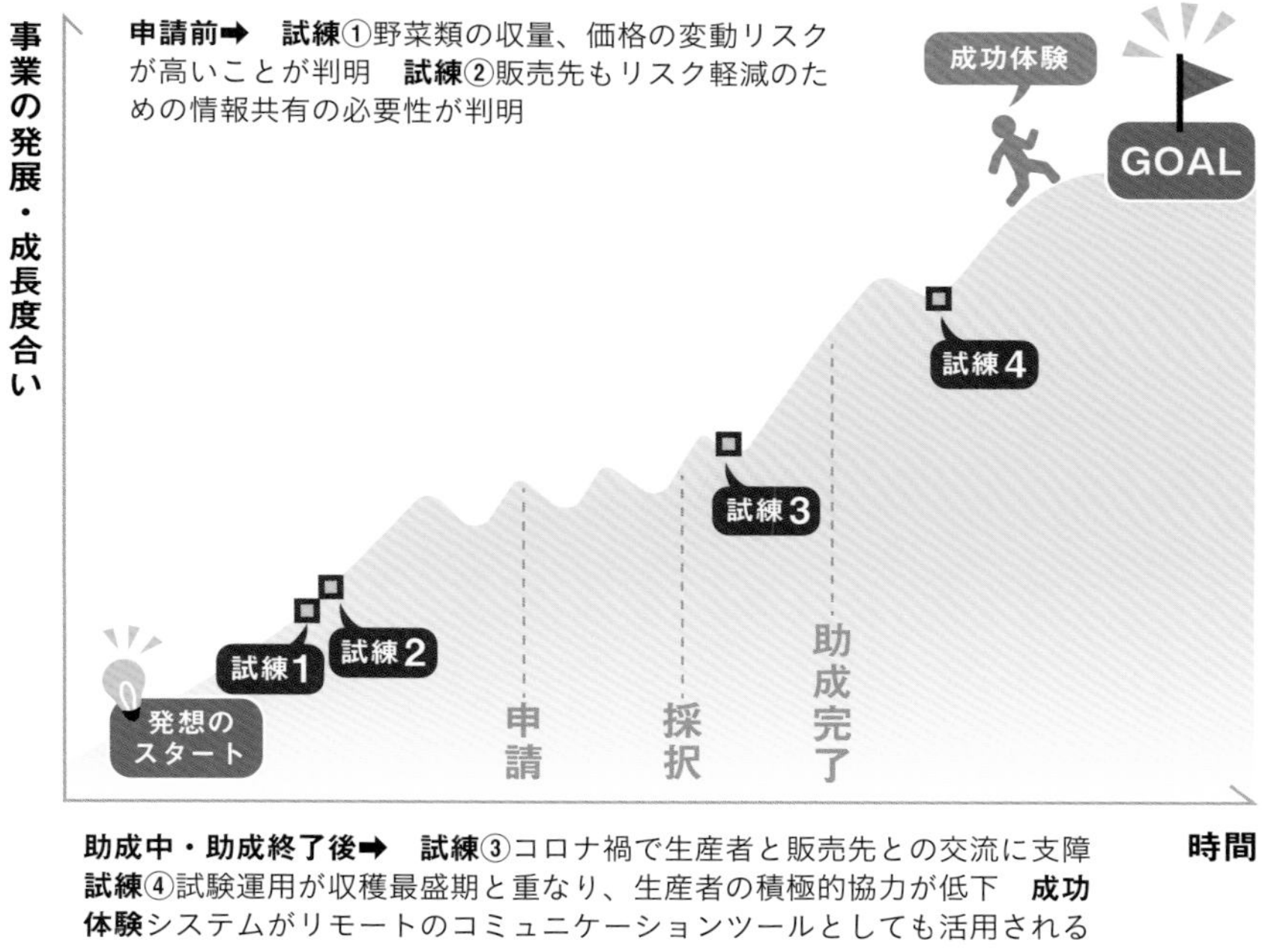
事業の発展・成長度合い
申請前➡ 試練①野菜類の収量、価格の変動リスクが高いことが判明 試練②販売先もリスク軽減のための情報共有の必要性が判明
成功体験
GOAL
試練4
試練3
試練1
試練2
発想のスタート
申請
採択
助成完了
時間
助成中・助成終了後➡ 試練③コロナ禍で生産者と販売先との交流に支障 試練④試験運用が収穫最盛期と重なり、生産者の積極的協力が低下 成功体験システムがリモートのコミュニケーションツールとしても活用される

います。その結果、ロスが29%にもなっていますが、もしかすると廃棄しているレタスの中にも売れるものが含まれているかもしれない。このシステムを活用して販売先と綿密にキャッチボールをすることで、ロスを軽減していくことが重要と考えています。産地情報などを伝えることで、さらなる安全安心な農作物の販売につなげられ、販売先と信頼関係を醸成するうえでも確かな情報になります」と鈴木課長（当時）は語る。

生産者・幕別町農協・販売先が一体となり、野菜の生産と流通に至るまでのトータルなリモートモニタリングを実現するため、幕別町農協はみらい基金への助成申請を行った。

生産者もスマートフォンで写真を撮り、現在のレタスの状況を共有している

【申請事業の概要】

●トータルリモートモニタリングシステムの開発

●流通生産モデル地区および取引先による検証

【委員会の審議のポイント】

◆生産現場と農協・販売先がデータを共有し、信頼を醸成することで、安定した販売価格を維持する取り組みであり、新たなバリューチェーンの構築につながる点で評価できる。

◆産地の情報が消費者に伝わることは、必ずしも産地にとってよいことばかりではなく、不利なこともあるかもしれない。しかし、生産者・農協と販売先が緊密な連携を取ることは、結果的に生産者・消費者双方にメリットをもたらすのではないか。

◆事業連携先である株式会社ワタリにおいて、1つの農協だけで葉物野菜を全て調達できるとは思えない。事業連携者である十勝農業協同組合連合会（2018年度採択先）を通じて、周辺の農協とも連携すれば、先進的な取り組みに発展する可能性もある。

【委員会でのその他の意見】

◆幕別町農協は、本事業におけるトータルリモートモニタリングシステムを導入することで、プラス10％の取扱額の効果があると説明している。品質劣化によるロスを5％削減できることはこれまでの実証で裏付けがあるものの、品質向上による良品率やその単価アップ分の5％については根拠が確認できないため、その裏付けの確認が必要。

◆事業連携先である株式会社ワタリ以外でも当システムを活用する先が出てくるのか、事業の広がりの観点から確認したい。

【現地実査での質疑応答】

申請者＝幕別町農協のメンバーほか地域の関係者が集まり、みらい基金との間で質疑応答が行われた。

みらい基金「通常の流通では、段ボール単位で生産者の名寄せは難しいと思われるが、この事業で構築するシステムは、着荷した段ボール単位でその状態を確認し、生産者や農協にその結果を伝えることができるようになる点で画期的であるとの理解でよろしいでしょうか」

幕別町農協「このシステムを活用することで、販売先において着荷状態を確認、それを生産者や農協に伝えてもらうことができるのも大事なポイントですが、それよりも、産地情報をリアルタイムで販売先に伝えつつ、その結果としてどういうものが良かったのか悪かったのか、生産者と販売先がより短期間でやりとりして改善につなげていくことのほうが、よりよい方向につながってくるものと考えています」

みらい基金「このシステムは非常に効果的なシステムであるが、これまで明らかになっていないさまざまな情報が明らかになることで、生産者側が販売先の過剰な要求に応えることにならないでしょうか」

幕別町農協「販売先と生産者が直接、情報を共有するのではなく、当組合が間に入りコントロールすることで、生産者への負荷とならないようにしたいと考えています。レタスの品質管理については厳密なルールを定め、間違いなく売れるものを吟味して出荷しています。その結果、ロスが3割弱と多いのですが、もしかすると廃棄しているレタスの中にも売れるものが含まれているかもしれない。本システムを活用して販売先と綿密にキャッチボールをすることで、ロスを軽減していくことが重要であり、生産者にとって基準が厳しくなるということではないと考えています」

みらい基金「本システムについて、株式会社ワタリとして当組合以外との運用は考えているのでしょうか」

ワタリ「現在は北海道からコンテナに積載し、6日間かけて輸送しています。輸送費が発生してい

生産現場を見て回らなくても、スマホでリアルタイムに情報共有ができる

ることに加え、着荷後、商品にならないロスが一定程度あることから、廃棄する際も費用をかけています。本システムを導入し、積載する段階で着荷の予測ができれば、ロスを抑えることが可能となることから、当組合との長期的な取引につながるのではないかと考えています。従って、今は組合以外での運用は考えていません」

このやりとりを通じて、トータルリモートモニタリングシステムを活用し、生産者・農協・販売先において有益となる情報を共有することで、品質向上が期待できることなどが確認された。こうした点が理事会においても評価され、採択に至った。

即時情報共有がロスを減らしつつ生産量アップにもつながる

トータルリモートモニタリングシステムは、2022

「新たな青果流通モデルとして先進的な取り組みになるよう、チャレンジ精神を持って遂行したい」と意気込みを語る前川組合長

年6月に本格稼働を開始した。

このシステムにより、アプリ上で野菜類の入庫実績の参照が可能になったことで、伝票を手書きする手間を軽減するとともにペーパーレス化を実現している。株式会社ワタリとも、着荷状況の評価を行う体制を構築した。

農家の高齢化に伴う労働力不足により、レタスの作付面積は全盛期の半分以下にまで減少してしまっている。そのような中で、レタスづくりを担う現役世代が感じているのは、直接的なロスを削減することの重要性はもちろんだが、全体的な生産量の減少を品質で補う必要性だ。実はリモートモニタリングシステムの導入により、従来であれば廃棄するしかなかったレタスについても、品質を落とすことなく出荷できるようになった。元々品質の高いものはより高値で取引できる期待もある。

「近年は異常気象もあり、例えば、雨で泥が跳ねてしまってレタスがダメになる、といったこともあります。ですが、モニタリングシステムで写真を撮って農協の担当者に送ると、農協の担当者がすぐ市場と連絡を取り、『今、幕別はこういう状況だが、どこまで出荷を受け入れてくれる?』という交渉をしてくれます。それで受け入れ可能だとなれば、生産者も『採っていい』という判断ができます。こうした仕組みを有効に使っていければ、もっともっと多くのレタスが採れるのではないかと考えています」と生産者の一人でもある幕別町農協レタス委員会委員長の笹井晃さんは、その変化についてこう証言する。

今後は、利用している生産者の声を聞きながら改善し、利用率の拡大に努める方針だ。

これまでも生産者と共に先進的な野菜類の産地として成長してきた幕別町。これからも北の大地から生まれた熱き情熱が、ＩＣＴで次世代の農業イノベーションを担っていく。

スマート林業“三重モデル”で、川上・川中・川下がシームレスに繋がる

中勢森林組合

川上から川下までの木材流通量の増大。デジタル化による効率的なサプライチェーンの構築。これに取り組んでいるのが中勢森林組合である。ICTを活用し、デジタル上に中間土場を構築し、川上からの木材量把握のほか、川下との需給調整を図り、サプライチェーン全体の木材流通量の増大を目指す。川上・川中・川下、3つのデジタル化によるスマート林業の取り組みがここにある。

助成先の組織概要

中勢森林組合：三重県最大の木材生産量を誇る森林組合。境界明確化や資源量調査といった林業のデジタル化に積極的に着手している。これまでも、搬出作業は直営の班ごとに、伐倒から運搬まで全ての工程を担うなど、無駄を省き効率的な業務を展開してきた。
プロジェクト：3つのデジタル化による現場・流通のスマート化“三重モデル”の構築
地域：三重県津市

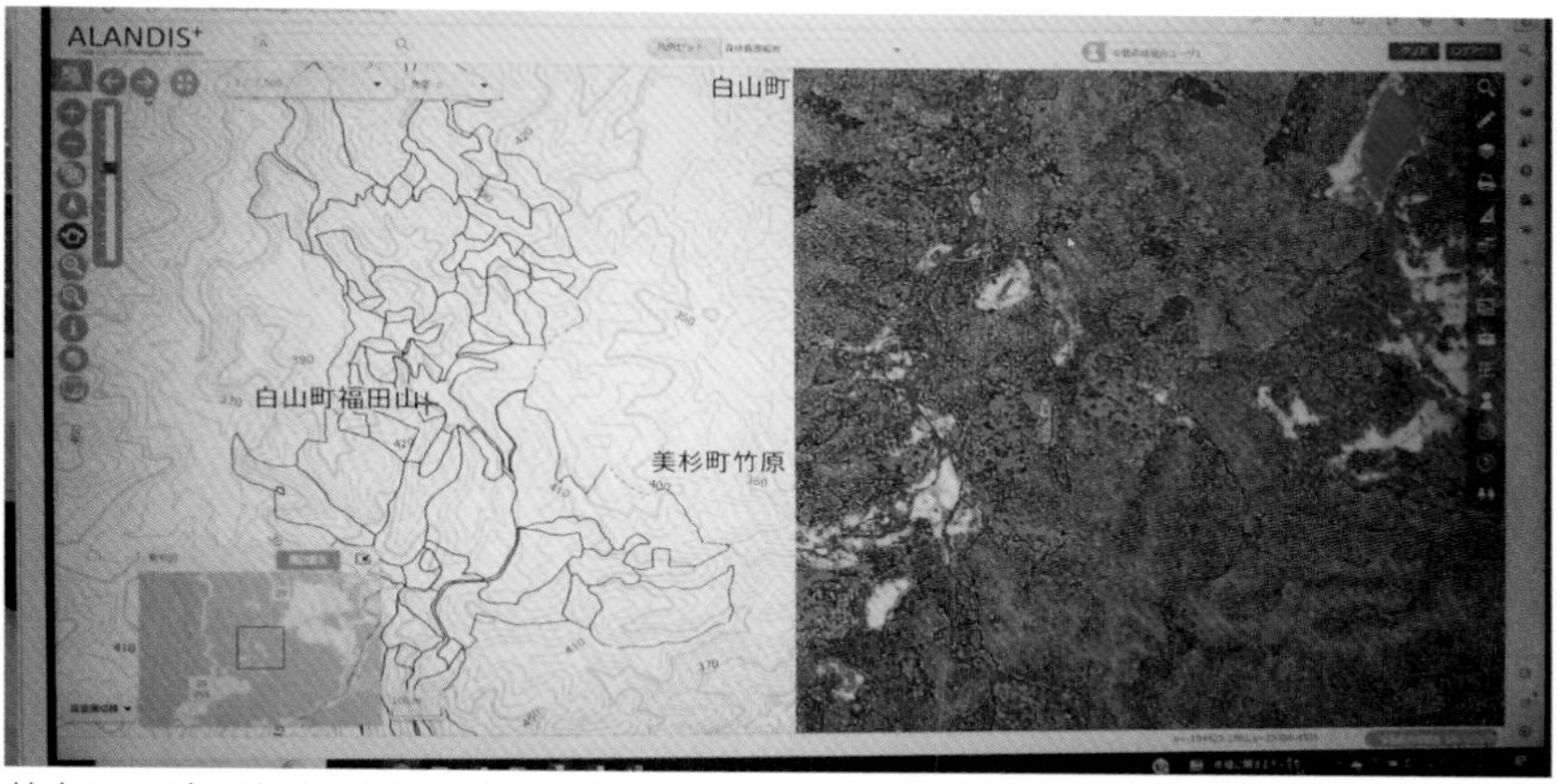

航空レーザー計測により、どこにどのような木材があるのか一目瞭然となっている

豊かな自然にあふれた三重県津市は、その総面積の半分以上が森林組合の整備対象エリアとなっている。県内の人工林の7割以上が50年生以上の利用期にあり、森林資源の活用と安定供給体制の構築が求められている。

林業にも川上・川中・川下の3つの段階がある。川上は山で木を育て切り出す原料供給者であり、川中は原木市場などの丸太の流通に関わる業者など、川下は建設会社・工務店など木の需要者であり、家や家具といった最終製品の提供者である。

近年、川下において三重県に大型合板工場が進出し、木材の成長産業化に向け、今後県内においても木材需要の高まりが期待された。しかし、コロナ禍におけるウッドショックと称される木材価格の歴史的高騰などのあおりを受け、むしろ需要が縮小するという新たな危機が到来した。

そんな中、森林所有者の経営意欲は以前にも増して薄れるとともに、管理不足の森林の増加が懸念されている。

川中に位置する「土場」。日々、大量の木材が搬入出されている

今後の県産材の利用促進と持続可能な森づくりの両立に向けた取り組みは急務となっていた。

地域の豊かな森を次世代に引き継いでいくために

「今の若い方のほとんどは、山に関心がありません。ただ、それを放っておくと山はどんどん悪くなる。少しでもよい形で次世代に引き継ぐためにはどうすればいいか、考える必要がありました」と語るのは中勢森林組合の山崎昌彦理事参事。

そこで中勢森林組合は、航空レーザー計測を導入し、境界を明確化したり森林資源を調査したりするなど、林業のデジタル化を積極的に進めてきた。

林業のデジタル化について、中勢森林組合の松浦敏人課長はこう語る。

●図表3-3-2 将来の木材流通体系

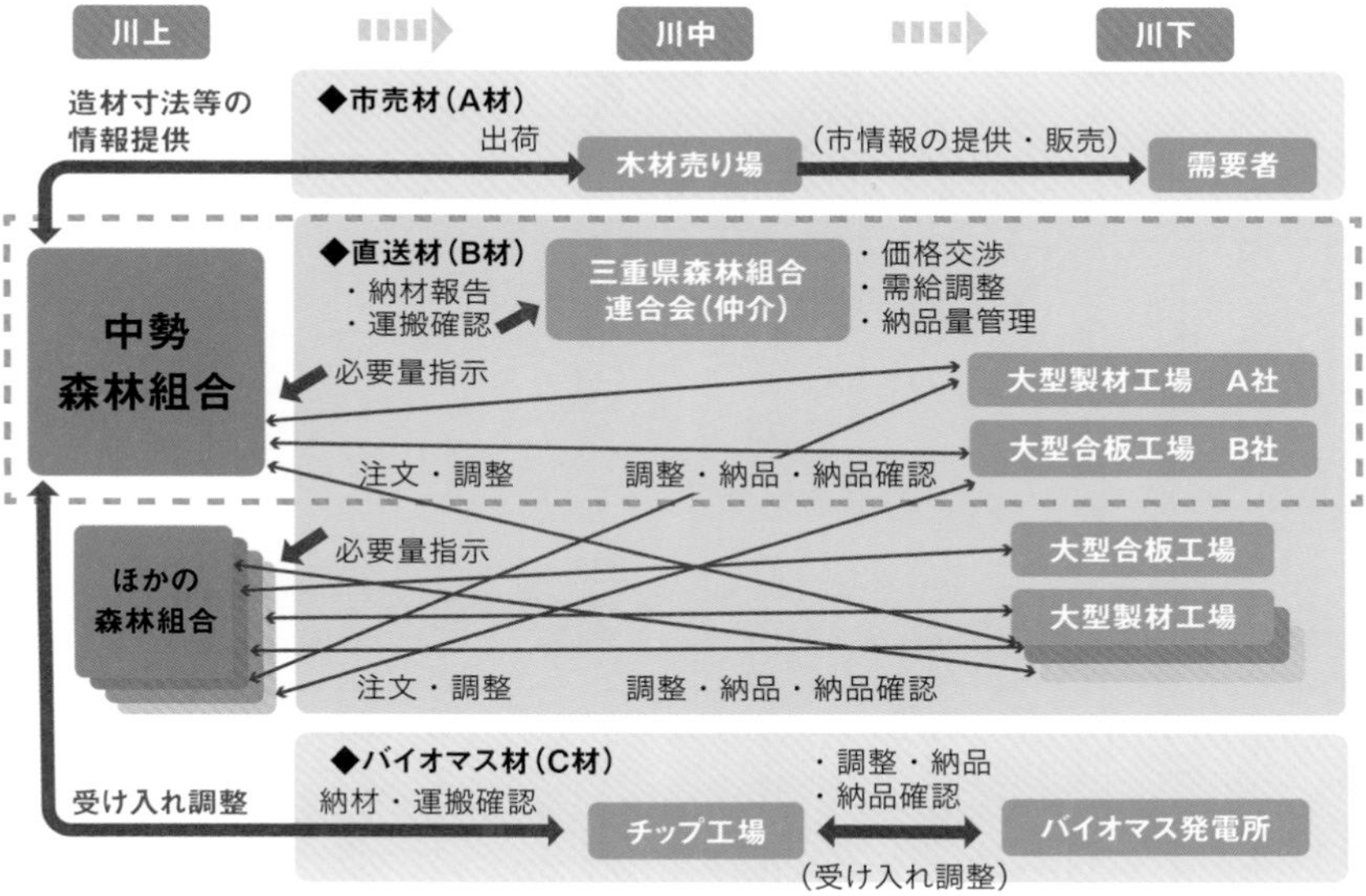

「これまでは航空レーザーによる調査・解析を実施しているだけで、ICT化と言える取り組みはほとんどありませんでした。これを、森林資源調査工程から木材生産工程、木材流通工程まで全てのプロセスを通してデジタル化を図る必要があると考えたのです」

持続的に林業を経営していくには、森林資源の調査工程だけでなく、木材生産や流通工程と一体的な効率化が図られなければ、根本的な課題解決にならないと考えたのである。

そこで中勢森林組合は、山元（森林所有者）への一層の利益還元のため、各工程のスマート化（デジタル化）により、各工程に潜む無駄を省き、木材流通量の拡大を目指す検討を開始した。

「例えば、流通の際の木材集積場である『中間土場』は、それぞれの組合がおのおので設けていて一元管理されていないのが実状です。デジタル化によって情報を集約することは非常に重要だと考えています」と中勢森林組合の松浦課長は話す。

中勢森林組合は、川下の需要に迅速に対応するための「川中」機能の重要性に着目したわけだ。川中に位置する中間土場に在庫管理や供給先の選定、需給調整といった機能を拡充することで、効率的な流通体制の構築を目指したのである（図表3-3-2参照）。

生産現場から流通工程まで、トータルにデジタル化するICTを導入

具体的には、各工程における3つのデジタル化による現場・流通のスマート化、〝三重モデル〟の構築に向けて検討を開始した。

一つは川上で、前述のように航空レーザー計測によって森林資源情報などを蓄積してきただけでなく、作業現場の効率化も図ってきた（後述）。もう一つ、川中で「デジタル仮想土場」を構築し、入出荷情報を集めて供給元に提供、また川下のデジタル化により需給情報の把握を図る。こうした取り組みにより、木材の安定供給を川下で実現する。

このような円滑な事業の流れをデジタル化によって実現し、三重県版のサプライチェーンを構築しようというわけだ。

●図表3-3-3 中勢森林組合の成長・展開イメージ

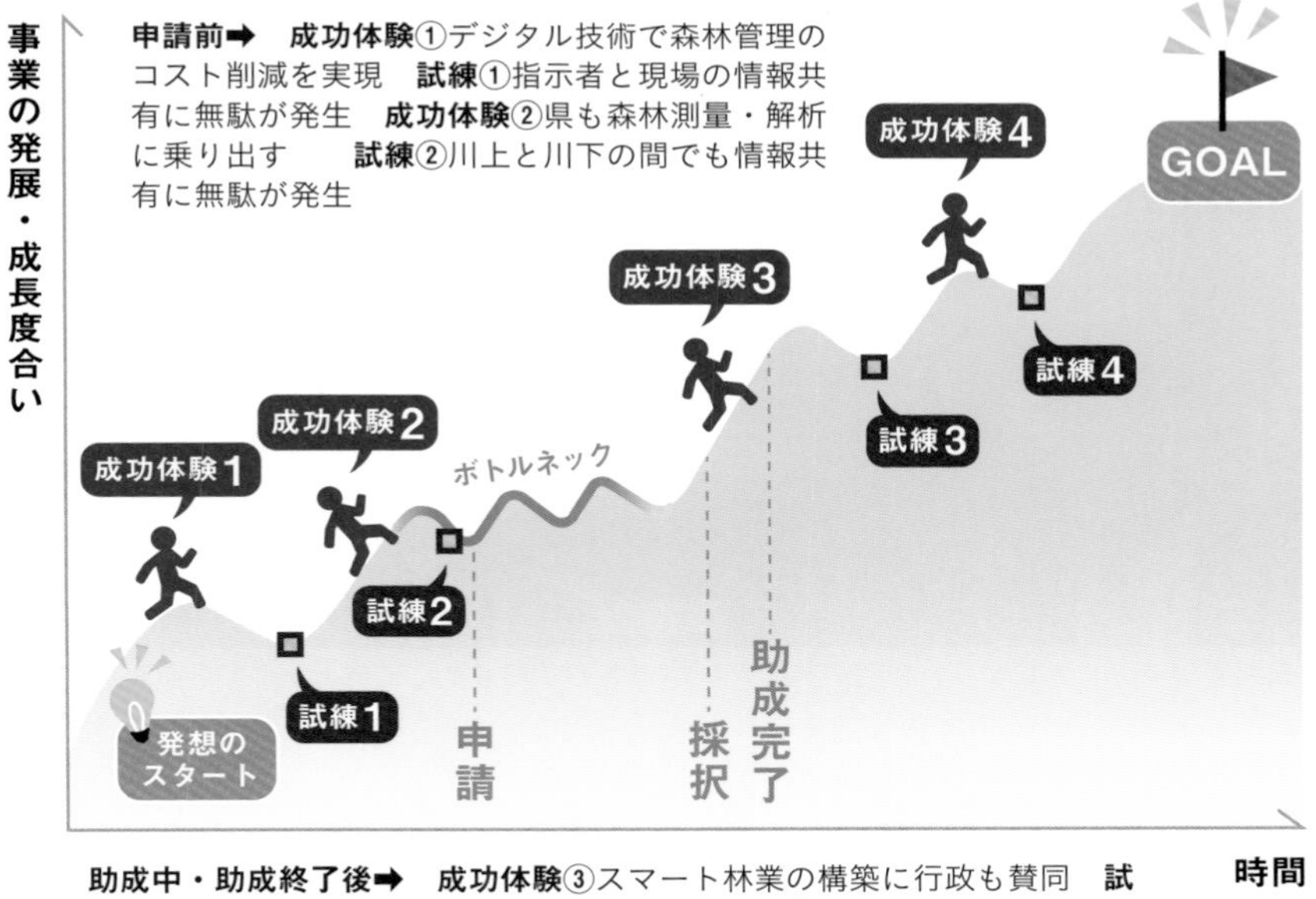

助成中・助成終了後➡ 成功体験③スマート林業の構築に行政も賛同 試練③システム操作習熟の必要性が判明 成功体験④情報共有システムが完成 試練④一般林業事業者や木材市場の参画の必要性が判明

この仕組みの機能はこれだけにとどまらない。

木材には品質（主に曲がりなどの形状）や用途によってA材、B材、C材と分類される。A材は直材で建築用材や家具材として使用され、B材は小曲がり材で土木用材として、C材は大曲がり材で集成材やチップ材などに使用されている。多く流通するB材を中間土場に一括集中し、B材の再選別によってA材の抽出機能も新設する考えだ。

中間土場の管理の効率化は、余分な職員を配置している土場の経費の削減にもつながる。この経費の削減額や木材流通量の

日報管理システムにより、業務の進捗がいつでもどこでもすぐにチェックできるようになった

拡大などによる利益をいかに山元に還元できるかという取り組みを進めるため、中勢森林組合はみらい基金への助成申請を行った。

【申請事業の概要】

●木材生産現場の作業進捗状況と指示系統の〝関係の「見える化」〟

●木材の入出荷・運搬・交渉機能を有する〝中間土場の「見える化」〟

●川下の需給情報・在庫管理の「見える化」

【委員会の審議のポイント】

◆川中である中間土場に木材の入出荷・運搬・需給調整機能を集約して見える化し、川下の需要に応じた原木供給ができる仕組みをつくることで、川上～川下の効率的なバリューチェーンを構築することは有意義。

◆これまでは、大規模な合板・製材工場ができると、比較的安価な木材を扱う東北・南九州からの直送材を集めていた。昨今、西日本にもこういった工場が進出してきているが、本事業のように、中間土場で高品質な材と一般材を仕分けして、それぞれをしっかり売っていく仕組みをつくることは、西日本における林業のイノベーションにつながる取り組みではないか。

◆事業に大型合板工場が参画していることは特徴的。この大型合板工場はプレカット工場も保有しており、住宅ハウスメーカーからの受注も受けていることから、三重県の木材はますます必要になってくるだろう。

【委員会でのその他の意見】

◆本事業において主体は当組合と思われるが、ほかの森林組合等とどのように連携していくのか、ほかの森林組合は何かしらの費用負担が発生するのかを含めて実査で確認したい。

◆現場の見える化システムについて、具体的な設計が見えづらいのが気になる。

【現地実査での質疑応答】

当組合メンバーほか、三重県森連、三重県庁、三重県木連などの関係者が集まり、みらい基金との間で質疑応答が行われた。

みらい基金「本事業は、林業・木材生産の王道的な取り組みだと言えます。ただ、どこまでデジタル化をしても、最終的に山に入って明確化する作業は必要になると思っています。大まかに当たりを付けて、現地に入れるだけでも省力化が図れると思っていますが、具体的にどれくらいの省力化が図れるのでしょうか」

中勢森林組合「おっしゃる通り、完全に現場の立ち会いはゼロにはできない。自分の山に関心がある人ほどレーザー計測データが信用されない可能性もある。ただし、実際には自分の山がまったく分からない人が多いのも事実。そういう方には、デジタルデータを基に納得してもらえれば、それで済む。個人的には、これらの労力は半分以下になる省力化効果があると考えています」

みらい基金「県内の組合の中で、当組合が本事業を先行することについて、ほかの森林組合の理解は得られているのでしょうか。また、今後『三重モデル』の展開についても当組合が引っ張るのでしょうか」

中勢森林組合「県内の会議体において、県森連からある程度現状の課題は共有しており、今後に向けて必要な取り組みであること、まずは当組合と県森連で先行して実施することは理解いただいている。ほかの組合は令和5年以降の取り組みとなるが、同じような規模の組合は比較的問題なく展開できると見ている。『三重モデル』については、県森連にリーダーシップを取ってもらいたいと思っているが、人任せにせず、協力し合って展開していきたい」

みらい基金「大型合板工場など川下の企業にとっては、この事業にはどのようなメリットがありますか」

「この事業でスマート林業への取り組みの重要性が県内全域に波及し始めたことで、県内の林業のスタイルが変化しようとしてきている」と語る山崎理事参事

中勢森林組合「これまでは、各組合が個別に川下とやり取りしていたため、川下側がこの時期にどの程度の材が欲しいのか、全体像がつかめておらず、結果的に十分供給できていないこともありました。中間土場を活用することで、何月にこれくらいの材がこれくらい欲しいという情報をお互いで共有できます。川下企業にとっても、安定供給が受けられるのは大きなメリット。川下企業にとって大きなコスト負担はないため、安定供給の対価として、こちらも価格交渉力を発揮できると考えています」

このやりとりを通じて、デジタル化が生産・流通面の各工程における「小さな無駄の蓄積＝大きな無駄」を減らし、新たなバリューチェーンを構築することになり、それが山元への利益還元につながることなどが確認された。こうした点が理事会においても評価され、採択に至った。

スマート林業〝三重モデル〟によって国内林業を再び盛り上げたい

中勢森林組合が目指している3つのデジタル化による現場・流通のスマート化〝三重モデル〟は着実にその成果を上げている。

生産現場の見える化については、航空レーザーの解析データを現場調査に活用し、一定の効率化を図ることができた。また、現場職員との伝達に日報管理アプリを活用することで、日々の各作業や林業機械の稼働時間がタイムリーに把握できるようになり、工程管理の効率化も図られている。

流通の見える化では、仮想デジタル土場をクラウド上に設置し、各組合の在庫の入出荷情報を中間土場管理者が管理運営することで、川下への安定供給体制の基礎づくりが構築できている。

また、地元林業の活性化にかける中勢森林組合の想いは、自治体にもしっかり届いている。２０２１年には県の組織として、三重県スマート林業推進班が新設されたのである。

三重県農林水産部の伊川智之さんは、その経緯をこう語る。

「三重県の林業が抱えている問題に対し、スマート化がその課題解決の一つになるという中勢森林組合さんの取り組みは、とても素晴らしいものだと感じました。これは三重県としても、互いに情報共有しながら協力できるところは積極的に支援させていただこうと考えています。伊勢神宮や松坂牛といった観光のイメージが強い三重県ですが、林業も盛んだということをもっと全国の皆さんに知っていただきたいと思っています」

今後は、川下の大型合板工場とも連携のうえ、生産現場との進捗管理や情報共有機能の精度を向上させていく。長期的にはA材、B材、C材の安定供給体制を構築し、県内のみならず中部・近畿圏に発信し、連携を促進していく考えだ。

「数年前から取り組んでいるレーザー解析データを活用した資源調査・境界調査・プロット調査については、今回の取り組みでさらに検証できたことにより、効率的な部分と課題を明確にすることができました。また、現場との情報共有ツールの導入についても、導入当初は操作方法等の運用面でスムーズに共有できない場面もあったが、導入から1年が経過し、職員間の情報共有もスムーズにいくようになりました」とスマート化の成果について中勢森林組合の山崎理事参事は語る。

林業界にかつての勢いを取り戻したいという想いで始まったプロジェクト。スマート林業〝三重モデル〟が林業の未来を切り拓いていく。

漁師が主体となり 高鮮度な石垣マグロを 全国へ

ヤエスイ合同会社

漁場が近く、高鮮度のマグロ類が漁獲できる石垣島。だが、遠隔地が故の課題もある。その解決に挑戦している漁師軍団がいる。ヤエスイ合同会社だ。漁船から消費地までマイナス1℃のコールドチェーンを構築するとともに、産地における1次加工と、消費地におけるアウトパック加工（店舗外パック加工）を行う。産地が主体的に消費地と連携し、利益を誘導する取り組みが始まっている。

助成先の組織概要

ヤエスイ合同会社：石垣島のマグロはえ縄漁師たちが設立した合同会社。漁獲直後から消費者に届くまで途切れることなくマイナス1℃の低温に保ち、広域流通や長期保存が可能となる物流方式「マイナス1℃のコールドチェーン」を実現した。「石垣マグロ」の安定供給とブランド化を目指している。

プロジェクト：産地が消費地と連携し利益を産地に誘導する事業

地域：沖縄県石垣市、千葉県船橋市

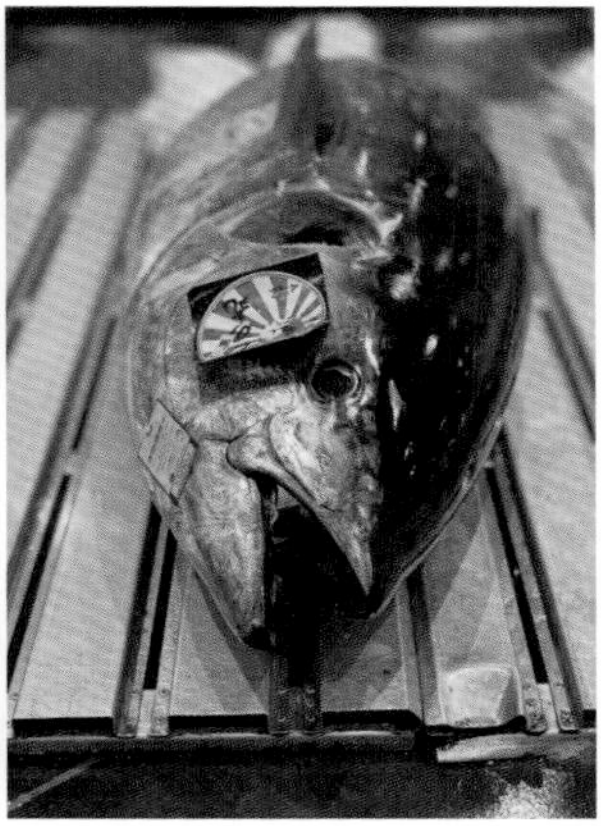

高鮮度な石垣マグロ。冷凍しない近海マグロとして、もっちりとした食感を楽しめる

日本人になじみ深い食材「マグロ」。

国内でも最大級の漁場があるのが沖縄・石垣島である。主にキハダマグロ、ビンナガマグロ、メバチマグロが漁獲されている。

近海で獲れるということは新鮮で、冷凍・解凍をせずにそのまま生で食べられるということ。石垣島近海で漁獲されたマグロは明らかに味の違いが感じられる。圧倒的な鮮度感があり、もっちりとした食感が特長だ。

石垣島のマグロをもっと広めたい。漁師が集まって会社を設立

ただし、高く評価されながらも、島内に出荷調整する施設がないことから、マグロを安定供給できないという課題を抱えていた。また、石垣島から消費地に送る手段が航空便しかなく、欠航した場合、せっかく漁獲できても高く売ることができないでいた。

ヤエスイのメンバー。漁師たちが自ら販売までを手掛ける会社をつくった

「例えば、台風や冬場のシケの影響で、漁がない時などは、島から魚がなくなる。魚料理の店はいっぱいあるのですが、魚が手に入らないのでみんな閉めてしまう。魚の鮮度を保持してストックする技術が全然ないんです。やはり生産者としては、魚を食べてもらって喜んでもらうのが一番うれしい。だから、その喜びをもっと広げていきたい、という話をみんなでして、この会社をつくることになりました」と語るのはヤエスイ設立当初からのメンバーの一人である漁船・萌丸《もえまる》の高橋拓也船長。

ヤエスイは漁師を引退した具志堅用治代表と、現役マグロはえ縄漁師6人が集まって誕生した合同会社である。「当社はマグロを漁獲するだけにとどまらず、漁獲したマグロを仲卸業者や消費者に届け、高品質な石垣産のマグロを評価してほしいとの強い想いがあります」とヤエスイの具志堅代表は語る。

遠隔地が故の課題を漁師たちが協働して克服する取り組みが始まった。

石垣マグロを遠く消費地に届けるため、マイナス1度のコールドチェーンを実現

沖縄では昔から、鮮魚店のことを「さしみ屋」と呼ぶという。漁船から直送される魚を捌いて売ってくれ、実際、街では「さしみ」との看板をちらほら見かける。卸を通さないから漁船直営の店とも言える。

ヤエスイも、廃業したさしみ屋を借り受け、島内でのマグロ類などを販売している。ヤエスイのメンバーが漁獲した魚介類のほか、具志堅代表が目利きしたメンバー外のマグロ類も取り扱う。

高鮮度な石垣産のマグロを遠隔地の消費地に届ける取り組みにも着手している。小型のマグロをいわゆる「GG（Gilled and Gutted）」という鮮度維持のための血抜きをし、エラや内臓など傷みやすい部位を取り除いた状態で県外への試験販売を始めたのだ。

ヤエスイと連携するのは水産物卸の新生水産株式会社である。新生水産は国内の各漁港で水揚げされた生マグロを現地で一定の基準で選別し、外食店やスーパーなどに出荷している。日本で最も生マグロを流通させている会社であり、マグロを知り尽くしているエキスパートだ。

「さまざまな産地に足を運ぶと、どこもプライドを持っているが、客観的な評価として、他の産地と比べて、石垣産のマグロは明らかに鮮度が違う。機会があれば、ぜひとも召し上がっていただきたい」と新生水産の澤浩二代表は石垣産のマグロを高く評価している。

具志堅代表もこう振り返る。

「過去に新生水産と協力して試験的に消費地で販売したところ、味や食感で高い評価を受けたことから、おいしさを長期間保てる仕組みが構築できれば、何とかやっていけるのではないかと思っています」

そこで島内で、0度からマイナス5度の温度帯で食材を凍らせることなく保存できる冷蔵庫を備えた、出荷調整ができる施設の整備に加え、加工設備も導入することとした。これにより、これまでのGGからさらに頭と尾を切り落として三枚おろしにしたフィレをさらに2等分した4つ割にするロインでの輸送を実現するための検討が始まった。ロインにすれば輸送コストの低減を企図できる。

さらに消費地においても、量販店のバックヤードで行われている刺身などへの加工と同様の加工設備を新生水産の工場内に整備することで、石垣産の新鮮なマグロを生の状態でアウトパック加工し、量販店に提供するコールドチェーンの構築を目指した。

これまではどちらかと言えば、魚の流通に関しては、消費地側が牽引して産地と連携して取り組んでいたが、ヤエスイの事業は産地側が主体的となり、消費地から利益を誘導することを目指したのである。

こうしてヤエスイは、コールドチェーンを構築し、島内外へ新鮮な石垣産のマグロを安定供給するため、みらい基金への助成申請を行った。

●図表3-3-4 **ヤエスイの成長・展開イメージ**

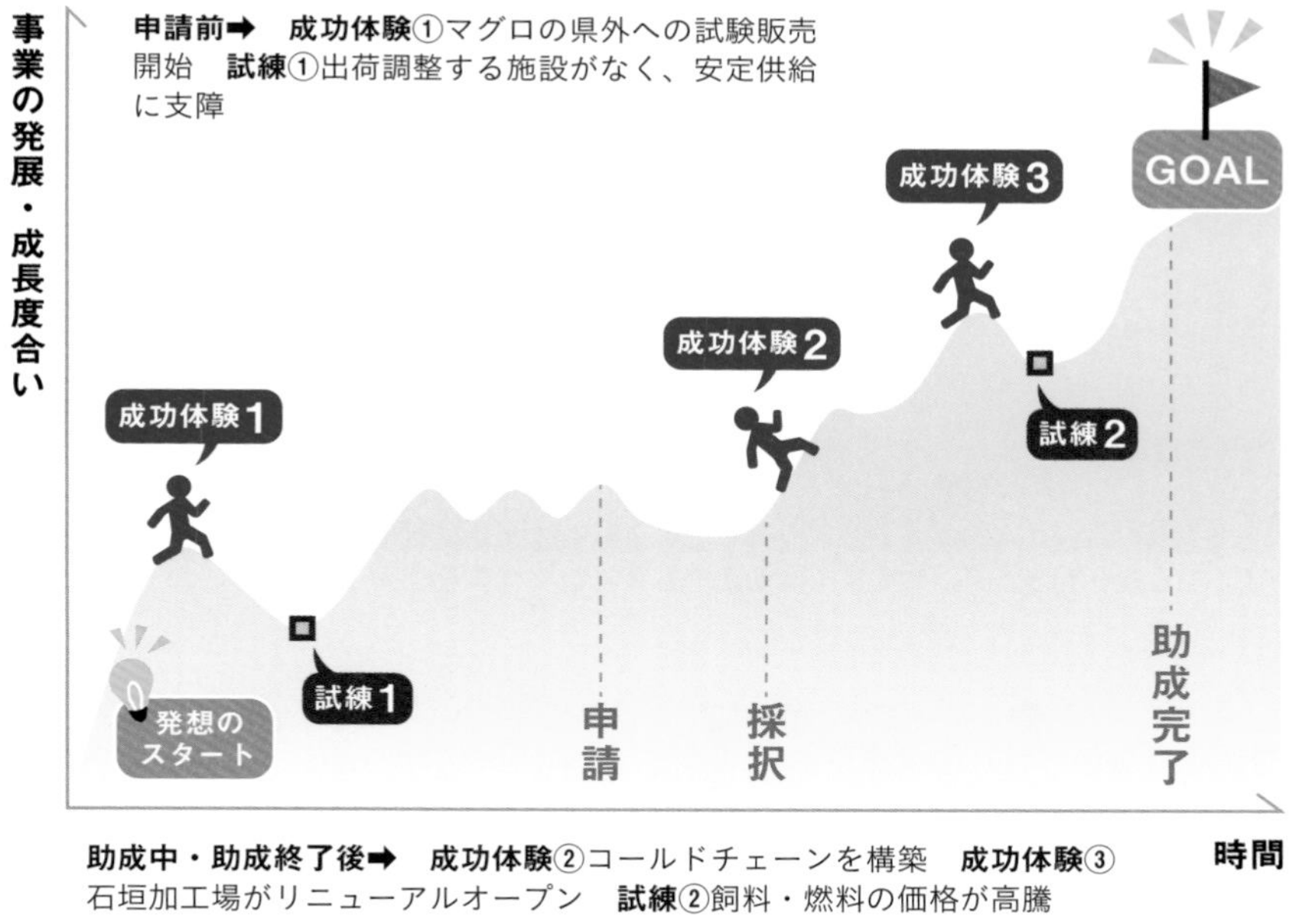
事業の発展・成長度合い
申請前➡ 成功体験①マグロの県外への試験販売開始 試練①出荷調整する施設がなく、安定供給に支障
GOAL
成功体験3
成功体験2
試練2
成功体験1
試練1
発想のスタート
申請
採択
助成完了
時間
助成中・助成終了後➡ 成功体験②コールドチェーンを構築 成功体験③石垣加工場がリニューアルオープン 試練②飼料・燃料の価格が高騰

【申請事業の概要】

●マイナス1度のコールドチェーンの構築

●石垣島における直売店および1次加工施設の改修

●千葉県船橋市における2次加工施設の整備

【委員会の審議のポイント】

◆石垣島と、消費地に近い千葉県船橋市にそれぞれチルド加工施設を建設することで、離島のハンディを克服するものであり、コンセプトは素晴らしい。

◆輸送についても、通常はGGで出荷するが、本事業ではロインに加工の

ヤエスイ直売所の外観。ヤエスイは地元でも新鮮なマグロを販売している

うえ出荷することで、コストダウンにつなげている。小笠原諸島でも同様の話を聞いたことがあるが、このような方法は離島に限らず、僻《へき》地《ち》でも応用が可能であり波及性が認められる。

◆新生水産と連携することについても、物流コストの削減が期待できる市場便が利用できることは大きなメリットと言える。生産者と卸売業者が一緒にバリューチェーンを構築することは有意義。

【委員会でのその他の意見】

◆マグロの消費は関東圏が中心であるが、高鮮度のキハダマグロやビンナガマグロは評価が高い。マグロに特化した優位性が感じられる。

◆本事業では、船橋市地方卸売市場の水産物仲卸店舗を新生水産から無償で借り受けることとしている。新生水産とは合意しているが、当該スペースの所有者は新生水産ではないことから、借り受けることについて問題ないか確認が必要。

【現地実査での質疑応答】

申請者＝ヤエスイのメンバーほか、新生水産、八重山漁協、石垣市役所などの関係者が集まり、みらい基金との間で質疑応答が行われた。

みらい基金「産地が消費地に進出し、利益を産地に誘導するというコンセプトは素晴らしい。販路拡大については新生水産の役割となるのでしょうか、それとも御社で対応していくのでしょうか」

ヤエスイ「当社だけでは販売ノウハウが乏しいので、新生水産と連携してやっていきたいと考えています」

新生水産「この事業では、新生水産とヤエスイが連携して生産者のラベルを各商品に貼ることで、生産者を前面に出した商品を提案していきたい。昨年テスト販売した際、バイヤーから面白いとの評価を受けており、手応えを感じています」

みらい基金「新生水産は、この事業のような僻地と連携した取り組みについて、場合によってはヤエスイ以外とも連携する可能性は考えているのでしょうか」

新生水産「石垣産のマグロについては、和歌山や銚子の遠洋冷凍マグロと比べて圧倒的な鮮度感があり、もっちりとした食感の違いを売り込みたいと考えています。ヤエスイ以外との連携は考えていません」

みらい基金「この事業において、漁船に備える窒素ナノバブル発生装置の導入も資金計画に含まれていますが、既にヤエスイではナノバブル発生装置を一部導入しています。装置の操作の習熟度合いについて教えてほしい」

ヤエスイ「ナノバブル発生装置の効果については、本州の市場において指名してくる仲卸業者等もいるので、その良さは浸透してきたと思っています。当社で扱っているマグロはほかと比べ少し長く鮮度保持ができるとの評価もあり、技術的な操作などは確立できていると考えています」

このやりとりを通じて、本事業においてコールドチェーンを構築することで、出荷調整が可能になるとともに、石垣島でロイン加工を行うことで、物流経費の削減が図れ、離島のハンディを克服できる取り組みであることなどが確認された。こうした点が理事会においても評価され、採択に至った。

■「石垣マグロ」のブランド化で石垣島を盛り上げていく

2021年5月、これまでの加工場がリニューアルオープンしている。ここには、チルド保存できる冷蔵庫があるだけでなく、マグロをそのままつり下げて保管でき劣化を抑えると同時に、食材

石垣マグロは千葉県船橋市で2次加工される

のうま味を引き出す効果も持ち合わせている加工場だ。

　窒素ナノバブル発生装置は、各漁船の魚槽に導入され、漁獲後、エラと内臓を取り除いたマグロをこれに漬け込むことで、高鮮度・高品質な状態のまま水揚げすることが可能となっている。前述の通り、千葉県船橋市の新生水産にも生のマグロを加工できる機械を導入した。

　こうして漁獲から消費地に至るまで、各工程での鮮度管理を徹底し、消費地で商品加工を行う「マイナス1度のコールドチェーン」を構築することで、最高のマグロを最高の状態で食卓に届けるという、石垣島の漁師たちの夢は、着実に前進している。

　島内にも好影響をもたらしている。台風などによりマグロ類の供給が不足した場合に、さしみ屋などがヤエスイから仕入れるようになった。ヤエスイが問屋的な機能も果たすようになっているのである。

　消費地が牽引するのではなく、産地が主体となる。漁師たちの熱い想いが「石垣マグロ」を創り上げていく。

専門家に聞く

地方と都市のこれから

地方と都会で力を与え合う一方通行の消費ではない新しい関係づくりを進める

株式会社雨風太陽代表取締役
高橋博之氏

髙橋さんが取り組んでいる「ポケットマルシェ」の仕組みを教えてください。

「ポケットマルシェ」、略して「ポケマル」は中間事業者の入らない農林水産品のプラットフォームです。生産者はスマートフォンさえあれば出品できます。出品は、商品の写真を撮ってポケマルにアップして、紹介文と価格を入力するだけです。お客さんから注文が入ると、ポケマルのデータはヤマト運輸と連携しているので、ヤマトのドライバーさんが来ます。梱包した商品に、ドライバーさんが持ってきた伝票を貼って渡すだけで出荷完了です。お客さんのところには最短で翌日に届くという仕組みです。

実はポケマルには、ほかにもいいところがあります。生産者が商品を発送する際、必ずお客さんに連絡を入れてもらうようにしています。なので、お客さんのほうは、ポケマルで何かを注文すると、例えば「岩手県の山あいの農家から芋を送りましたって連絡が来た」「三重の漁師から鯛を送ったたって連絡が来た」となります。そうすると都会の人はわくわくするんです。しかもお客さんのほうも、食べ物が届いて食べておしまいとはなりません。芋なり鯛なりを受け取ると、それを料理してその写真を撮って、生産者に「ごちそうさまでした」といったメッセージと一緒に送信する人が多いんです。

ポケマルで、生産者と消費者が双方向でつながり、消費するという行動の前と後とが共有される。ポケマルは、いわば双方向に価値が循環する、バリューサイクルを創る仕組みなのです。

元々は紙の媒体からスタートしたと聞いています。

ポケマルをスタートする前に、当社の前身となるNPO法人東北開墾が2013年から「東北食べる通信」という情報誌を発行しています。

食べる通信は〝食べ物付き情報誌〟です。毎号、1人の生産者を特集した冊子と、その生産者が手掛けた食品の両方が届きます。記事の内容は、約8000字の生産者のライフストーリーがメイン。毎号、私たちが直接生産者のところへ行って取材して書いています。

珍しいメディアだということで注目され、購読者も出品者も増えました。東北の生産者を紹介することからスタートしたのですが、やがて全国から、自分たちの地域でも食べる通信をやりたいと手を挙げてくれる人たちが現れ、一般社団法人食べる通信リーグという組織を立ち上げて、食べる通信を広げていきました。

ただ、食べる通信にはもどかしさがありました。8000字の原稿が簡単には書けないのです。生産者には口下手な人、自分のことをあまり華々しく自慢しようとしない人も多い。なので何度も会いに行く必要がある。そうするとだんだん仲がよくなっていって、ようやくぽつりぽつり話してくれる。しかしこれでは時間とコストがかかり過ぎます。

一方、読者は1500人としていました。発行頻度は月に1回ですから、1500人の人たちの、ひと月に1日しか食体験を変えることができないのです。しかも紹介する生産者は1年で12人の仕事しか伝えられない。「東北食べる通信」の形では10年やりましたが、結局120人しか紹介できていないわけです。このペースでは世の中は変えられません。

この限界を突破するために2016年にポケマルを始めました。ICTを使えばできるのではないかと。スマートフォンだけで発信と販売ができる仕組みができれば、食べる通信よりももっと多くの生産者を紹介できて、もっと多くの消費者に伝え、食べてもらうことができる。生産者と消費者のバリューサイクルを、月に1度でなくもっと高い頻度で回していけるはずだと。情報発信は、生産者自身に任せていますが、なるべく編集部が介在しないことで、生産者と消費者が直接関係を深めていけるとも考えました。

ただし、そのためには資金が必要ですので、株式会社に組織替えし、賛同してくれた人に出資してもらって立ち上げたのが現在の雨風太陽という会社です。

ポケマルを使う生産者は最初の100人から、7年間で7900人に増えました。お客さんも人数が増えただけでなく2週間に6回使うという人も出てきました。私たちが目指しているのは生産者と消費者が物理的な距離を超えてつながるための活動です。なので、今でも基本形は食べる通信にあります。

髙橋さんが主張する「都市と地方をかきまぜる」が意味するものは？

この事業のきっかけは東日本大震災にありますが、私たちの問題意識はそれ以前からありました。というのは、私が生まれ育った岩手県では、かつて人口の4割が太平洋沿岸地域に暮らしていました。ところが、震災前に2割まで減少していたのです。つまり、太平洋沿岸地域が、岩手県の高齢化、過疎化の最前線で、県内でも最も寂れた一帯となっていたわけです。そこへ津波でとどめを刺された格好です。

震災後には「復旧」「復興」が叫ばれましたが、震災前にただ戻すのでは、過疎地に戻すだけになってしまうわけです。そうではなく、この地域が震災前から抱えていた構造的な問題も解決するような取り組み、創造的な復興が必要だと考えました。

ではどうするのか。そのヒントは、被災地と、何とそこに来てくれたボランティアの人たちが示してくれたのです。地震と津波で全てを失った人たちのところへ都会の人が手伝いにやって来ました。彼らは何も失っていないはずの人たちなのですが、来たときよりも帰るときのほうが元気になっているんです。なぜなんだ?と思いました。

彼らと話してみると、田舎には過疎化といった問題がある一方、都会は都会で問題を抱えていることが分かりました。際限のない拡張的な合理性を追求する社会、隣の人がどのような誰かも知らない、縁を育むのが難しい、帰るふるさとがない人が多いといったことです。彼らはそうした社会にいて、疲れ果てていたのです。たまたまボランティアで来た何もないはずの被災地で、都会で得がたいものを、彼らは持って帰っていたのです。それはモノではない、人との関係の中で生きる甲《か》斐《い》、生きる実感を手にしてもらえていたのです。

被災地で目撃したことは、地方と都会が互いに力を与え合う様子でした。都市の人たちは、若い力やビジネスを動かす知恵で地方の課題を解決する力を持っている。半面、都市での生きにくさを解消する力を、地方は持っている。

だから、地方と都会をかきまぜることが両方に活力を生み、この国を豊かにできることに気付いたのです。これを震災復興で終わらせずに長く続け、より多くの人がかき混ぜられるように広げたい。その方法として私たちは食べる通信を発想し、ポケマルに広げたということです。

これまでにない発想の地方振興ということですね。

現状は地方と都会は分断していると思います。例えば、従来の地方振興は、支援しているように見えて、分断はそのままだったことが多かったのではないでしょうか。裕福な都市が困っている地方にお金を配るという支援では、受け取った側はその後どう発展させていくかを考えるようにはなりにくい。自分で稼いだお金ではないものをもらうと、むしろプライドもなくしてしまうことにもなりかねない。出す側も、現在の情勢では納税者の理解を得にくくなっていくでしょう。

観光を振興しましょうと言っても、多少のお金は落ちても、都会の力と田舎の力を発揮させ合う形にはならないと思います。例えば誰かが、岩手県に観光旅行に行きましたという場合、中尊寺を見ました、わんこそばを食べました、花巻温泉に泊まりましたと言うでしょう。そこでまた岩手に行きますかと聞くと、行きませんと答えます。なぜかといえば、観光旅行は〝日本全国スタンプラリー〟のようなもので、次々に観光地を〝消費〟しておしまいなのです。

移住やUターンといった手もありますが、これもいいことばかりとはいえません。ある人が都会からある地方に引っ越したとすれば、その人が選ばなかった別な地方は〝負けた〟ことになります。それは結局、人口の奪い合いでしかないんです。

今は総務省が「関係人口を増やす」と言っています。どこに住んでいる人にせよ、別な地域とのつながりを築いて、その関係を育み続けていく。そのような地域間での関係を持つ人を増やしていくという考え方です。この方向が大切だと思います。

ポケマルでは、実際にそのようなことが起こっています。

山あいに住んでいるお年寄りの生産者が、びっくりするほど最新のマーケティングの理論や用語を知っていて、それを駆使して上手に販売しているのです。どうやって勉強したんですかと聞くと、お客さんの中にマーケティングを仕事にしている人がいて、その人がわざわざクルマで来てくれたと言うんです。遠くの県から半日かけて、ガソリン代も自腹で。そのお客さんが写真の撮り方から、値付けの仕方、商品説明の書き方などいろいろ教えてくれたと。そのお客さんは、この生産者さんがもっと売れてほしいと思って助けたそうです。

こんなこともありました。ある地方の漁師が、土地で大事にしているみんなの好きなお祭りで、今年は神輿《みこし》の担ぎ手がいないとこぼした。すると、東京で普段その人の魚を買っている人が担ぎに来たと言うんです。

このように、その地域にない人の知恵や力が、ポケマルでできた関わりを通じて入ってくる。地方に、都会の人が入れ替わり立ち替わりやって来て、結果、〝にぎやかな過疎〟になっていくのです。「親子地方留学」という企画も2022年から展開しています。この取り組みでも面白いことが起こっています。都会のふるさとを持たない親子が、生産地に1週間滞在します。親御さんはワーケーションをしてもらって、その間、小学生のお子さんには土地の生産者といろんな体験をしてもらいます。農家と畑の世話をしたり、猟師と鹿狩りに行ったり、朝3時に起きて船で漁に出たり。

もちろん、子供は大喜びですが、親御さんも喜んでいます。生産者もお金になります。さらに、ワーケーションしているはずの親御さんが1週間もいると、やがて土地の人と仲よくなり、地域に関わり始めるのです。すると、その土地への関心が高まって、その地域の歴史を調べたり、やがてその地域の課題を知るようになったりするのです。

もし、自分の得意なことや興味のあることと地域の課題が重なっていれば、何かやりたくなるんです。これが、地域の人へのアドバイスや起業につながることがあります。もちろん、子供もその地域が好きになって、来年も行きたいと言いますし、お米を買うならあの農家から、魚を買うならあの漁師からと、子供からも言い出すことになる。こうなると、もうそこはその親子の新しいふるさとですよね。

2050年に日本人は1億人を切るといいます。今から見ると2000万人がいなくなる勘定です。ですが、その2050年に2000万人が都市と地方を往来する社会になっていれば、地域も持続可能になるし日本の活力も増すでしょう。そのような夢を広げていきたいと考えています。

たかはし・ひろゆき　岩手県花巻市生まれ。2000年青山学院大学経済学部卒業。2006～11年に岩手県議会議員。2013年、NPO法人東北開墾を設立し、食べ物付き情報誌「東北食べる通信」を創刊。2015年株式会社KAKAXI（2016年ポケットマルシェに、2022年雨風太陽に商号変更）。2023年雨風太陽が東京証券取引所グロース市場へ株式上場。著書に、『だから、ぼくは農家をスターにする』（CCCメディアハウス）、『都市と地方をかきまぜる』（光文社新書）など

地元ならではのワイン。山ぶどうとミズナラ樽《だる》で山と暮らしを繋ぐ

株式会社 岩手くずまきワイン

近年、優れた品質によって世界的に評価が高まっている日本ワイン。それぞれの土地で個性豊かなワインが造られている。これに用いる樽は、ほとんどがフレンチオークだ。日本独自の広葉樹の樽でワインに用いることができれば、日本ワインのブランド化はさらに促進できる。そう考えたのが、地元産の山ぶどうにこだわったワインを造り続けている株式会社岩手くずまきワイン。ぶどう種から樽材まで全て国産品で仕上げたオールジャパンワイン造りが、まさに今、始まっている。

助成先の組織概要

株式会社 岩手くずまきワイン：地域資源である山ぶどうを原料としたワインを生産するワイナリー。「未来につながる社会貢献＝自然資本経営」との認識のもと、バリューチェーンの継続と共存共栄の意識を大切にしながら、山と暮らしをつなぎ、持続可能な森林づくりを目指している。

プロジェクト：「森から生まれたワイン」で未来に乾杯！

地域：岩手県葛巻町

ミズナラを使ったワイン樽で醸造したオールジャパンワイン第1号

「オールジャパンのワインを造りたい」。それは、岩手くずまきワインが創業した当時からの想いである。一つひとつ改善を加えながら、愛されるワインができることを目指して歩んできた。それと同時に、海外から輸入した樽で醸造するワイン造りに、どこかもどかしさも感じていた。

ワイン産業はテロワールといわれるわけ

「元々葛巻町に自生していた山ぶどうで特産品ができないかと、1979年からワイン事業が始まりました。現在では、年間30万本ほどのワインを製造・販売しています。新たな試みとして、国産広葉樹の樽で本当に純粋な日本独自のワインを造ってみようと考えたのです」と岩手くずまきワインの漆真下《うるしまっか》満専務は話す。

地域資源である山ぶどうをワイン用原料として使うための栽培地

国内には約400のワイナリーがあり、それぞれ特色あるワインを造っている。一般的にワイン樽は、フレンチオークやアメリカンオークなどいくつかの樹種で作られているが、それぞれ明確な違いがあり、ワイナリーでは樹種だけでなく、その木材が生産される「森」までをも指定して利用している。

ワイン産業は、原料となるぶどうのほか、醸造される場所が重要であるとする「テロワール」と言われるゆえんである。

昨今、日本ワインは「甲州ワイン」が世界最大級の国際ワインコンクールで2年連続の金賞を受賞するなど、その品質の高さが世界に知れ渡ったが、「ぶどうにこだわってワインを造っても、フランスの樽で醸造するとフランスワインのようになってしまう」という声が上がっている。

もし、原料となるぶどうの栽培、ワインの醸造、樽材が全て同じ産地で生産できれば、日本ワインのブランド化に大きな力となる。

山側が価格決定できる製品づくりを目指して

戦後の拡大造林で人工林は主伐期に突入しているが、近年、非住宅や中大規模木造建築物への国産材利用は高まってきているものの、原木価格は市場に左右されている。しわ寄せは丸太価格に反映され、山側に利益をもたらしていない。

そこで岩手くずまきワインは、地域資源である広葉樹の利活用を目指し、山側が価格決定できる製品づくりとして、ワインの樽を国産のミズナラで作る検討を開始した。価値ある製品を作り、その価値に共感し、適正な対価を支払う消費者と共に持続可能な社会創りに貢献することを目指したのである。

国産樽の開発は、研究機関をはじめ、さまざまな団体や会社と協力して進めている。「ワイン樽に向いている樹木は何か。どのように製材すれば樽に適するのか。そのような研究を、山梨大学ワイン科学研究センターの奥田徹先生と、国立研究開発法人 森林研究・整備機構 森林総合研究所との連携によって進めています」と漆真下専務は話す。

ミズナラは「ジャパニーズオーク」と呼ばれ、日本の主要な広葉樹として広く分布する。近年では、香木の白檀《びゃくだん》や伽羅《きゃら》を思わせるようなオリエンタルな香りや日本独特な味を出せるとして注目されている。一方で、ミズナラ（水楢）と言われるように水分を吸収しやすく、水分が外に漏れやすいため、樽材としては非常に加工が難しい。

実際の製造を手がけるのは、国内唯一の洋樽専業メーカーである有明産業株式会社だ。7つの焼き具合（トースティング）を駆使して、その香りを付加する技術を有している。

岩手県葛巻の山ぶどうでワインを造り、林業にも想いをはせるきっかけとなる製品である、「森から生まれたワイン」を誕生させる挑戦が始まった。

それにはミズナラを利用したワイン樽の製造技術を高めるほか、樹木成分と香り・味の研究成果を付与し、エビデンスをもって価値観を証明することが強みになると考えた。

この想いを成し遂げるため、岩手くずまきワインはみらい基金への助成申請を行った。

【申請事業の概要】

●ミズナラ等、国産広葉樹を使ったワイン樽の製造

●山ぶどう等、地域資源を使ったワインの醸造

●樹木成分と香り・味に関するエビデンスの確立

●「森から生まれたワイン」の価値観、背景にある林業等を伝える広報活動

【委員会の審議のポイント】

●図表3-4-1 岩手くずまきワインの成長・展開イメージ

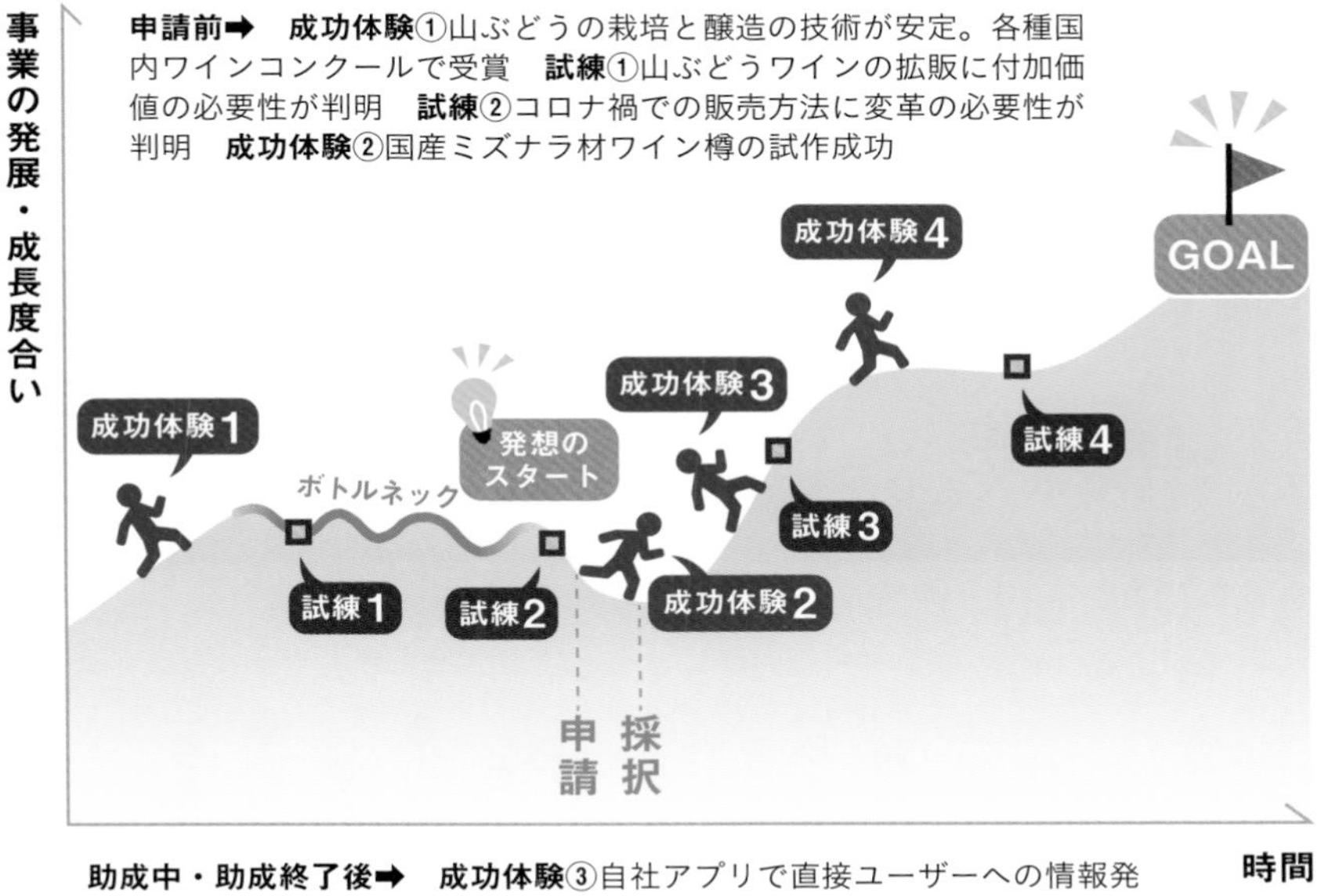
事業の発展・成長度合い
申請前➡ 成功体験①山ぶどうの栽培と醸造の技術が安定。各種国内ワインコンクールで受賞 試練①山ぶどうワインの拡販に付加価値の必要性が判明 試練②コロナ禍での販売方法に変革の必要性が判明 成功体験②国産ミズナラ材ワイン樽の試作成功
GOAL
成功体験4
成功体験3
成功体験1
発想のスタート
ボトルネック
試練4
試練3
試練1
試練2
成功体験2
申請
採択
時間

助成中・助成終了後➡ 成功体験③自社アプリで直接ユーザーへの情報発信が可能に。ミズナラワイン樽の山ぶどうワインが完成 試練③適正な国産材の調達が簡単でないことが判明 成功体験④国産材ワイン樽の有用性について学術的エビデンスを獲得。樽の製作技術が高度化 試練④樽製作のコスト削減、技術のさらなる高度化の必要性が判明

◆ミズナラのほか、樽用材適材樹種である栗・コナラ・山桜等の広葉樹もその樹木成分と味・香りの研究成果をワイナリーに活用するとしており、まだまだ市場規模が小さい広葉樹の市場価値を高めようとする取り組みは有意義。

◆将来的には、FSC森林認証マークを取得しているジャパニーズオークで作ったワイン樽について、海外輸出を見込んでいるとのことだが、明治や大正時代において日本は広葉樹を輸出してきた歴史があり、日本のミズナラは海外からも高く評価されてきたことを踏まえると、ポテ

ミズナラを使ったワイン樽

ンシャルはあるのではないか。

【委員会でのその他の意見】

◆宮崎県の樽メーカーや岐阜県の製材所と連携して本事業が進めば、地元葛巻町の雇用創出にもつながる。

◆申請者はワイン製造に30年以上の実績があり、本事業もかなり前から話し合いを重ね、いよいよ本格的に実施するといった段階で支援を求めてきていることを踏まえると、一定程度の実現可能性もあるのではないか。

【現地実査での質疑応答】

現地実査では、当社メンバーほか関係する大学や製材メーカーが集まり、みらい基金との間で質疑応答が行われた。

みらい基金「山ぶどうとミズナラの樽を使用することによって、どのような味のワインになるのでしょうか」

岩手くずまきワイン「山ぶどうは酸味が強いため、ミズナラの樽で発酵や熟成が進むことで、木の香りがワインに浸透し、味に深みが出ると思っています」

山梨大学「ミズナラの樽を利用することで、ワインの味に複雑さを与えられるため、消費者に対しては高級なワインを感じられることにつながると思っています」

みらい基金「ミズナラは扱いにくい材ですが、ワインの貯蔵は問題ないのでしょうか」

山梨大学「『漏れ』の問題があります。確かにミズナラの樽を作ることは難しいのですが、西野製材所で高い精度で製材できており、問題は出てきておりません。大学でもトースティングの実験を開始しており、どのような味や香りになるのか期待しています」

みらい基金「今後、ミズナラの樽をポイントにしたマーケティングについては、どのように考えていますか」

岩手くずまきワイン「これからも山ぶどうにこだわり、他メーカーとの差別化を図っていきたいと考えています。一方で、ミズナラの樽については、全国で利用してもらいたいと考えています。それぞれの地域で原料に特徴のあるワインを醸造してもらい、結果として日本全体のワイン産業の底上げにつながることを期待しています」

みらい基金「この事業の目的として、山側が価格決定できる製品作りと利益還元を掲げていますが、例えば10㎥を伐採した場合、どの程度の利益が森林組合や山側に還元されるのでしょうか」

森林総合研究所「コロナの影響もあって、針葉樹の価格は下落しており、再造林のコストを踏まえると、このまま人工林の補助金等でしのいでいくことでいいのか、との疑問があります。この事業においては、付加価値のある樽を商品化、森林組合が販売し、将来的に輸出産業として育てていく点でかなりメリットがあると考えています。即日的な利益還元はできないものの、少なくとも市場の価格が20万円であるから、18万円で出荷するといった価格競争は避けられると思っています」

みらい基金「この事業において、克服すべきボトルネックはどこで、なぜ助成が必要なのでしょうか」

岩手くずまきワイン「ミズナラの樽を利用したワインを広めるためには、どうしてもエビデンスが必要です。そのために視察費用や広報の費用を含めて助成をお願いしたいと思っています」

このやりとりを通じて、ミズナラの樽を利用した効果や全国への普及可能性のほか、あと一歩の後押しの必要性などが確認された。こうした点が理事会においても評価され、採択に至った。

■「葛巻産 山ぶどう」×「日本樽発酵・熟成」の実現

ミズナラを使ったワイン樽は4樽が製造された。家具や木工製品などで使われるオーク材は、木目が明確な板挽《いたび》きだが、樽用材は柾挽《まさび》きのため端正な木目が特徴である。

「素晴らしい職人技によって、本当に満足できるミズナラの樽に仕上げていただきました」と、漆

漆真下専務は「この取組みをきっかけに、その土地の広葉樹を使った樽によるワイン造りが広がれば、日本の森林産業にもかなり貢献できるのではと思っています。世界的な評価が高まれば、ワイン自体はもちろん、国産のワイン樽も輸出できるようになるかもしれない。そうなれば、さらに貢献度は上がっていくと考えています」と語る

真下専務はその品質の確かさを口にする。

ワインをミズナラ材の樽に入れたところ、フレンチオーク材のようなバニラ系の香りのほか、キャラメル系の香りも感じられ、ワイン用樽材としてのミズナラの使用に期待が持てる結果が得られた。山ぶどうもよほど心地よいまどろみの時間を過ごしたのか、力強い交響曲を思わせる、これまでにない芳醇《ほうじゅん》なワインが誕生した。

「これぞ胸を張って届けたい。オールジャパンワイン第1号です」と漆真下専務はこう話す。

造り手の想いとこだわりが詰まった、念願の一本。全てが地元産という美しいストーリーを紡ぐこの日本ワインは、近い将来、世界中で愛されることを夢見ている。

震災からの復興の想いが眠れる森の宝「和ぐるみ」を磨いていく

一般社団法人SAVE IWATE

岩手県に豊富にありながら埋もれている宝「和ぐるみ」や「山ぶどう」を活用し、地域の産業として創出する活動を行っているのが、一般社団法人SAVE IWATEである。東日本大震災の被災者の雇用対策としてスタートした取り組みは、身近にありながら、忘れられていた森の宝を使い、復興からの新たな物語を描いている。

助成先の組織概要

一般社団法人SAVE IWATE：東日本大震災をきっかけに設立された一般社団法人。市民らと協働し、被災者の支援、生活再建や東北の復興支援活動に取り組んでいる。具体的には、被災者への支援として雇用の場の創出や手仕事の機会の提供、相談対応による暮らしの課題解決の活動を行っている。

プロジェクト：眠れる森の宝「和ぐるみ・山ぶどう」の全活用

地域：岩手県盛岡市

東北地方に広く自生する「和ぐるみ」

日本でくるみが生産されていることは、ほとんど知られていない。昭和40年代には1000t程度の国内生産量があったが、外国産のくるみの輸入が急増し、現在では外国産が5万tに達しているのに対して、国産はわずか100t程度にとどまっている。

くるみの需要は、ナッツの健康効果が広く知られるようになったこともあり、年々拡大を続けている。しかしながら、国産のくるみは忘れられた存在のままで、わずかに長野県や東北のごく一握りの地域で生産し、消費されているのが現状だ。和ぐるみはコクとうま味があり、外国産に比べて苦味が少ないのが特徴だ。

被災者に雇用の場をつくりたい

「岩手県では昔から和ぐるみをよく食べてきました。岩手の方言で、おいしいことを『くるみ味がする』というくらい親しまれてきました」と和ぐるみの素晴らしさに

機械を使い、和ぐるみを割っている様子

ついてSAVE IWATEの寺井良夫理事長は語る。

2011年3月11日、東日本大震災が発生。この未曽有の災害で被害を受けた被災地を支援するため、盛岡を拠点に市民の有志が集まって立ち上げたのがSAVE IWATEである。活動が始まった経緯を、寺井理事長はこう語る。

「震災が起こった日は、私は会社で仕事をしていました。翌日には仲間と相談して、物資支援や炊き出し、チャリティーイベントなどの支援活動を始めました。その後、避難所から仮設住宅へと移るころになると、今度は被災者の失業問題が深刻化してきました。どうにかして被災者の方々に働く場をつくれないかと考え、地元の和ぐるみを活用したプロジェクトを始めたのです」

岩手県内の被災地を中心に広く県内各地の方々から和ぐるみを拾い集めてもらい、買い取ることから始めた。するとすぐに300人ほどから連絡を受けたという。

この取り組みで集まった和ぐるみは、およそ23t。多くの人々の想いが詰まったこの和ぐるみをきっかけに、被災地復興を目標に掲げた「和ぐるみプロジェクト」がスタートした。

■和ぐるみの最大のネック「むき実作業の難しさ」

和ぐるみは、食べられるようになるまでに非常に手間がかかる。外国産のくるみに比べて殻がとても硬く、金づちを使って力強くたたかないと割ることができない。しかも殻の中に入っている実の部分が内側のくぼんでいるところに入り込んでいるため、とがった道具を使ってほじくり出さないと中身を取り出すこともできない。

ベテランの人でも実が細かく砕けてしまい、大きな形で取り出すことは難しい。全て手作業で行うため、1人が1日に取り出せるむき実の量はわずか2kg程度に過ぎないという。

「和ぐるみプロジェクトの最大のネックは価格なんですが、そうなる一番の要因がむき実作業の手間なんです。海外産のものに比べると、4、5倍の値段になってしまう」と寺井理事長。

そこでSAVE IWATEは、コストのかかるむき実作業を何とか効率化するため、殻を素早くきれいに割るための機械の開発を進めることにした。

「誰もが成し得なかった難しい機械の開発に挑戦しているところです。もう少し時間が必要かもしれませんが、近いうちに必ず実現すると期待しています」と寺井理事長は力強く語る。

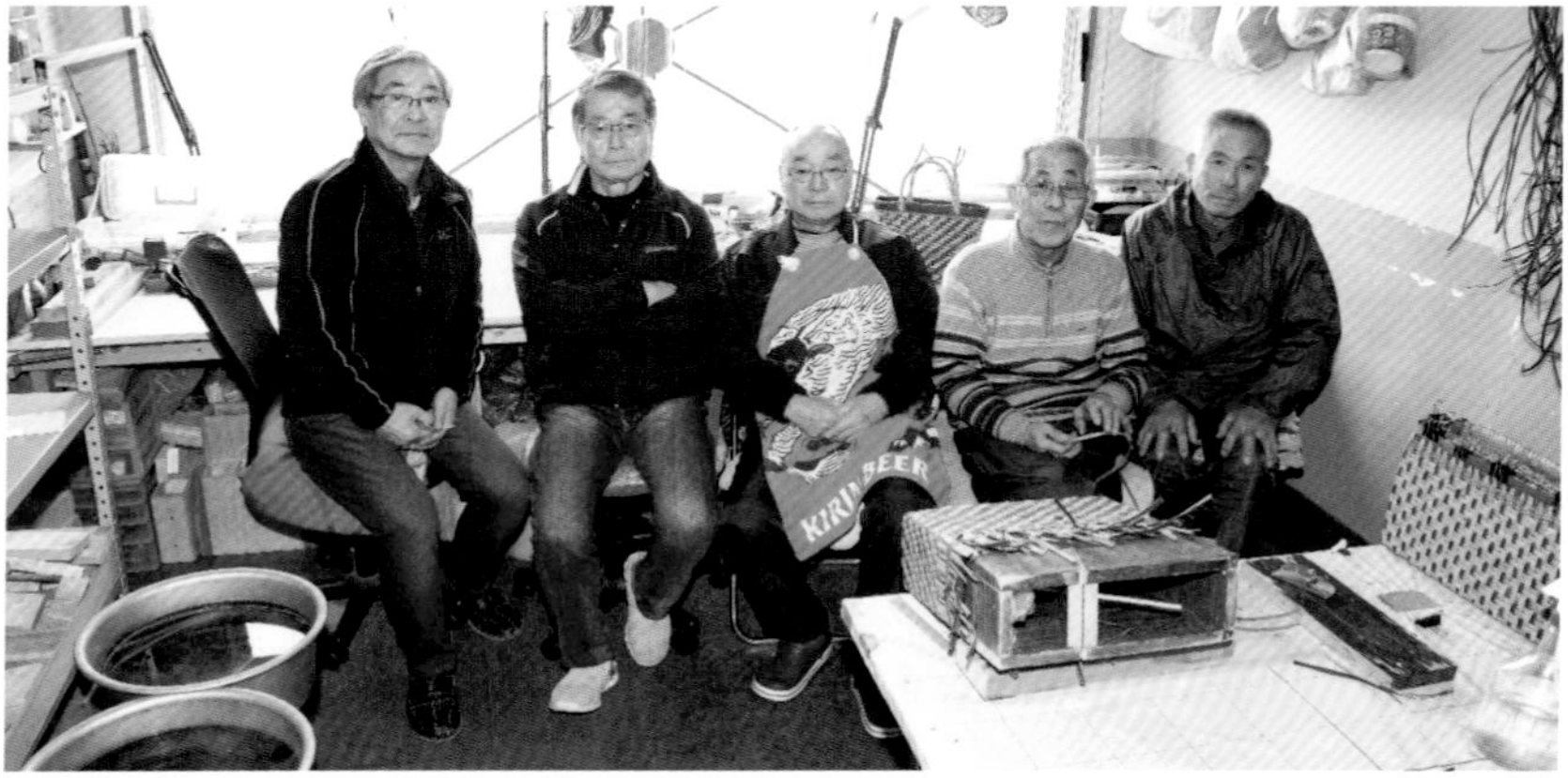

和ぐるみと山ぶどうの樹皮を材料とした「かご細工」を作る職人たち

和ぐるみと山ぶどうでかごも作る

和ぐるみプロジェクトでは、むき実だけではなく樹皮を使った工芸品も誕生している。それが、和ぐるみと山ぶどうの樹皮を材料とした「かご細工」。

当初、和ぐるみや山ぶどうは、県内の山林に自生しているものを採取して使っていた。ところが、それだけでは十分な原材料を確保することが難しくなってきた。

「かご細工の教室を開催すると多くの受講生が集まり、非常に好評です。ただし、和ぐるみと山ぶどうの樹皮が不足していて、特に山ぶどうの樹皮採取が課題となっています。そのために林業関係者と連携し、林業にとっては厄介者である山ぶどうを自然の山から採取するとともに、当法人自身でも500本から1000本の山ぶどうを植栽したいと考えています」と寺井理事長は話す。

低コストで和ぐるみのむき実を生産する機械の開発に加え、同じく地域資源である「山ぶどう」を活用したか

●図表3-4-2 SAVE IWATEの成長・展開イメージ

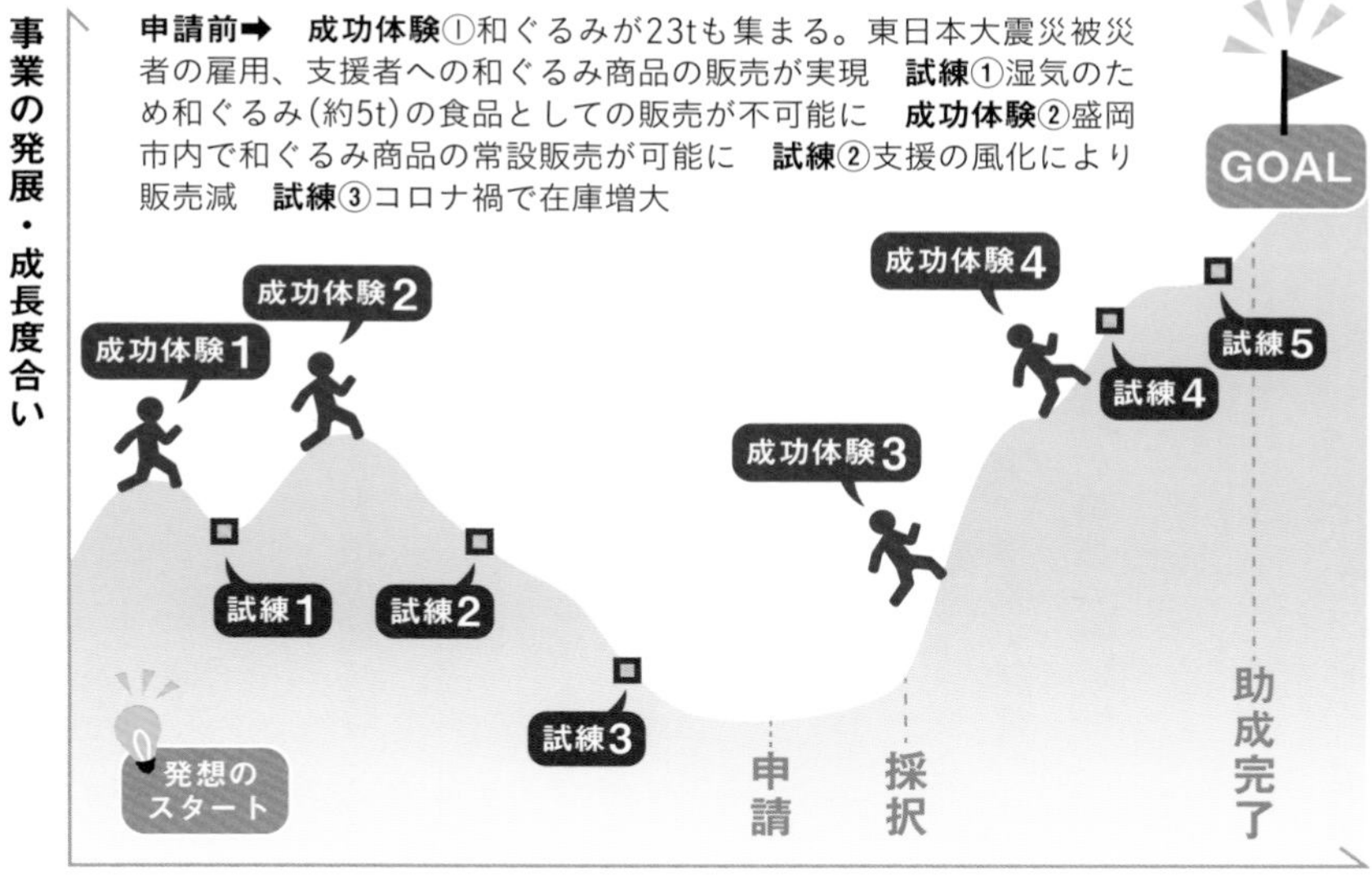
事業の発展・成長度合い
申請前➡ 成功体験①和ぐるみが23tも集まる。東日本大震災被災者の雇用、支援者への和ぐるみ商品の販売が実現 試練①湿気のため和ぐるみ（約5t）の食品としての販売が不可能に 成功体験②盛岡市内で和ぐるみ商品の常設販売が可能に 試練②支援の風化により販売減 試練③コロナ禍で在庫増大
GOAL
成功体験1
成功体験2
成功体験3
成功体験4
試練1
試練2
試練3
試練4
試練5
発想のスタート
申請
採択
助成完了
時間

助成中・助成終了後➡ 成功体験③「群言堂（ぐんげんどう）」とかご細工の大口取引開始 成功体験④かご細工教室が人気に 試練④材料不足で、需要に応えられなくなる 試練⑤商品不足で菓子店からの大量受注を失注

ご細工の安定供給を図るため、SAVE IWATEはみらい基金への助成申請を行った。

【申請事業の概要】

- **●くるみ割り機械の開発**
- **●和ぐるみ副産物からの新商品開発**
- **●山ぶどうの栽培**

【委員会の審議のポイント】

◆事業規模は大きくないものの、和ぐるみの硬い殻を割り、むき実にするのも大変というボトルネックが明確であるとともに、和ぐるみの副産物を活用した新商品開発等の展開も興味深い。和ぐるみのむき実を取り出しやすい機械を開発することで、コストダウンの効果も期待できる。
◆これまでの林業は木材利用にこだわり過ぎた挙げ句、木材生産に偏った事業が多くなっているが、本事業のように小規模であっても、副次的に山林産出物を活用するような取り組みを評価することも重要ではないか。
◆岩手県では農閑期に茅葺《かやぶ》き屋根の補修等を行い、20万円程度の収入を得ている農家もいるが、本事業も里山の保全に加え、仕事の創出で、生活の向上につながる取り組みとも言える。

【委員会でのその他の意見】
◆当法人の代表者は地域おこしで有名な人物。元々、地元の設計会社を経営していたが、経営能力も心配ないものと思われる。
◆硬い和ぐるみを割りむき、実を取り出しやすい機械を開発することで、本事業はほかの産地にどの程度広がるものなのか実査で確認したい。
◆また、当法人の規模で着実に事業を運営できるのか不安もある。直接的事業経費のうち人件費の割合が高く、4年目以降の事業の継続性について確認が必要。

【現地実査での質疑応答】
申請者＝SAVE IWATEのメンバーほか、くるみ割り機械の開発メーカーも入り、みらい基金との間で質疑応答が行われた。

みらい基金「和ぐるみのむき実が取り出しやすくなる機械について、今はどこまでできており、できていない部分はどのようなものか、開発の状況を確認したい」

開発メーカー「和ぐるみは形状や大きさがまちまちであり、人が割れば力加減ができるが、それが機械任せになると難度は高くなる。開発期間はおおむね1年〜1年半を見積もっている。仕事としてきっちりやっていきたいと考えています」

みらい基金「和ぐるみは輸入くるみと比べて、何倍程度の価格で販売しないとコストに見合わないのでしょうか」

SAVE IWATE「輸入くるみの相場は1500〜2000円／kgであり、品質が良いものは3000〜4000円／kgで取引されています。一方で、和ぐるみは大口の販売先で8000円程度／kgとしているが、それ以外は1万円／kgで販売しており、4〜5倍程度の価格差があります。和ぐるみは味がおいしく、この価格差があっても国産の和ぐるみを購入したいと希望するメーカーがいるのも事実ですが、需要を拡大させるまでには至っていないのが現状です」

みらい基金「木材以外の地域資源を活用することは近年見直されている。岩手県は雇用が少なく、高齢者の雇用も少ない中で、和ぐるみを採取して年金＋αの収入とする本事業は有意義な取り組み。和ぐるみを当法人に持ち込む人は、年間でどの程度の収入を得ているのでしょうか」

SAVE IWATE「当法人では和ぐるみを200～250円／kgで買い取っています。1tで25万円、4tで100万円の収入に相当します。和ぐるみは岩手県だけでまだ数百t、数千tはあると思っており、今後、これらの潜在的な資源量を見ると10～100倍程度になる可能性があると考えています。和ぐるみのむき実作業は3000円／kgを加工賃として支払っており、1tで300万円程度の収入になります」

このやりとりを通じて、手作業を軽減するくるみ割り機械が開発できれば、販売価格の低下に伴い競争力が向上すること、本事業が里山保全のほか、地域の仕事を創出することにつながることなどが確認された。こうした点が理事会においても評価され、採択に至った。

震災以前に戻すのではなく、さらにより良いものをつくる

くるみ割り機械の開発は、第3号機まで試作している。2段階に分けて割ることで、きれいに割ることができ、大きなむき実が取り出しやすくなってきた。さらに、むき実のくずや和ぐるみの殻など多彩な副産物が生まれるが、今後はこれらをフルに活用した新たな商品づくりも検討されている。例えば、むき実を取った後の殻を炭焼きし、良質でかわいらしい形の炭をつくる予定だ。

また、山ぶどうについては、約2000㎡の植栽地で50本の苗を植栽した。元々の植栽地以外に

も、地元のＩＧＲいわて銀河鉄道と連携し、線路敷に生えている山ぶどうも採取し、かご細工として活用している。「1日で作る初心者向けくるみかご教室」は想定以上に好評を博している。

東日本大震災から13年が経過した。東北の復興について、ハード面の整備は進んだものの、産業振興は遅れたままだ。復興の願いを一粒のくるみに込めて活動する和ぐるみプロジェクト。挑戦し続ける想いを、寺井理事長はこう語る。

「震災からの復興は、東北全体で向かっていかなくてはなりません。和ぐるみはその復興の一助になると私は信じています。復興といっても震災以前に戻すのではなく、さらにより良いものにつくり上げていく。それこそが復興だと思います。昔ながらの和ぐるみのよさをもう一度見つけ出し、同時に新しい使い方を開拓していく。ここを重視して、これからも活動に取り組んでいきます」

震災からの復興、そして創生へ。忘れられていた和ぐるみに新たな魅力を見いだし、未来に進むための原動力にする取り組みは、これからも東北に希望をもたらし続ける。

「山林の眠っている和ぐるみ、山ぶどうの資源を活用して復興に貢献したい」と語る寺井理事長

笠間の栗で美味になるブランド豚。栗で地域の未来を繋ぐ

公益財団法人鯉淵学園

日本一の栗の産地である笠間市。毎年約1000tの生産量を誇る一方で、毎年大量の栗が廃棄処分されている。その栗を地域資源として見いだし、豚の餌として有効活用を目指しているのが公益財団法人鯉淵学園である。栗による新たな風味が地域いっぱいに広がっている。

助成先の組織概要

公益財団法人鯉淵学園：「食農教育」「環境保全型と資源循環」「農と食を結ぶ地域連携」などを教育の特色とし、「農と食」に携わる全ての産業で貢献できる人材養成を図る専門学校。「ゼロから始める農と食」を教育モットーとして農業と食の安全安心に寄与できる教育を進め、これまで6000人を超える学生・研修生を送り出している。
プロジェクト：栗でつなごう次代、つなごう食と農－ICT技術活用による生産・流通・販売モデルの構築－
地域：茨城県水戸市

日本一の栗の生産量を誇る茨城県の中でも有数の産地、笠間の栗

日本一の栗の生産量を誇る茨城県。栗の産地として特に知られているのが、笠間市である。全国の栗の生産量が年間約6000tに対して、笠間市だけでも年間1000tの生産量がある。

しかしながら、このような栗の産地でも、栗生産者の高齢化や担い手不足などが深刻化しており、笠間市農業公社自らが後継者のいない圃場を管理することで栗産地を維持しているのが実態だ。

廃棄される栗を豚の飼料に

また、栗の産地が故の課題も出てきている。

一般的に、生栗は品種の区別なく出荷・販売されているが、笠間市では品種別に重量選別方式で選果、出荷することで、品質の均一化を図っている。選別作業において、皮に虫食いの穴やひび割れがあるなどの理由で販売できない「くず栗」が生じる。その量は実に4割程度に

KASAMAマロンポークになる、栗を食べて育つ白豚

なるという。常陸農業協同組合栗部会の選果場には、収穫時期に毎日5〜8tの栗が運ばれるが、年間で約100tの栗が販売できないでいる。くず葉の一部は焼酎用などの加工品として活用されるものもあるが、最終的には毎年約60tもの栗が廃棄処分となっている。

この廃棄される栗を未利用資源として着目したのが、鯉淵学園である。

「国内において栗を豚の飼料として活用する取り組みは以前から少なからずありましたが、生産量が少ないため、立ち消えになりつつありました。その再起動を行いたいのと、学校の地域貢献として何かできないかと考えて立ち上げました」と語るのは鯉淵学園の長谷川量平学園長。

栗は良質なでんぷんのほか、ビタミンC、カリウム、食物繊維といった栄養成分が豊富であり、実は豚の飼料としては最適である。既にスペインのガルシア地方では栗をそのまま餌として与えた「栗豚」が飼育されており、通常の白豚に比べ、その肉質は霜降りが多く柔らかくジユーシーなことが特徴になっている。

栗で笠間を盛り上げるネットワーク

鯉淵学園も、配合飼料に8%以上の栗飼料を混ぜた結果、肉に粗脂肪が増加することを確認している。

配合飼料の中には必須アミノ酸であるリジンが含まれているが、栗飼料を混ぜることでリジンの含有量の割合は減少する。豚の体の中では、その欠乏したリジンを満たそうと、普段より余計に栄養分を摂取する。そうすることでリジンを補うとともに、余分なものは脂肪として蓄えられるという。近年の研究では、リジン制御飼料を給与すると、豚肉の中の粗脂肪含量が増加し、おいしい豚肉が生産できることが明らかになっている。

鯉淵学園は、くず栗の有効活用だけでなく〝笠間〟自体を何とかしたいとする想いがある。そのために鯉淵学園を中心として、笠間市役所、笠間市農業公社、および常陸農協栗部会で構成する地域グループに加え、生産から販売まで栗を食べる豚に携わる人々と連携した協力グループを立ち上げ、コンソーシアムを組成した。鯉淵学園の教育理念の一つである「農と食を結ぶ地域連携」を実施した形だ。

食のビジネスにICTを導入し、若い世代も呼び込む

「栗農家の中には、栗畑等の管理に悩む農家も少なくないのが現状です」と鯉淵学園で本事業を担当する小田野仁美職員。

その問題解決として、まず栗農家にICTを取り入れることを考えた。栗農園にセンサーやロボットを導入して管理をデジタル化し、栗栽培の省力化・省人化につなげようという狙いだ。デジタルネーティブな若者たちを地域に呼び込むことも企図している。実際に栗の収穫時期には、鯉淵学園の学生が収穫作業を手伝うことで、次世代農業人材の育成強化にも取り組んでいる。それも教育機関としての鯉淵学園の使命である。

さらに鯉淵学園では、栗を食べる豚の肉を〝KASAMAマロンポーク〟として商標登録したが、スペインの「栗豚」肉のようなブランドとするには栗飼料の有用性検証が必要不可欠だった。毎年約60t以上廃棄されるというくず栗の問題の解決とともに、新たな地域特産品を創ることに挑戦するため、鯉淵学園はみらい基金への助成申請を行った。

【申請事業の概要】

●ICTを取り入れた栗生産者の省力化支援

●栗飼料の有用性検証

出荷できないくず栗で作った飼料

●ブランド豚の開発

【委員会の審議のポイント】

◆未利用資源であったものを有効活用する点は意義がある取り組みと言える。栗自体のマーケットは必ずしも大きくないが、本事業をきっかけに、〝栗を混ぜた飼料で育てた豚〟は一定程度広がるかもしれない。

◆栗のペレット飼料については技術的に確立できておらず、コストに見合うだけの肉質向上にどの程度つながるのか、有用性の確認が必要。また飼料の製造だけでなく、ＫＡＳＡＭＡマロンポークのブランド化等の出口戦略も具体的に検討しないと事業がうまくいかない。

【委員会でのその他の意見】

◆栗のペレット飼料について、どの程度の効果があるのか確認したい。

◆事業内容は面白いが、時間がかかる事業に見える。当基金の助成期間の3年間でどのような成果が期待できるか確認したい。

【現地実査での質疑応答】

申請者＝鯉淵学園のメンバーほか地域のグループや協力グループの関係者が集まり、みらい基金との間で質疑応答が行われた。

みらい基金「KASAMAマロンポークとは別に『笠間マロンポーク』というブランドは既にある。本事業により生産される豚肉は、新しいブランドとして売り出すということでしょうか」

鯉淵学園「別のブランドとします。笠間マロンポークは、豚に栗を給与する期間を2年と長期間としています。一方で、この事業では給与期間を短くすることにより、笠間マロンポークの廉価版としてすみ分けを行うことを考えています」

食の特産研究学会「豚は品種でブランドを取得するものと、飼料でブランドを取得するものの2種類あるが、この事業の豚はその掛け合わせとなります」

みらい基金「連携しているパートナー企業としては、金額的なメリットが少ないように思えるが、この事業へ参画する意図はどのようなことでしょうか」

食の特産研究学会「当会の参加は、茨城県の活性化が目的。栗を活用したブランディングで、茨城県を知ってもらえる契機となる。若い生産者が増えて、県内の農業全体が盛り上がってほしい」

●図表3-4-3 鯉淵学園の成長・展開イメージ

申請前➡ **試練**①地域で協力が得られない場面も **成功体験**①市や農協、企業等の協力を得、助成を申請 **成功体験**②活動関係者の協力も得た。栗餌の有用性を研究する教員とも出会う **試練**②飼料化ノウハウ、設備が未熟

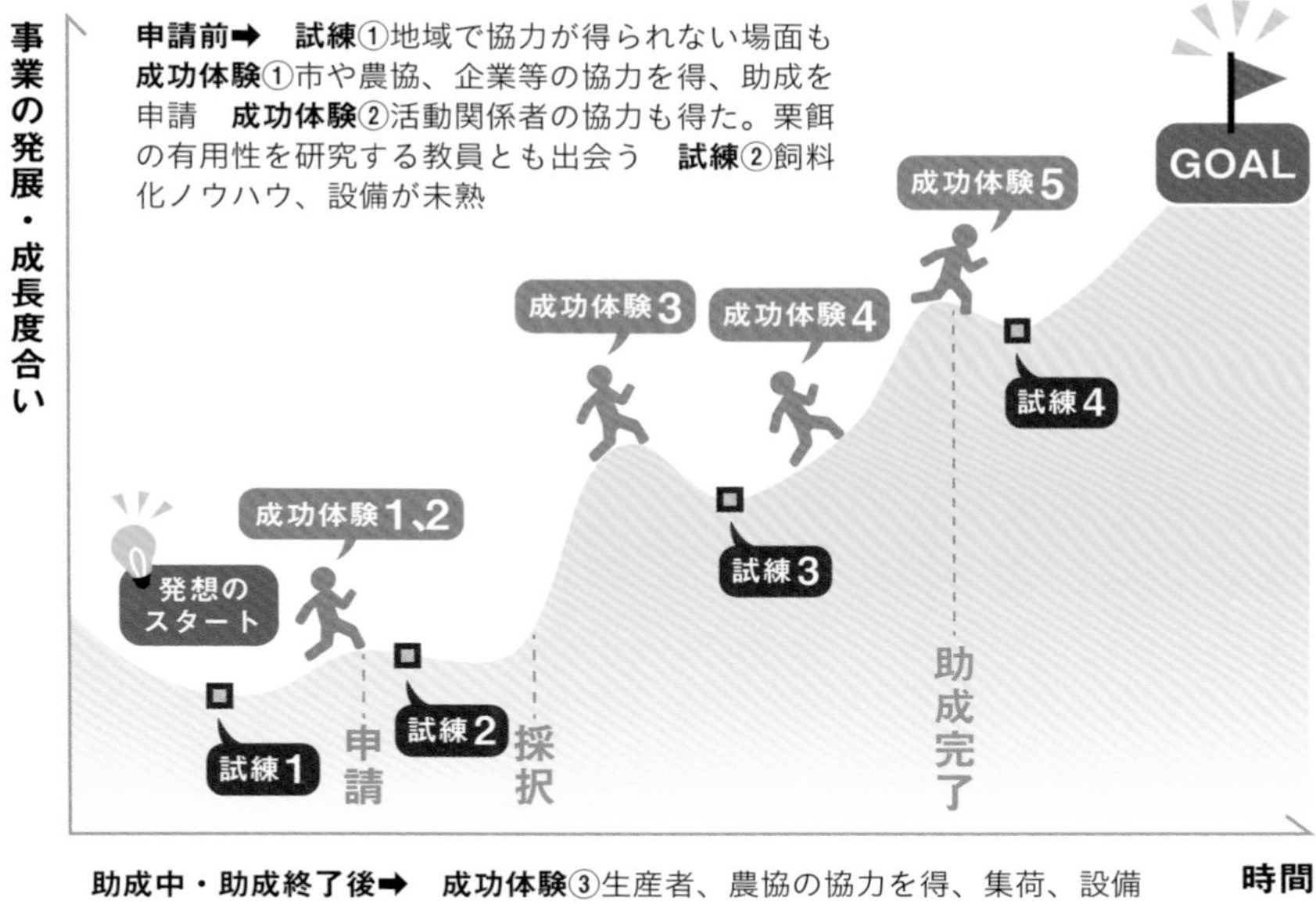

助成中・助成終了後➡ **成功体験**③生産者、農協の協力を得、集荷、設備装置の試験等を実施。県・普及センターの協力も得た **試練**③肉質のムラが判明 **成功体験**④飼料化手順を確立、大量処理が可能に **成功体験**⑤多数メディアに露出、問い合わせ増 **試練**④活動への賛同は多いも、価格転嫁に至らず

フォーカスシステムズ「当社は、主に公共向けシステムの構築等に携わっており、この事業においても生産から販売をつなぐことや、ブランドを守るためにもICTは必要となると考えています。この事業で実績を残すことにより、我が社のブランド力向上にもつながると考えています」

パソナ農援隊「当社は、農業に特化して社会問題の解決を目指している会社です。人材育成の会社ではありますが、この事業では加工・販売等のフードチェーンについて関わっている。この事業の理念に共感して参画しています」

みらい基金「栗の飼料について、

どの程度の効果があるのでしょうか」

鯉淵学園「実際に豚に給与した結果、大変良い嗜好性が確認されました。筋内脂肪が増加することも確認できています。一方で、栗給与による肉質改善等のエビデンスは今もって不足している状況。加えて、栗の採取可能期間は短いため、粉砕栗の乾燥による通年給与にも取り組んでいきたい」

このやりとりを通じて、コンソーシアムに参画している企業との連携状況や栗の飼料の有用性などが確認された。こうした点が理事会においても評価され、採択に至った。

全国の400以上あるブランド豚、その一角に食い込めるか

ICTによる栗農家の活性化については、まず、栗圃場に「畑アシスト」というセンサーを16台設置した。これにより、日照・降雨量・風速・土壌湿度などのデータを取得でき、土壌の水はけ・日光量と生産の相関関係を把握できるようになった。

元々笠間市は、盆地特有の昼夜の寒暖差があり、通気性に優れた花崗岩《かこうがん》質で黒土を多く含む土壌であることから、栗栽培に適している。さらにデータによる管理が加わることで、ますます高品質の栗生産が行える体制ができつつある。栗圃場の軟弱な地盤でも走行できる自動草刈りロボットも導入した。まだ走破性などに改良の余地はあるが、これも省力化・省人化につながる。

栗飼料の有用性検証については、給与試験を行った結果、配合飼料との割合が確立されつつある。今後、給餌期間や肥育期間などを変えた追加試験を実施し、「豚への給与マニュアル」としてとりまとめたうえで、各地域関係者に展開する予定だ。

〝KASAMAマロンポーク〟については、試験的であるが大手百貨店など販売している。栗飼料による豚肉は、食味試験で柔らかくジューシーで、かつ脂っこさがなくさっぱりとした味わいとして評価されている。全国にはブランド豚と称されるものが400種類以上ある。このため、栗飼料の有用性が検証され、特産品だと打ち出しても、売れるかと言えば、そう簡単にはいかないであろう。鯉淵学園ではECサイトを中心に、くず栗という未利用資源を有効活用するストーリーと共に売り込んでいく予定だ。

鯉淵学園の森啓一代表理事理事長はこう意気込む。

「確実に言えることは栗を食べた豚はおいしいということ。それが確実にできるから、今後、地域の名産として全国に発信していきたい」

栗の産地である笠間において、廃棄される栗を豚の餌として有効活用し、新たな特産品を創る。栗でつながるこの挑戦は今後も続いていく。

家庭の廃食用油を熱源に。冬場の可能性も広げる循環型農業の構築

株式会社なっぱ会

加賀市で展開されている家庭系廃食用油回収活動と連携し、廃食用油の有効活用と、寒冷地である当地の農業が抱える問題を一度に解決しようとしているのが、株式会社なっぱ会である。廃棄処分される廃食用油をエネルギー資源として捉え、農業用ハウスの熱源として活用した新たな農業生産体制・地域循環システムの構築が始まっている。

助成先の組織概要

株式会社なっぱ会：食品リサイクル事業で回収した、家庭や公立学校給食の残渣等の生ごみを堆肥として活用し、農作物を栽培している会社。栽培した農作物は地元直売所のほか、学校給食の食材としても使用されており、循環型農業を推進している。
プロジェクト：廃食用油を燃料とした環境保全型農業
地域：石川県加賀市

農業用ハウスで栽培されている農作物。“加賀五菜”としてブランド化している

石川県加賀市。古くは加賀一向一揆に遡るのかもしれないが、加賀市は市民運動が盛んな地域である。この事業の核となる家庭系廃食用油回収事業も、1982年に加賀市女性協議会が柴山潟の浄化を目的に始めた市民運動を母体としている。

こうした環境問題への関心の高さや積極的に行動するという地域の特性を活かし、より広い形で循環型農業を推進しているのが、なっぱ会である。

「農業は豊かな自然環境に育まれて営まれるものと考えています。当社では、農作物の栽培でも環境保全に配慮した安心安全な循環型農業を目指しています」と語るのはなっぱ会の北村栄代表。

なっぱ会では、これまで家庭や学校給食などから排出された食品残渣を堆肥として活用し、各種農産物を栽培してきた。その農作物は、九谷焼で用いられる金沢の伝統的な色である九谷五彩になぞらえて〝加賀五菜〟としてブランド化し、地域一体となっ

農業用ハウス内の様子

て循環型リサイクルシステムの構築に取り組んできたのである。

また、農業未経験の若者の雇用を進め、石川県農業会議の「農の雇用事業」を活用し、循環型農業の研修を実施することで人材育成も行ってきた。

廃食用油を再資源化すれば一石三鳥の取り組みになる

ただ近年は、活発な市民運動も陰りが見えてきている。加賀市女性協議会の会員は高齢化や減少が進み、家庭系廃食用油回収事業が存続の危機にさらされていたのだ。

そこでなっぱ会は、そのような危機的状況を好転させるため、食品リサイクル事業に加え、回収した廃食用油を農業用ハウスのエネルギー資源として活用できれば、より低コストで地域の農業に直接貢献ができるのでは、と考えた。加賀市は降雪地であり、農業者にとって冬場

ハウスを温める廃油加温機

の農閑期の営農体制が長く課題となっていた。廃食用油をハウスの加温燃料として活用できれば、これまで農閑期であった冬場でも栽培が可能となり、経営の安定にもつながる。

なっぱ会の北村代表はこの事業への期待をこう語る。「この事業で廃食用油は再資源化し、化石燃料の代替となります。従って、農業生産物の増加や廃油処分量削減だけではなく、他地域への普及により温室効果ガスの削減にも大きく貢献できると思っています」

全国的に見れば、家庭系廃食用油はほとんどが可燃ごみとして焼却処分されている。これが再資源化できれば、①廃食用油の回収・有効活用②農閑期における農業の実現③温室効果ガスの削減と、一石三鳥にもつながる取り組みになる。

「循環型農業で地域の発展に貢献したい」。なっぱ会設立の趣旨を体現する取り組みが始まった。

●図表3-4-4 廃食用油を活用した循環型農業の構築

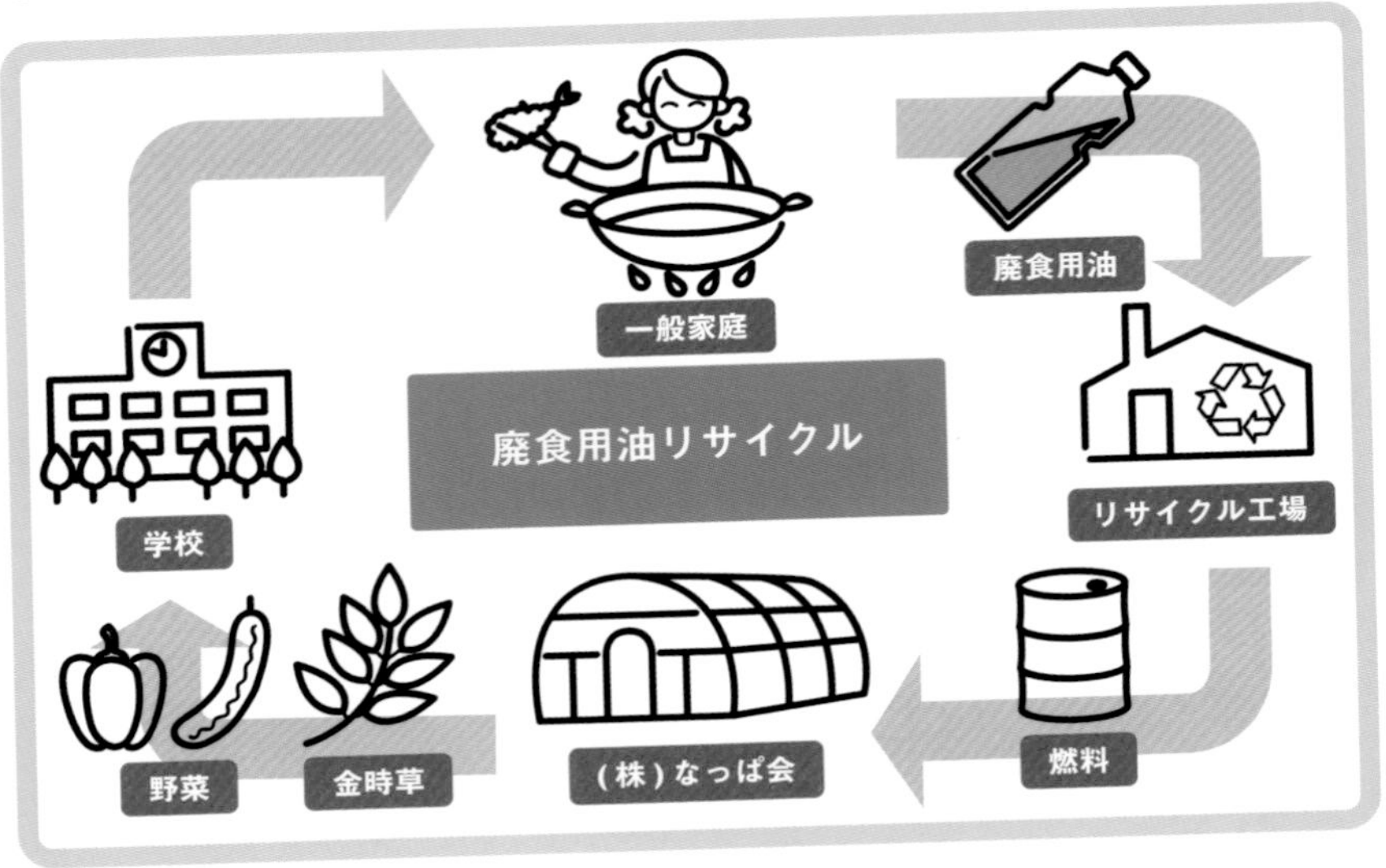

新たな生産体制・地域循環システムの構築を目指して

廃食用油の回収は、加賀市が行政サービスとして実施している。そこで回収された廃食用油は、地元ごみ処理事業者をメインになっぱ会も参加する、資源エコロジーリサイクル事業協同組合が精製し、なっぱ会が農業用ハウスに設置する廃油加温機で利用するという仕組みだ（図表3-4-4参照）。キュウリを主力に、北陸では冬期間の栽培が困難とされている金時草を栽培する。

加賀市役所の高橋英樹課長は、この事業に対する期待をこう語る。

「市民から回収された廃食用油を使ったブランド野菜ということで、新たな価値が付くことに

●図表3-4-5 **なっぱ会の成長・展開イメージ**

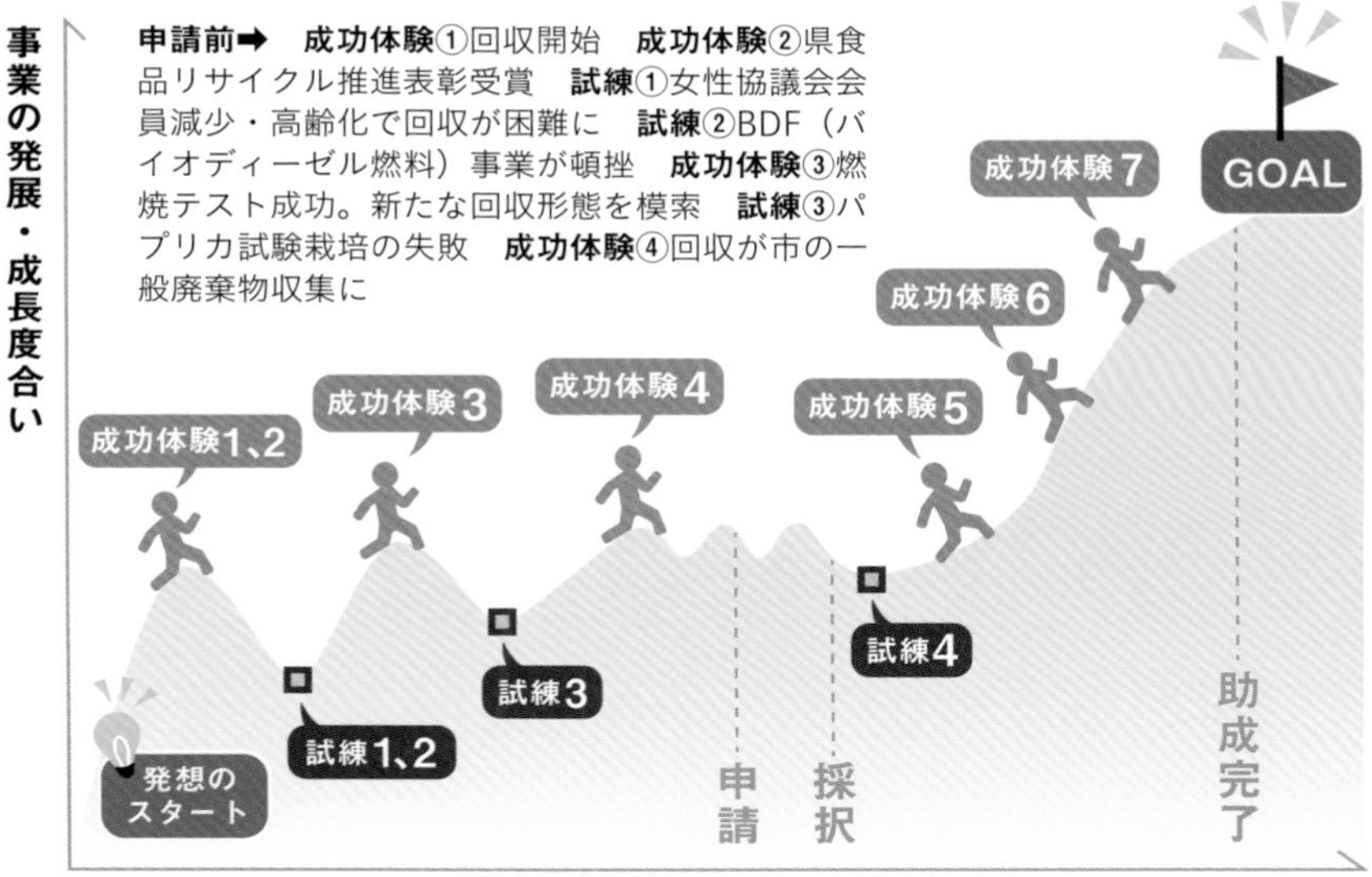
事業の発展・成長度合い
申請前➡ 成功体験①回収開始 **成功体験**②県食品リサイクル推進表彰受賞 **試練**①女性協議会会員減少・高齢化で回収が困難に **試練**②BDF（バイオディーゼル燃料）事業が頓挫 **成功体験**③燃焼テスト成功。新たな回収形態を模索 **試練**③パプリカ試験栽培の失敗 **成功体験**④回収が市の一般廃棄物収集に
発想のスタート
成功体験1、2
試練1、2
成功体験3
試練3
成功体験4
申請
採択
試練4
成功体験5
成功体験6
成功体験7
GOAL
助成完了
時間

助成中・助成終了後➡ 試練④ミニトマト栽培の断念 **成功体験**⑤キュウリの秋・冬作が好調 **成功体験**⑥地元企業が賛同、廃食用油回収ボックス設置、野菜販売会も実施 **成功体験**⑦キュウリ収穫量前年比16％増、売上高31%増

なると思います。今後、生産量が増えれば、地域全体の経済活動の活性化にもつながる。地域の食品リサイクル事業の先進的取り組みとして、加賀市の新たな需要創出にも貢献すると期待しています」

家庭系廃食用油を熱源として再利用できるシステムを構築し、寒冷地での新たな農業生産体制・地域循環システムの構築を図るため、なっぱ会はみらい基金への助成申請を行った。

【申請事業の概要】

●廃油加温機による家庭系廃食用油の活用

●農閑期における施設栽培の推進

【委員会の審議協議のポイント】

◆地域として雇用拡大が図れる仕組みが構築できており、農閑期対策としても有用ではないか。

◆一つひとつの技術に新鮮味はないが、地域循環型の事業として、生産した農作物を県外ではなく、地域内で販売することに好感が持てる。

◆地元と連携したうえで、これまで循環型農業について真摯に取り組んでいることが確認できる。

【委員会でのその他の意見】

◆廃油を利用する場合と利用しない場合の違いについて確認したい。

◆地域連携について、加賀市との連携状況について確認したい。

【現地実査での質疑応答】

申請者=なっぱ会のメンバーほか、地域の関係者が集まり、みらい基金との間で質疑応答が行われた。

みらい基金「東日本大震災の際、地域外からガソリンが入ってこなくなった際に、廃油を使ったディーゼル車が食品の輸送に役に立ち、地域内でエネルギーを自給できる取り組みは非常によかった。ところが、廃油を利用するのにコストがかかってしまい、値段が高いという印象。農業用のトラクターなどで利用できないか検討したことはあるのでしょうか」
なっぱ会「廃食用油については、トラックの燃料として利用しましたが、途中で止まってしまった。また、精製するための費用が1ℓ当たり500円と経済性がなく、継続性もないことからその事業からは撤退しています。農業用ハウスで利用するボイラーについては、廃食用油を利用した燃焼テストを何回か実施し、コスト面においても問題ないことが確認できています」
みらい基金「生ごみや廃食用油を活用することで、どの程度コストダウンにつながるのでしょうか。また、本事業は市民が主体的に取り組んでおり、地域発SDGsとしてポテンシャルを感じる。女性以外の市民等について、この事業にどう巻き込んでいくのでしょうか」
なっぱ会「最近、灯油の価格が上昇傾向にありますが、廃食用油については、非常に安価に入手でき、競争力があります。ただし、廃食用油を農業に利活用するには、きちんと分別できていることが必要です。そのためには、行政等が強制的に指示するのではなく、自らの意思での対処が重要と捉えています。当社ではこれまで、婦人会等に依頼していますが、問題はありません。その点では、直接、ごみの分別を担っている女性に説明したほうがいい、と思っています」
みらい基金「加賀市役所として、この事業への期待はいかがでしょうか」
加賀市役所「この事業は行政の中の一つのメニューとしても取り組んでいます。生ごみについては、分別をしっかりしないと農家も困るので、分別がなされたものを本事業に回すようにしている。廃食用油については、以前は地域を限定した取り組みだったが、今では全地域に拡大している。よい地域循環につながるよう行政としても支援していきたい」

このやりとりを通じて、行政などと連携して冬場の農閑期にも十分な量の廃食用油が確保できること、本事業が農閑期対策としても有効であることなどが確認された。こうした点が理事会においても評価され、採択に至った。

廃食用油で、農閑期が農繁期に

農業用ハウスに廃油加温機が設置され、本格的な栽培が開始された。

廃食用油の回収は加賀市の委託事業として資源エコロジーリサイクル事業協同組合が資源ごみとして回収し精製したうえで、なっぱ会が1ℓ5円で買い取り、ハウスの燃料として使用する。これにより、昨今の燃料費高騰対策はもとより、寒冷地での新たな農業生産体制を構築している。

冬場に暖房を使用することで、主力野菜であるキュウリは廃油加温機導入前の3～4倍の生産量にまで増加している。加賀野菜にも指定されている金時草は、地元の小中学校の給食に提供され、子供たちからも好評だ。

また、市場の流通量が少ない時期に出荷することで、高単価で販売できるというメリットも出てきている。

スーパーの店頭に置かれている廃食用油の回収ボックス

「冬場の仕事をつくることで農閑期を農繁期に変えられる。安定した雇用を確保することも可能になった」と北村代表は自信をのぞかせる。

家庭系廃食用油の回収についても、加賀市が家庭から集めるものに加えて、県内スーパーでも回収ボックスを2つ設置するなど、さらなる広がりを見せている。

「加賀市ごみ処理基本計画」の中には、〝廃食用油の農業利用〟が記載されており、廃食用油の回収間口の拡大と一層の農業利用が期待されるところだ。

北村代表は本事業の将来をこう語る。

「この事業は、全国の農山漁村にも適用可能なビジネスモデルであり、ここで培ったノウハウなどについて、できる限り公開し、日本全国の環境問題や農業発展へ貢献していきたい。そういうビジョンを描いています」

市民運動の存続に端を発したこの事業は、加賀市だけでなく、日本の農業の未来を大きく変えていくかもしれない。

「放置竹林」を整備し伐採竹を再利用することで里山を再生する

可茂森林組合

日本各地で問題となっている放置竹林。里山を荒廃させるほか、竹林には野生生物も棲《す》めないため、餌を求めて畑を荒らす獣害にもつながっている。そこで、竹を適切に伐採し、伐採した竹を土壌基盤材として有効活用することで、地域課題の解決に挑戦しているのが可茂森林組合である。未来永劫《えいごう》に変わらぬ美しいふるさとの風景を残していくために、サスティナブルな里山整備が始まっている。

助成先の組織概要

可茂森林組合：濃尾平野と飛騨山地の境にあり、南は愛知県と接する岐阜県の森林組合。都市近郊の里山森林を有していることから、地域住民からは木材生産機能以外に、山地災害防止機能や水源涵養《かんよう》機能など公益的機能の強化が求められ、里山を健全に保つ役割を担っている。

プロジェクト：竹に挑む　～里山のみらい～

地域：岐阜県七宗町

うっそうとした放置竹林を伐採している様子

昔から里山は木材などの供給のほか、良好な景観の形成、水源涵養、身近な自然とのふれあいの場に至るまで、その地域に重要な役割を果たしてきた。また、多彩な動植物の生息・生育の場所としての機能も併せ持ち、自然を豊かにする役割も担っている。

しかしながら、近年では都市への人口の集中や農林業従事者の減少などにより、農村の過疎化が進み、里山の荒廃が課題となっている。

里山復活が地域の未来につながる

里山の整備が行き届かなくなると、一つには竹林による被害が出てくる。いわゆる放置竹林である。竹は成長が普通の木より旺盛であるため、広葉樹の成長を阻害するとともに、樹高が高くなると、広葉樹・針葉樹共に被圧され、枯れる場合がある。そうすると水源涵養としての機能が弱まり（竹は水源涵養機能が低い)、大雨などによる土砂災害につながる懸念がある。

また、竹藪《たけやぶ》となった放置竹林は、最終的に野生生物も棲むことができず、餌を求めて麓へ移動し、畑を荒らす獣害にもつながっている。

可茂森林組合が管轄する岐阜県美濃加茂市の森林では、特にイノシシの被害が多く、抜本的な対策として里山を整備し、人と野生動物との棲み分け・共存を図る必要に迫られていた。そこで美濃加茂市は、里山再生プロジェクト「里山千年構想」を策定し、森林組合、地域住民や地元猟友会と共に、昔からの山の姿を取り戻し、本当の里山の魅力を再生することを目指したのである。

「美濃加茂市は田畑と山が近く、イノシシなどの有害鳥獣による農作物への被害が甚大な地区となっています。これに対して市は『里山千年構想』という計画を立ち上げ、竹林などの里山の整備を推進しています。そこで問題となったのが、整備によって生まれる竹の端材の使い道です。何か有効な活用法がないかと、可茂森林組合さんに相談したのです」と里山整備の課題について語るのは美濃加茂市の三輪京士氏。

その当時のことを可茂森林組合の井戸正也参事補佐はこう話す。

「里山を整備してほしいという声は日頃から多く、行政からの要望もありましたので、組合としても里山整備に力を入れていく方針を打ち出しました。また放置竹林にイノシシが巣を作り、生息しているという話もよく聞きましたので、まずは竹林の整備に着手しました」

■伐採した竹を地域資源として有効活用する

放置竹林に苦労している地域は数多くある。伐採した竹は、九州の一部地域ではキノコの菌床やバイオマスの原料などに活用されているが、大部分が費用をかけて産業廃棄物として処理しているのが実情だ。

美濃加茂市と隣接する七宗町《ひちそうちょう》には整備が必要な放置竹林が50haあり、可茂森林組合は毎年、行政の里山林整備事業を活用し、竹林を整備している。しかし竹は、整備スピードを超える勢いで成長（1年で成木になる）するため、限られた財源で対応することは難しく、竹林被害は加速する一方であった。

そこで可茂森林組合は、伐採した竹を地域資源として有効活用する取り組みを開始した。手始めに、土壌基盤材を開発した。

当初は竹を粉砕したチップをそのまま手で撒いていたが、人の手で撒くという効率の悪さと、雨ですぐ流されてしまうという欠点があった。そこで竹チップに、木質バイオマス灰と酸化マグネシウムを混合し、固めて使うという方法が考えられた。

全て自然由来の原料であり、自然に悪影響を与えることはない。また、雑草の発生を軽減させる効果も併せ持つという。さらに副次的な効果として、散布後はイノシシが近寄らないことも判明した。実用的な土壌基盤材が誕生したのである。

●図表3-4-6 竹林整備の現状および目指す姿

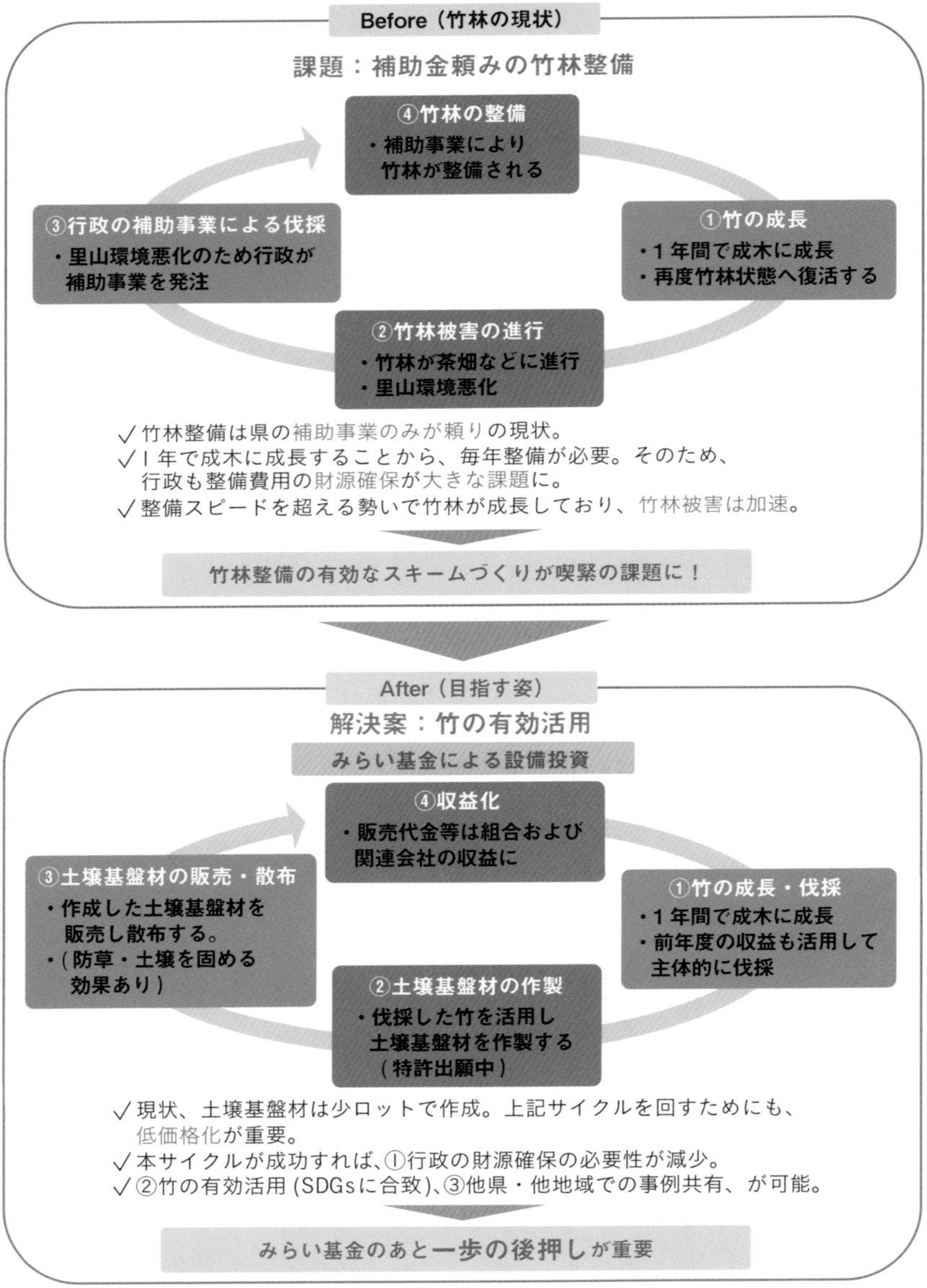
Before（竹林の現状）
課題：補助金頼みの竹林整備
④竹林の整備
・補助事業により竹林が整備される
①竹の成長
・1年間で成木に成長
・再度竹林状態へ復活する
②竹林被害の進行
・竹林が茶畑などに進行
・里山環境悪化
③行政の補助事業による伐採
・里山環境悪化のため行政が補助事業を発注
✓竹林整備は県の補助事業のみが頼りの現状。
✓1年で成木に成長することから、毎年整備が必要。そのため、行政も整備費用の財源確保が大きな課題に。
✓整備スピードを超える勢いで竹林が成長しており、竹林被害は加速。
竹林整備の有効なスキームづくりが喫緊の課題に！
After（目指す姿）
解決案：竹の有効活用
みらい基金による設備投資
④収益化
・販売代金等は組合および関連会社の収益に
①竹の成長・伐採
・1年間で成木に成長
・前年度の収益も活用して主体的に伐採
②土壌基盤材の作製
・伐採した竹を活用し土壌基盤材を作製する（特許出願中）
③土壌基盤材の販売・散布
・作成した土壌基盤材を販売し散布する。
・（防草・土壌を固める効果あり）
✓現状、土壌基盤材は少ロットで作成。上記サイクルを回すためにも、低価格化が重要。
✓本サイクルが成功すれば、①行政の財源確保の必要性が減少。
✓②竹の有効活用（SDGsに合致）、③他県・他地域での事例共有、が可能。
みらい基金のあと一歩の後押しが重要

●図表3-4-7 可茂森林組合の成長・発展イメージ

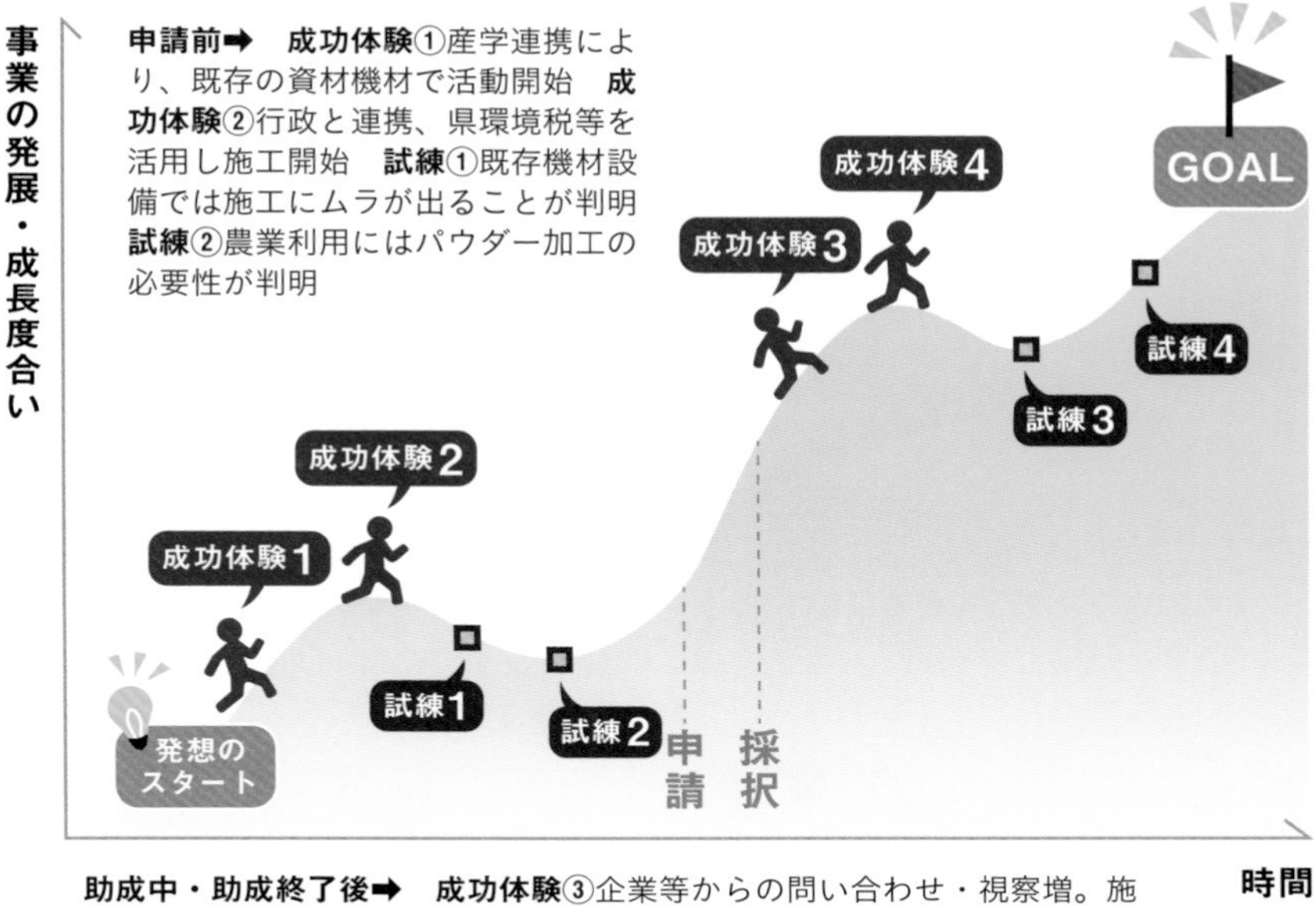
事業の発展・成長度合い
申請前➡ 成功体験①産学連携により、既存の資材機材で活動開始 成功体験②行政と連携、県環境税等を活用し施工開始 試練①既存機材設備では施工にムラが出ることが判明 試練②農業利用にはパウダー加工の必要性が判明
GOAL
成功体験4
成功体験3
試練4
試練3
成功体験2
成功体験1
試練1
試練2
発想のスタート
申請
採択
時間

助成中・助成終了後➡ 成功体験③企業等からの問い合わせ・視察増。施工面積増 成功体験④鳥獣被害対策、防草に効果 試練③施工需要高まるも財源面などで事業継続に問題発生 試練④竹パウダー以外の活用、新たな企業・研究機関との連携の必要性が判明

資源のマネタイズで循環モデルを構築

可茂森林組合が目指す姿はこうだ。

住宅付近の放置竹林は全て伐採する一方で、山間部にある放置竹林は間引きをしてタケノコの栽培ができるようにし、里山竹林として再生する。伐採した竹は土壌基盤材として活用する。製造した土壌基盤材を販売し、その収益で放置竹林を伐採する。

これまで放置竹林の伐採については、行政による補助事業に頼っていたが、可茂森林組合は伐採した竹を土壌基盤材として

チップよりもっと細かく粉砕した竹パウダー

活用することで、竹林整備循環モデルの構築を目指したのである（図表3－4－6参照）。

ただし、この構想を実現するためには、土壌基盤材をさらに使いやすくするための改良が必要だった。竹チップを使用した場合、用途は防草などに限られ、地面に吹き付ける際に竹チップがホースに詰まりやすいといった課題があったのだ。

そこでチップよりもさらに細かい粉末状の竹パウダーを使うことにした。これにより、ホース詰まりが抑えられ、より遠くまで吹き付けられることから用途の幅も広がる。さらに小型の吹き付け機で対応できるため、従来は入れなかった田畑のあぜ道などでも施工できるようになり、少人数で作業できることから施工コストの削減も期待できたのである。

こうして土壌基盤材を核とした竹林循環型の整備を実現するため、可茂森林組合はみらい基金への助成申請を行った。

【申請事業の概要】

●竹パウダーによる土壌基盤材の開発

●イノシシなどの獣害対策の実証

●竹林の整備

【委員会の審議のポイント】

◆前回申請は竹チップの土壌改良材としての活用のみであったが、竹をパウダー化して堆肥として活用することも加わり、創意工夫が感じられる。

◆放置竹林については全国的にも問題になっている。堆肥化も10年くらい前から取り組まれ始めたところ。実現可能性があるならよい取り組みではないか。

◆チャレンジ性やモデル性もあり、地域ニーズにも沿った対応になっている。

【委員会でのその他の意見】

◆竹パウダーの効果や需要について実査で確認したい。

◆事業として成立しているかどうか確認したい。

竹パウダーを法面（のりめん）に吹き付けている様子

【現地実査での質疑応答】

申請者＝可茂森林組合のメンバーほか、美濃加茂市役所や土壌基盤材の開発メーカーなど地域の関係者が集まり、みらい基金との間で質疑応答が行われた。

みらい基金「放置竹林の対応範囲が広くなると、作業者の確保等、すべきことも増えるが、組合としてどのように対応していくのでしょうか」

可茂森林組合「当組合で竹林0・4haを試験的に伐採して、労力や費用等がどれくらい必要になるか計測しています。竹を根絶やしにするのではなく、長期竹林整備計画を作成して、計画的に竹林整備を進めていきます。この事業により、5年間で33haの放置竹林を整備する予定です。整備竹林が増えれば、そこから恒常的に竹が供給されることとなり、持続可能な循環型里山管理が可能になると考えています」

みらい基金「整備竹林に移行する計画だが、元々は農家が自用で植えていた竹が放置された結果、現状のようになっていると認識している。30haを生産緑地化することで足りるのでしょうか。例えば、竹を計画的に根絶する場所を作る必要はないのでしょうか」

可茂森林組合「竹は根絶してしまうと、笹《ささ》が生えるので、後の管理が大変になる。そのため、1万本あれば3000本は残しながら管理していくことが適切であると考えています」

みらい基金「提出いただいた収支計画では、業績が少しでも下振れした場合、赤字となる見込み。下振れして赤字となった場合でも、事業として継続していく意向でしょうか」

可茂森林組合「土壌基盤材については、相応の需要を見込んでおり、単価が下がっても販売量を増やせば計画通りの収支は見込めると考えております。また、本事業で破砕した竹を加工するが、伐採から破砕までは県の補助金を活用します。行政との連携も取れているので、安定性のある収支になっています」

みらい基金「ほかの土壌基盤材と比べて、どのような点に優位性があるのでしょうか」

開発メーカー「この事業の土壌基盤材は、全て天然資源を有効活用しています。ほかの土壌基盤材はモルタル等を利用しており、将来的に産廃扱いになりますが、この事業の土壌基盤材は将来的に土に還《かえ》ることに優位性があると考えています」

このやりとりを通じて、事業の継続性のほか、竹を使った土壌基盤材の優位性などが確認された。

こうした点が理事会においても評価され、採択に至った。

竹の有効活用は、SDGsや社会貢献の側面から大手企業も注目

竹パウダーによる土壌基盤材については、効果を調べる実証実験が美濃加茂市内で広がっている。高速道路の草刈りが難しい場所で吹き付け作業を実施したところ、6カ月以上経過しても防草効果が表れていることが確認されている。

まだまだ耐久性などに関するエビデンスやデータが乏しく、価格も防草シートなどと比べると高いことから、販売面に課題は残っているが、今後は高速道路のサービスエリア内での園路や地域の営農組合などにも働きかけていく予定だ。

さらに、竹パウダーの土壌基盤材以外の活用法も生み出した。

株式会社春見ライスでは、竹パウダーで作った堆肥をペレット加工し、所有する田畑で堆肥として使用している。竹チップよりも微小な竹パウダーは、分解・発酵する時間が短く、乳酸菌の働きで肥沃な土壌へとより早く変わっていくという。

また、これまで厄介者であった竹を有効活用する取り組みは、SDGsや社会貢献との側面で大手企業からも注目されている。株式会社熊谷組もこの活動に着目し、支援を続けている企業だ。

「熊谷組は『ひと・社会・自然が豊かであり続ける社会』を標榜していて、その中で『サーキュラ

ーエコノミー（循環経済）』がキーワードになっています。特に竹の有効活用を模索していたときに、可茂森林組合さんの活動と巡り会えたのです」と、同社新規事業開発本部の芥田充弘氏はその経緯を振り返った。

地域の資源や産業を最大限に活用し、持続可能な里山整備体制づくりに取り組む可茂森林組合。その活動が目指す未来を井戸参事補佐はこう語る。

「『地域課題をどう解決するか』。これが地域に根差した活動を行う森林組合の使命だと思っています。土壌基盤材の流通量を増やし、その収入を里山整備に還元する。そして地域の方々と一緒になって山林の整備に取り組み、里山整備の必要性を都市部の方々にも伝えることができれば、循環型社会の実現に近づくのではないかと思っています」

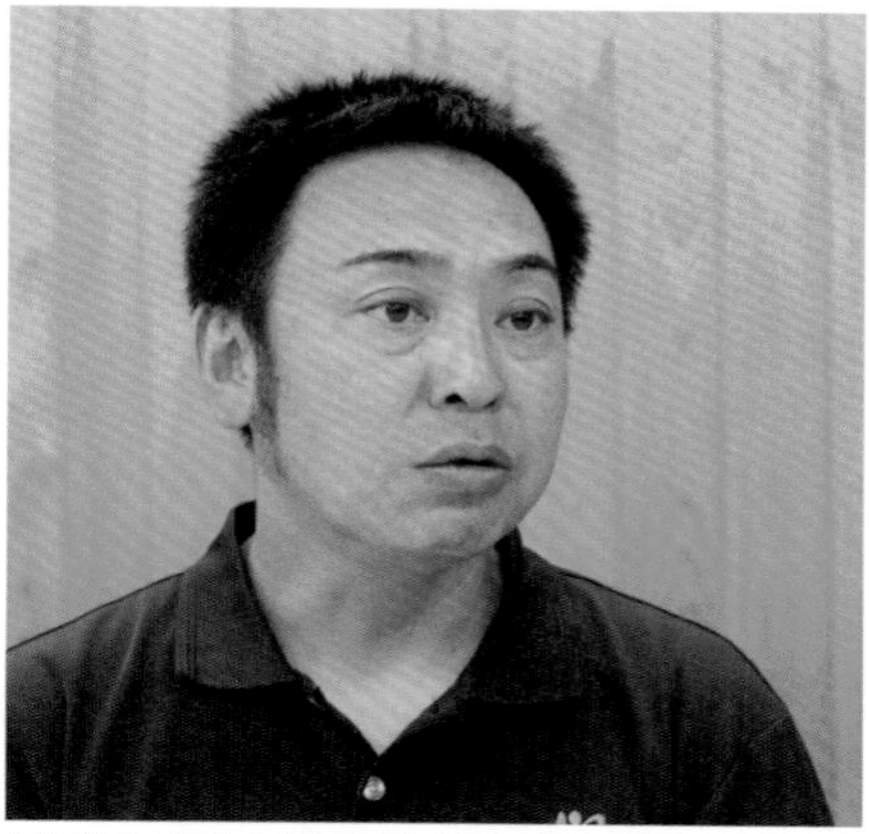
「今後も行政や関心を示す団体と連携して、里山整備から循環型社会の実現に近づけたい」と語る井戸参事補佐

元々、里山は人が自然に手を加えることで保たれてきた。その土地にある資源を活用して、その土地の課題を解決していく。

かつて里山の自然と人が、主に資源利用を通じて結ばれていたように、竹という里山資源を現代に合う新しい形で活用する取り組みは、多くの山林を抱える地方の未来に希望の光をもたらしていく。

専門家に聞く

「海業」で漁村は復活する

古くて新しい海業。海と地域の魅力引き出し衰退した漁業をも活性化

東京海洋大学副学長 教授
婁小《ろうしょう》波《は》氏

婁さんは、長年「海業」を研究されています。海業とは?

まず研究のきっかけからお話ししましょう。1992年のことですが、私は博士課程の後、近畿大学に職を得て、漁村地域をどうやって振興するかという課題に取り組み始めていました。その研究の中、学生の調査実習先として、たまたま伝手《つて》があった福井県の常神《つねがみ》半島の地域を選びました。調査前に県の水産課の方と話したのですが、当地は純漁村が7集落ほどあるものの、いずれも水揚げが少なく零細な漁家が多いため、調査は難しいのではないかと言われたのです。これは困ったと思ったのですが、現地入りした学生から驚くべき報告が届きました。地域の多くの漁家の所得が

2000万円とか3000万円ほどあるというのです。最高の漁家は2億円とも。現地で調べると、そのほとんどは民宿、遊漁案内、お土産店、喫茶店、レストランなどの経営による収入でした。小規模ながら定置網も集落で運営していて、獲れた魚を民宿やレストランで提供していました。

このような地域経済の形は、私がこれまで勉強してきた水産経済の知識では説明できないものでした。古い考え方の枠組みでは、それらは「兼業」と分類して終わりです。それも、兼業は本業のほかで地域外に働きに出るといったイメージで、後ろ向きなニュアンスを帯びていました。兼業という言葉では、この地域の活発で豊かな様子は語れないと思ったのです。

では、このような特色ある地域経済をどういう言葉で表現すればいいか悩んでいた折に、「海業」という言葉と出合いました。この言葉は、1985年に神奈川県三浦市の市長に就任された故・久野隆作氏が、市の発展の方向性として提唱された言葉でした。この言葉がいいと思ったのです。ただ久野さんの考える海業は、三浦市の産業が全部入る印象でした。私はそれを少し限定して、漁村経済の活性化ツールとしてこの言葉を拝借いたしました。

今の日本の漁村には、海業が必要なのでしょうか。

漁村経済は漁業・水産業に支えられてきたものの、漁村も少子高齢化、担い手不足といった問題と直面しています。既に崩壊している漁村も多い。

例えば離島はこの戦後60年間に、1年に1つのペースで有人島が無人島化しています。漁業が成り立たなくなり、人がいなくなるのです。実は本州・北海道・九州・四国各地の漁村も例外ではありません。ただ、漁村としての活動が失われたとしても、離島のように不便ではありませんので、人はそこに住んでいたりします。このため、崩壊したかどうかが見えにくいだけなのです。

漁村はいつ行ってもおいしいものがあり、魚食文化があります。しかも美しい景色、心を動かす自然の働きがあります。そのような食べ物以外のレジャー資源も含めて、漁村は魅力的な地域資源の集積と言えます。それらの魅力を引き出し、漁業の力も引き出しながら地域経済を支える新たな産業が生まれる可能性があるのです。

そこで国の政策としても使われるようになったのが海業なのです。

とはいえ、実は海業は新しいものではありません。私たちが常神半島で見たように、元々あったものです。海水浴を軸とした仕事も海業です。多くの人が海水浴に行き、海の家という仕事がありました。その後、ビーチクラブなるものが現れ、音楽をかけて踊れるようにして、そこで飲み物や食べ物を提供する形が増えてきた。ですがこのような海水浴を、海業として捉える人はいなかったわけです。政府がそれを振興しようという政策もなかった。

このビーチクラブですが、これはやがて騒音や駐車場の問題が起こってきます。すると、それに対応してまた変化が起こり、というように移り変わっていきます。海にまつわる仕事のそれぞれは、地域の人が試行錯誤しながら、にぎわっては衰退し、にぎわっては衰退しという、その繰り返しになっていることが多い。どんな事業も、誰かが意図して進めようとする考えがない段階、政策として推進されない段階では、このようになることはよくあると思います。

このような不安定だった仕事に海業という名前が付き、事業のコンセプトが見えるようになれば、取り組みやすくなり、ブレや失敗は減るでしょう。取り組みも増え、いくつもの漁村の活性化につながっていくはずです。

2022年に閣議決定された新しい水産基本計画に「海業の推進」が盛り込まれ、海業という言葉がこのように政策として使われ出したことを私は歓迎しています。2023年には、これに沿う形で漁港漁場整備法及び水産業協同組合法の一部改正がなされ、漁港や漁場に関する規制に思い切った緩和が含まれています。

海業はどのような地域から広がっていくとお考えですか。

例えば、沖縄はほぼ全域に海業がある、海業の先進地と言えます。

沖縄では古くからビーチで音楽と踊りを楽しむ浜遊びの習慣があったり、観光が発達したりと、漁業だけではない海の活用はあったわけです。今はそれぞれの地域の人たちにも海業という概念が理解され、積極的に取り組まれるようになってきていますので、今後も有望です。

沖縄各地の漁協は昭和50年代後半から昭和60年代にかけてかなりすたれました。ところが今はまったく様子が違います。漁協職員が増え、組合員が増え、さらに組合員になりたいと待っている人も多い。海業で盛り返しているのです。

ほかには、東京、千葉、神奈川、名古屋、福岡など大消費地の近くが取り組みやすいでしょう。名古屋近郊の例を挙げると、知多半島の先に日間賀島《ひまかじま》という島があります。周囲が5・5km、約0・8km²の小さな島ですが、80軒を超える民宿があります。

その近くの篠島という島が美しいビーチもあって有名な観光地なのですが、日間賀島は岩場が多く砂浜のない漁業だけの島でした。そこで、篠島のように人が来る島にしたいと願う人たちが動き出して、まず人工ビーチを造って名古屋方面からの観光客を誘致した。さらに、タコとフグの良好な産地であるため、「タコとフグの里海」としてブランド化した。海水浴は夏場だけですが、日間賀島の場合は一年を通じてファミリー、カップル、企業の懇親会などの団体を集めています。

ここで注意したいのは、水産庁が海業を5年で500カ所に興すといった目標を掲げているのですが、海業は件数という量ではなく、質が伴うことが重要です。

海業では質が重要であることは、大都市近郊の神奈川県の平塚市の例を見てみると分かります。平塚は歴史的には鰹船《かつおせん》でにぎわった地域でしたが、ピークは昭和40年代で、その後、カツオが獲れなくなって、多くの漁家が釣り船に転換しました。この遊漁船事業が1980年代に大きく成長しました。では今この地域に何が起こっているかといえば、魚を獲る漁業が復活しているのです。平塚では長らくやめていた定置網を再開して、今は漁業の後継者も増えています。

なぜかと言えば、釣り船が伸びた結果、魚に関心のあるお客が平塚にやって来るようになり、それに対応して直売市ができて魚介が売れ出した。地域の魚介の需要が伸びたので、漁業が再び活発になったというわけです。海業として漁業以外のものが発達すると漁業がすたれるといったトレードオフの関係がありそうに思われがちですが、実は違う。海業は漁業の振興にもなるのです。海業は漁業との相性がいい。海業と漁業がシナジーを生み、地域の経済を回していくのです。

もう一つ、今、私が注目している地域が和歌山県の太地町です。古式捕鯨発祥の地といわれ、元々沿岸捕鯨が盛んで、鯨類利用の伝統を持った町です。イルカ追い込み漁を批判する趣旨のドキュメンタリー映画「ザ・コーヴ」で内外に不幸な形で有名になってしまったこともあります。

興味深いのは、昭和40年代に、これからは鯨を獲るだけではダメだと「くじらの博物館」を造りました。捕鯨から、鯨を柱とした文化、科学の発信、観光へという第2ステージへ向かったわけです。今は第3ステージに入っています。町に森浦湾という湾がありますが、そこで鯨やイルカを繁殖させ、研究も行い、一帯を鯨のテーマパークにする構想が進んでいるのです。

太地町には、海業が描くことができる、さらに新しい地域像が生まれることを期待しています。

海業を盛んにするうえで、必要なもの、重要なものは何でしょうか。

成功している地域に共通することは、地域のリーダーが10～20年前に始めたことが、後になって効いているということです。ですから、地域に先見性のあるリーダーが存在することがカギになります。あるいは、今いるリーダーが先を考えた動きができるように意識改革をすることが重要でしょう。

そして人材がそろうことです。海業では、漁業とは異なるビジネスのノウハウや技能、経営手腕が必要です。それを身に付けている人、伸ばせる人をどのように地域に取り込んでいくかも重要です。例えば地域外の企業が参加することも賛成です。外の企業は産地にはない人材、設備、資金、ノウハウを持ってきてくれるでしょう。

海業は、言い方を換えれば海の地域での経営イノベーションです。地域資源を使いながら、その組み合わせ、活用を変えることで、地域に新しい変革を起こす。それによって、地域にある社会課題を解決する。これを実現するには、仕組みをしっかりつくり上げる必要があります。そこをどう支援していくかも、海業振興の重要なポイントとなります。

ちなみに農林水産省は、海業振興と併せて、漁業・漁村の6次産業化も進める意向を持っています。ですが、農業・農村とは異なる点はしっかり押さえておくべきです。

漁業・漁村には、産地市場、産地仲買人、加工業、冷凍・冷蔵業、物流、鮮魚店、直売所、行商など関連する多様な事業者がいて、まとめて水産業となっています。親戚同士がこうした事業を営んでいたりします。農業・農村にはここまで関連産業は集中していません。

漁業・漁村はそのような場所ですので、6次産業化だと言って何か新しいことを始めようとすると、実は既に地域にあったり、先行者との間でコンフリクトを起こしたりすることがあります。そこには注意する必要があります。

農産物の場合、ほとんどの作物は収穫するシーズンが決まっていて、しかも収穫物はある程度保存が利きます。ところが、水産物はこの時期に食べるとおいしいという意味の旬はあっても、農産物のような特定の収穫期はなく、毎日何かしらの漁獲がある。一方で保存が利かず、毎日確実に売り切っていく必要がある。この違いを押さえていないと、漁業・漁村の6次化は失敗します。漁業・漁村に合った海業が、漁業とシナジーを生んでいく形をやはり意識するべきです。

海業振興に取り組む際に、最も重要で、忘れてほしくないことがあります。それは、あくまでもその地域がイニシアチブを取るということです。そうでなければ絶対にうまくいかないからです。そのことは、海業の事例を研究してきた経験からはっきり言えます。むしろ、地域の皆さんがイニシアチブを取ることが海業の本来あるべき姿だと言えるのです。

ろう・しょうは　1992年京都大学大学院博士後期課程修了。農学博士。同年近畿大学農学部助手。1995年同学講師。1997年鹿児島大学水産学部助教授。1999年東京水産大学(現東京海洋大学)助教授。2004年同学教授。専門分野は水産経済学、地域経済論。海業研究、地域資源の管理に関する研究、水産物のブランド化、フードシステムに関する研究に取り組む。著書に『海業の時代』(農山漁村文化協会)など

山口産の自給飼料による地域内循環体制の構築。トウモロコシで挑戦する

株式会社あぐりんく

昨今、輸入飼料価格の高騰が続く中、畜産業は事業縮小や廃業などを余儀なくされている。その危機的状況を脱するため、飼料用トウモロコシを栽培し、牛の餌を自給することで活路を見いだしているのが株式会社あぐりんくである。耕種農家のみならず、食品製造業者や飲食事業者、行政など、多様な関係者と連携し（耕畜連携）、自給飼料ならではの地域産にこだわった「真の山口産畜産物」の生産体制構築を目指す取り組みが始まっている。

助成先の組織概要

株式会社あぐりんく：山口県宇部市で、主に飼料用子実トウモロコシや水稲等を栽培する農業生産法人。これまで飼料用子実トウモロコシの生産量の増大や安定供給のため、作付面積の拡大や栽培技術の向上に取り組んでおり、地域の農畜産業や食文化を創造・構築していくプラットフォームを目指している。

プロジェクト：国内初！　国産飼料用トウモロコシの高度利用による地域産畜産物創造プロジェクト

地域：山口県宇部市

水稲に代わる作物として栽培されている飼料用トウモロコシ

輸入飼料価格の高騰が止まらない。国際情勢の変化などによって上昇を続けており、畜産経営を圧迫している。国も、飼料価格高騰緊急対策を講じるなど、畜産業者を支援しているが、このままでは地域の畜産業はいずれ立ち行かなくなる。

折しも、「食料・農業・農村基本法」の改正に向けた議論の中で、食料供給を巡る話題、すなわち食料安全保障についても取り上げられているところだ。

水稲に代わる農作物として メリットの多いトウモロコシに着目

山口県の中央部に位置する山口市・宇部市地域。この地域は、農産物生産高の約8割を水稲が占めるなど、米づくりが盛んな地域である。

ただし、近年では主食用米の消費量の減少や価格が下落する中、生産者の高齢化や担い手の不足が深刻化して

トウモロコシの収穫

おり、地域としての自立が危ぶまれている。また、環太平洋経済連携協定（TPP）による国際的な競争の激化や輸入飼料価格の高騰も相まって、地域の畜産業も岐路に立たされていた。

この地域を維持するためには、水稲に代わる作物が必要であった。そして、活路を見いだしたのがトウモロコシの生産である。

トウモロコシは、家畜の飼料をはじめ食用や工業用として、さまざまな場面で我々の生活に欠かせないものとなっている。将来にわたって需要が見込めるうえに栽培が容易であり、収穫後に残った茎などを肥料として活用することで、土壌改善効果が望める。このようにトウモロコシを栽培することのメリットは多く、水稲からの転換の手始めとしては適した作物である。

ただし、当地域は典型的な中山間地域であり、トウモロコシは比較的小さな水田で栽培されるなど、北海道などの大規模生産地と比べて、生産性が劣ることは否めなかった。

トウモロコシを軸に地域内連携が広がる

そこでトウモロコシを生産する耕種農家だけでなく、畜産農家、さらには小売・飲食事業者まで加入した山口市子実コーン地域内循環型生産・出荷協議会が設立された（図表3-5-1参照）。「条件不利地である当地域においては、単にトウモロコシを生産するだけでは難しかった」と語るのは、同協議会の佐々木一志事務局長。

耕畜連携だけでなく、消費者まで意識した事業展開とし、地域産自給飼料の価値を最大限活かし、バリューチェーン全体で付加価値を高めていくことを目指したのである。

協議会の立ち上げとともに、国の補助事業を活用し、トウモロコシ専用の播種機や収穫機を購入することで、協議会として播種や収穫作業を受託したり、先進地を視察したりして、生産技術や生産量の向上に努めてきた。ただ、生産者数、作付面積、反収ともに増加しているものの、近年では伸びが鈍化しており、生産量も微増にとどまっていた。

「トウモロコシの播種機や収穫機は購入できたのですが、排水対策や乾燥などに必要な機械がなく、作業に多くの労力がかかっていました」とあぐりんくの工藤正直取締役は話す。

元々当地域は水稲が中心なこともあり、トウモロコシの生産に必要な機械を所有している農家が

●図表3-5-1 山口市子実コーン地域内循環型生産・出荷協議会　組織図

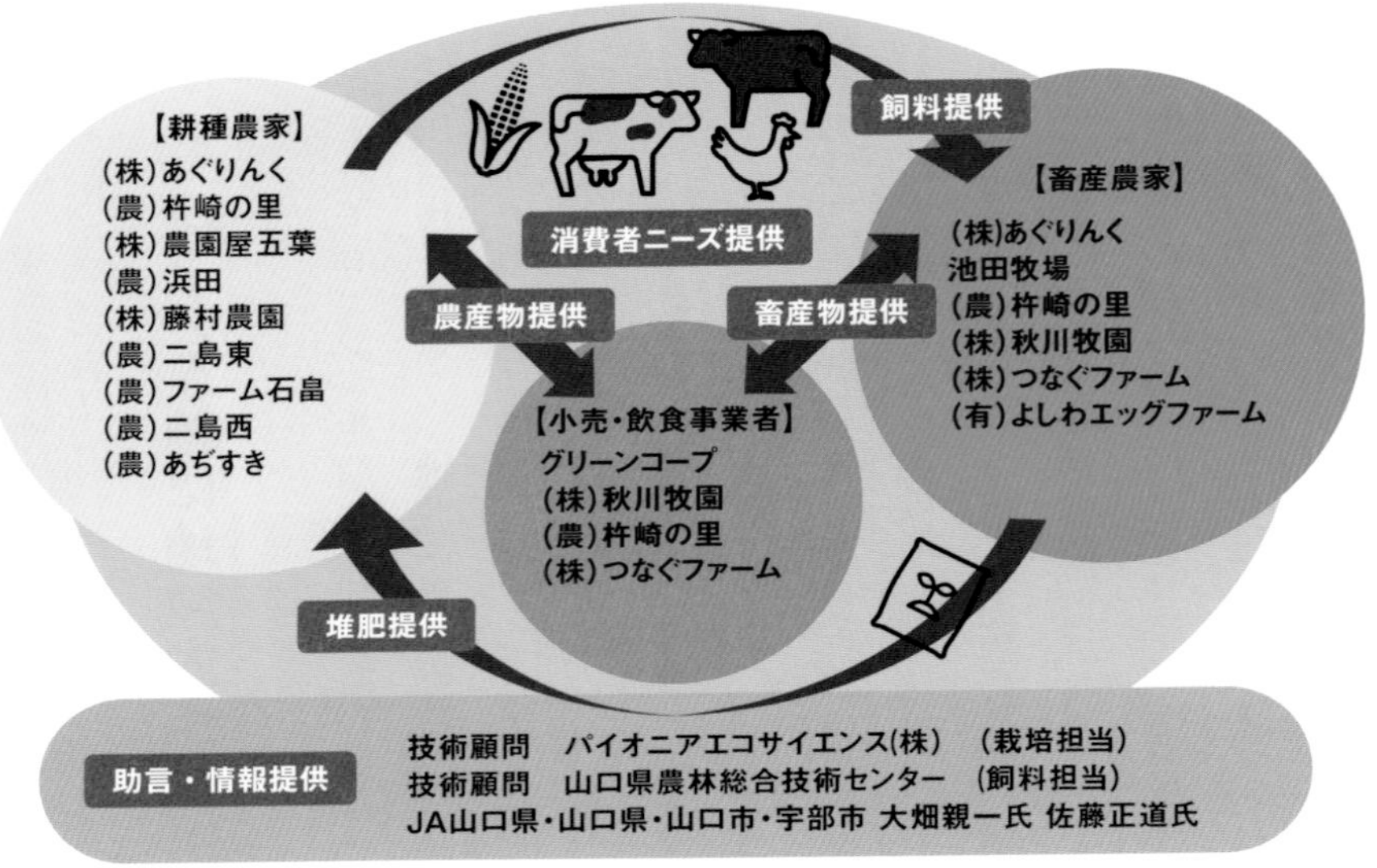

少ない。機械をほかの法人や機械メーカーから借り受けることで対応しているが、手間がかかる。

また、当地域の畜産農家は主に肉用牛を飼育しており、給餌するためには配合飼料を製造する必要がある。そのためにはトウモロコシを粉砕し、ほかの飼料と混合する必要があるが、その製造機械も所有していなかった。米の乾燥機を代用していたのである。

地域産自給飼料で「真の山口産畜産物」の生産体制を構築

このため地域産飼料はできたものの、当協議会が目指す耕畜連携によるトウモロコ

●図表3-5-2 あぐりんくの成長・展開イメージ

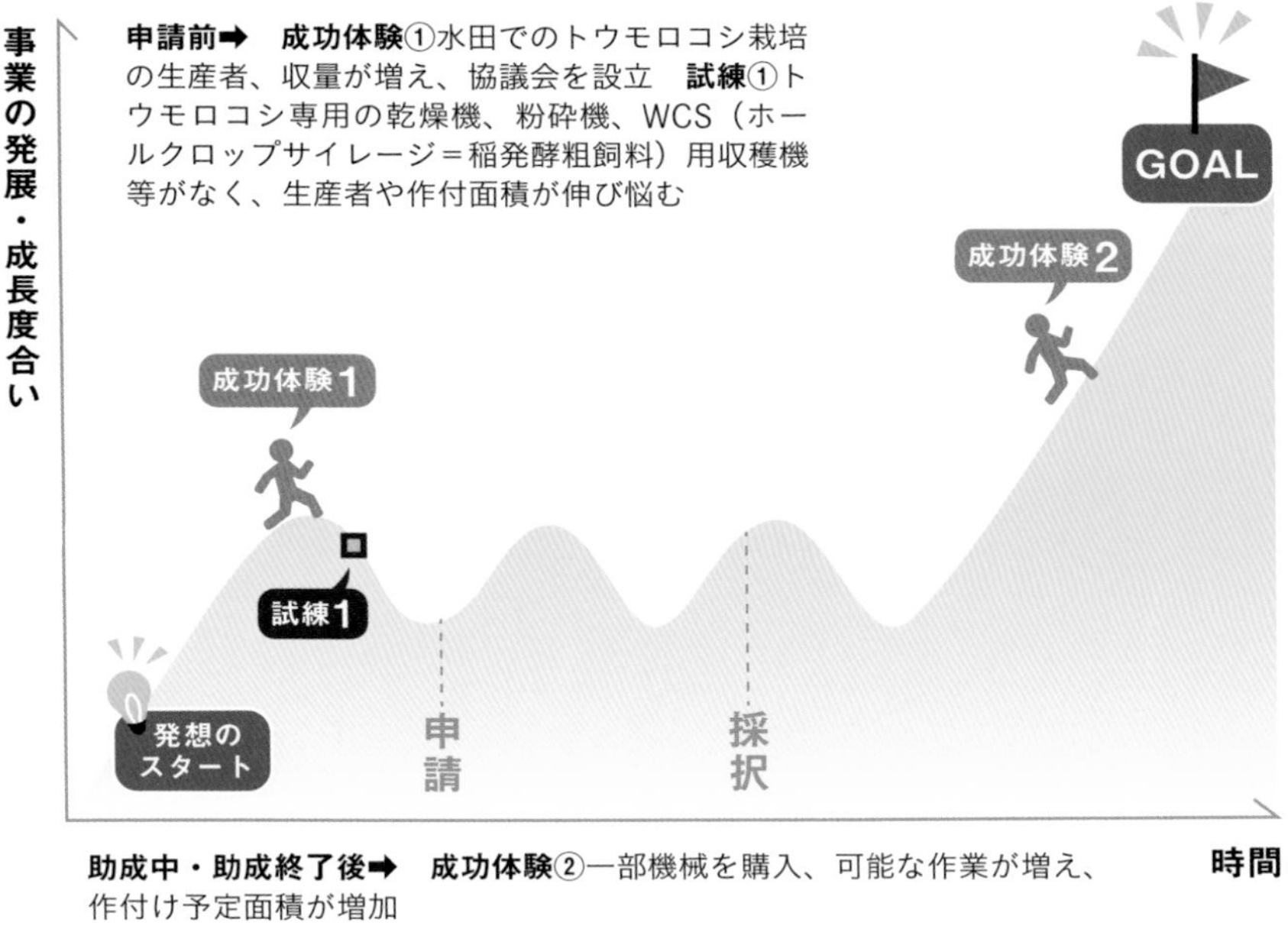
事業の発展・成長度合い
申請前➡ **成功体験**①水田でのトウモロコシ栽培の生産者、収量が増え、協議会を設立 **試練**①トウモロコシ専用の乾燥機、粉砕機、WCS（ホールクロップサイレージ＝稲発酵粗飼料）用収穫機等がなく、生産者や作付面積が伸び悩む
GOAL
成功体験2
成功体験1
試練1
発想のスタート
申請
採択
時間
助成中・助成終了後➡ **成功体験**②一部機械を購入、可能な作業が増え、作付け予定面積が増加

シ生産から畜産物の生産、飲食などへの取り組みが地域内で実施しにくい状況となっていた。

そこであぐりんくは、現在取り組んでいるトウモロコシの飼料製造をさらに拡大するため、「やまぐち国産飼料用トウモロコシ高度利用化センター」を建設し、品質維持・向上を図るとともに、効率的、安定的に大量製造を可能にすることで、幅広い畜種に給餌することとした。

また、高齢化や担い手不足等地域農業の課題を踏まえ、トウモロコシや米などの栽培において特に労力のかかる播種、収穫、乾燥、調整作業を請け負うコントラクター事業を手掛けることで、農業者がそれぞれの経営状況に応

収穫された飼料用トウモロコシ

じた農業を可能とする仕組みを構築することとした。
あぐりんくは、トウモロコシを中心とした労働生産性の高い生産体制を構築することで、地域産飼料を使った安全安心な「真の山口産畜産物」の生産を目指したのである。同社はこの仕組みを構築するため、みらい基金への助成申請を行った。

【申請事業の概要】

●やまぐち国産飼料用トウモロコシ高度利用化センターの建設

●地域産飼料のブランド化

●トウモロコシ栽培面積の拡大

【委員会の審議のポイント】

◆「国産飼料用トウモロコシの高度利用による地域産畜産物創造プロジェクト」と銘打っているように、地域連携をベースにした新しいチャレンジとして魅力あるプロジェクト。輪作や畜産との連携により、波及効果も大きい。

◆米と比べて、労力が10分の1程度で済む。トウモロコシ自体は値段の上下があるものだが、生協と連携しているのであれば対応は可能ではないか。トウモロコシが安定的に生産できるかが重要なポイント。

◆既に実施している事業への追加投資との側面もあるのではないか。会社の規模に対して、助成申請額が大きく見える。助成対象費用は設備や建物が中心となっており、その必要性について実査で確認したい。

【委員会でのその他の意見】

◆トウモロコシの生産により、土地が痩せてしまうことに対して、考え方や対策を確認したい。

◆飼料の生産については十分説明があるが、生産した飼料が地域へしっかり供給されるようになっているか確認したい。

◆トウモロコシ生産単体で収支が採れているか確認したい。

【現地実査での質疑応答】

申請者=あぐりんくのメンバーほか行政、山口県農業協同組合、協議会メンバーである耕種農家、畜産農家など地域の関係者が集まり、みらい基金との間で質疑応答が行われた。

みらい基金「一企業に対する設備資金にも思えるが、この事業の地域へのインパクトはどの程度なのでしょうか」

協議会事務局「この事業には、法人に加えて地域の個人農家にもセミナー等に参加してもらっている。この事業が安定化すれば、個人農家にも参画してもらうことによって、インパクトはあると考えている。必要な生産量を確保するためには、地域の耕種農家との連携が必要となる。また、トウモロコシの生産だけでなく、飼料の出口となる畜産農家、肉牛等の出口となる地元の飲食店等、一体となって取り組まなければ成立しない。あぐりんくだけで実施できる事業ではないと考えています」

みらい基金「トウモロコシの収量について、どのような対策を講じているのでしょうか」

あぐりんく「トウモロコシの収量を増やすために、排水性能の改善や緑肥のすき込みを行っています。堆肥の量は、鶏糞を昨年も今年も1反に対して4t散布しています」

みらい基金「山口県農協や協議会メンバーも参加されているが、この事業の地域への波及性についてどのように考えていますか」

山口県農協「高齢化や後継者問題に悩んでいる当地域の農家にとって、この事業により農地の活用方法について提案をいただき、将来へのビジョンを示してもらえることは、とても有益だと考えています。農協職員も一緒になって、この事業に取り組んでいきたいと考えています」

協議会メンバー「当組合の地区も米や麦を生産しているが、将来的な発展が見込めない状況の中、この事業でのトウモロコシに期待している。担い手不足や高齢化が進む中で、米や麦より労力を必要としないところにも期待しています」

みらい基金「会社の規模と比べて、設備資金が大きい事業となっているが、その妥当性についてはどのように考えているのか」

あぐりんく「事業を段階的に進めるという話も出てきたが、協議を進めた結果、今回申請している規模感が、この事業で達成したいことを実現するために必要なものであると考えています」

このやりとりを通じて、トウモロコシの生産体制のほか、事業規模も専門家等と実証・協議を重ねた結果、当事業の継続性と安定性を確保するために必要なものであることなどが確認された。こうした点が理事会においても評価され、採択に至った。

トウモロコシ生産のレジリエンス

事業1年目である2022年の夏。山口県に大型の台風が直撃した。あぐりんくが栽培していたトウモロコシ生産にも少なからず影響が出た。しかし、同年に助成金でWCS（ホールクロップサイレージ＝稲発酵粗飼料）用微細断収穫機などを購入でき、早期に収穫する選択肢も増えたため、翌年から台風等の荒天にある程度対応することが可能となった。

飼料用トウモロコシは家畜の餌として地域内で自給されている

2023年2月には、「やまぐち地域産飼料活用クラスター協議会」を設立。農機具メーカーの元職員を採用することにより、農機具の故障時に外部に依頼することなく修理することができる体制を構築した。

「山口県内の農家は、少子高齢化による担い手不足というよりも、担い手不在とも言える状況になりつつある。この事業を同様の課題を抱えている地域における、地域活性化の一つのモデルとしたいと考えています。地域がおのおのの個性を発揮して事業を成功させていくことができることを示したい」と工藤取締役は話す。

この事業を山口県の農業を支えるための新たなプラットフォームにしようという、強い決意を感じる。

トウモロコシ飼料の製造拡大を担う「やまぐち国産飼料用トウモロコシ高度利用化センター」は2024年に竣工する見込みだ。

元々は、水稲に代わる作物として模索するところから始まったトウモロコシの生産。それは地域に高付加価値な循環を生むだけでなく、コントラクター事業や飼料工場が整備されることで、地域の農業を支える一つの主体になりつつある。

トウモロコシの生産量拡大や畜産物のブランド化など、まだ目の前に課題は山積しているものの、「真の山口産畜産物」の生産に向けた挑戦は着実にその歩みを進めている。

北海道のシラカンバを牛の餌にする。輸入飼料に頼らない時代は来るか

株式会社エース・クリーン

北海道北見市。主力産業は第1次産業であり、中でも畜産業は重要な地位を占めている。輸入飼料が高騰する中、地域の未利用・低利用木材を蒸煮《じょうしゃ》技術という独自技術で牛の飼料としてアップサイクルしているのが株式会社エース・クリーンである。低コストで高品質な木質粗飼料を生産することができれば、将来の林業や畜産業の振興にとって大きな意味がある。独自技術による有価値化への挑戦が北の大地から始まっている。

助成先の組織概要

株式会社エース・クリーン：北海道北見市において、創業以来、廃棄物処理業を営んでいる。これまで地域のごみ収集や清掃、産業廃棄物処理に取り組んできた。さらに、北海道の豊富な資源に着目し、未利用資源、低利用資源の価値化に向けて動き始めている。まずは木材から牛の餌を作ることに挑戦中だ。

プロジェクト：木から牛の餌をつくる　林業と畜産業のみらいプロジェクト

地域：北海道北見市

北海道に多く自生するシラカンバの木片

牛の餌と言えば何を思い浮かべるだろうか。ほとんどの人が牧草や稲わらを思い浮かべるのではないか。ところが、ここ北海道北見市には、一風変わった飼料がある。広葉樹の一種であるシラカンバを使った飼料である。

畜産業と林業の架け橋になるために

なぜシラカンバを使うことに至ったのか。その背景はこうだ。

畜産・酪農分野では、一般に稲わらなどが飼料として活用されているが、実はその4分の1は海外からの輸入に頼っている。ただし、近年は為替や国際情勢の変化などのあおりを受け、輸入飼料価格は上昇しており、畜産農家の経営を圧迫している。

他方で北海道を見回してみると、森林面積は実に71％を占め、森林資源に恵まれている。近年は、樹木をバイオマス発電の燃料として利用することも進んでいるが、

木質粗飼料を牛に給餌している様子

ペーパーレス化の進展でパルプ用の需要が低迷するなど、多くは未利用・低利用になっているのが現状だ。

こうしたそれぞれの社会課題に対して、独自の技術をもって挑もうとしているのがエース・クリーンである。

「エース・クリーンは、廃棄物の収集・運搬から事業が始まったのですが、多様な廃棄物を処理する技術を追求する中で、蒸煮という技術に出合いました。これを使って現在、木材を牛の飼料にする事業を展開しています」とエース・クリーンの中井真太郎代表は語る。

「蒸煮技術」を使い、シラカンバを有価値な飼料へ生まれ変わらせる

エース・クリーンは、シラカンバを粉砕し特殊な圧力容器に入れ、200度、15気圧の水蒸気で数十分煮込んで、牛の木質粗飼料を作る。この高温高圧での処理が蒸煮である。これにより、木材の成分がオリゴ糖や酢酸に

木材を木質粗飼料に変える蒸煮装置

変化し、キャラメルのような甘い香りとなり、牛は好んでこの木質粗飼料を食べるという。

魔法のような技術であるが、元々この製造技術の研究は30年以上前の1990年にまで遡る。当時、農林水産省が飼料の自給化を向上させるため、「バイオマス変換計画」として研究されたものが始まりである。ただ、当時は木材が飼料に生まれ変わることは確認されたものの、蒸煮技術で生産された飼料は高コストなどのため、普及には至らなかった。

それから実に30年以上が経過し、資源価格の上昇などの影響で飼料の価格が高騰する中、エース・クリーンは木材を使った飼料生産の事業化が可能だと考えたのである。

「事業を立ち上げる際に重要なのは、やはり社会的意義だと思います。異業種である当社が、林業と畜産業を結び付ける接着剤のような活動は社会貢献になると考え、新規事業として取り組むようにしたのです」と中井代表

●図表3-5-3 木質バイオマスによる高機能粗飼料の市場浸透に向けた方向性と課題

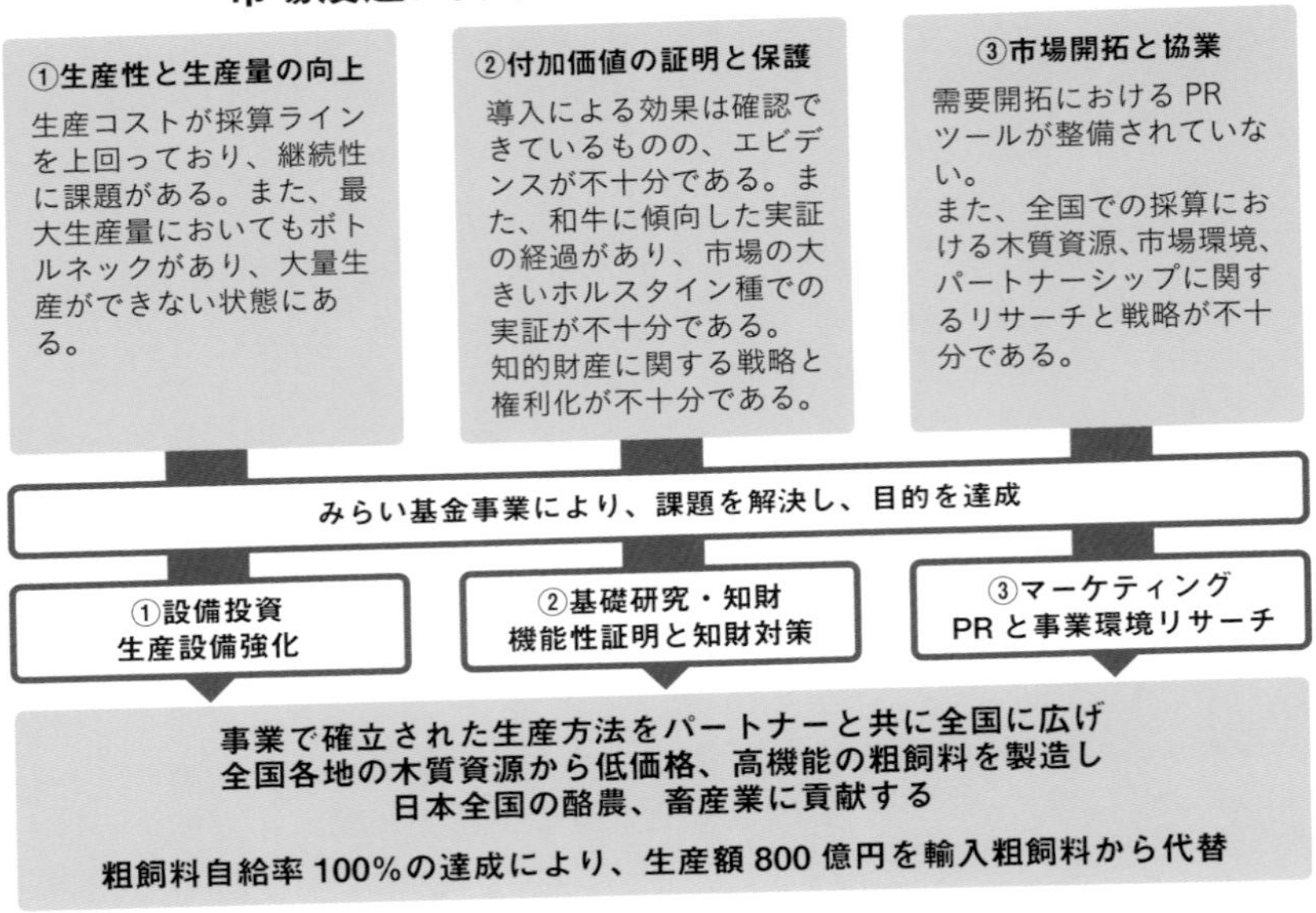
①生産性と生産量の向上
生産コストが採算ラインを上回っており、継続性に課題がある。また、最大生産量においてもボトルネックがあり、大量生産ができない状態にある。
②付加価値の証明と保護
導入による効果は確認できているものの、エビデンスが不十分である。また、和牛に傾向した実証の経過があり、市場の大きいホルスタイン種での実証が不十分である。

知的財産に関する戦略と権利化が不十分である。
③市場開拓と協業
需要開拓における PR ツールが整備されていない。

また、全国での採算における木質資源、市場環境、パートナーシップに関するリサーチと戦略が不十分である。

みらい基金事業により、課題を解決し、目的を達成
①設備投資
生産設備強化
②基礎研究・知財
機能性証明と知財対策
③マーケティング
PR と事業環境リサーチ
事業で確立された生産方法をパートナーと共に全国に広げ
全国各地の木質資源から低価格、高機能の粗飼料を製造し
日本全国の酪農、畜産業に貢献する
粗飼料自給率 100%の達成により、生産額 800 億円を輸入粗飼料から代替

は、この事業を立ち上げた当時のことを振り返る。

輸入飼料に頼らない畜産に変えるために

ただし、事業化を進めるためには生産性を向上し、輸入飼料よりも安い価格で安定的な生産をする必要があった。

元々、農林水産省が推進していた木質粗飼料化の開発研究において、畜産農家からもシラカンバを原料とした飼料は牛の嗜好に合い、肉質のよい健康的な牛に育つという評判もあった。

だが、その科学的エビデンスが十分にそろっていなかった。特に北海道ではホルスタイン種の市場規模が大きく、肉牛

●図表3-5-4 エース・クリーンの成長・発展イメージ

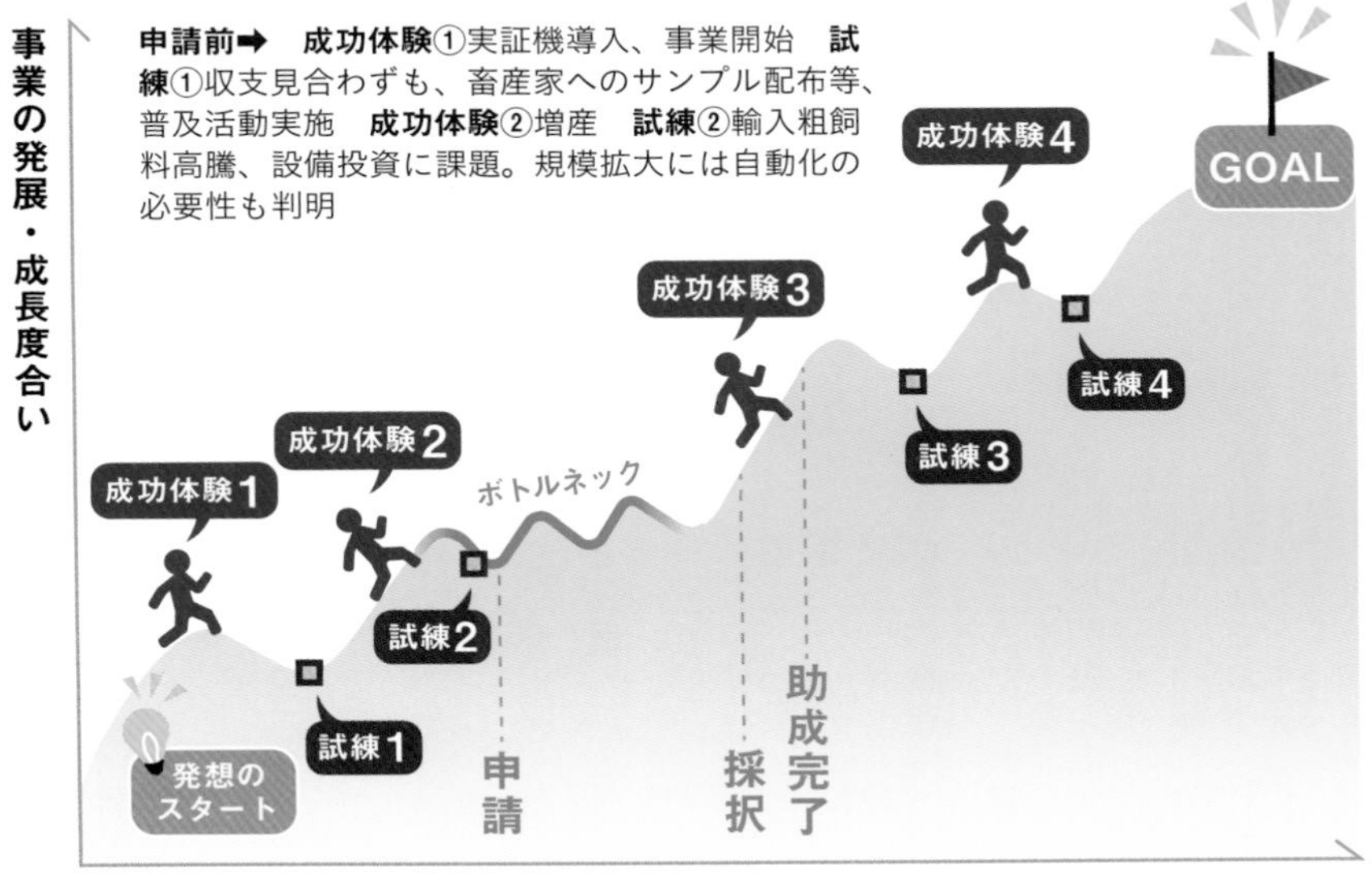
事業の発展・成長度合い
申請前➡ 成功体験①実証機導入、事業開始 **試練**①収支見合わずも、畜産家へのサンプル配布等、普及活動実施 **成功体験**②増産 **試練**②輸入粗飼料高騰、設備投資に課題。規模拡大には自動化の必要性も判明
発想のスタート
成功体験1
試練1
成功体験2
試練2
ボトルネック
申請
成功体験3
採択
助成完了
試練3
成功体験4
試練4
GOAL
時間

助成中・助成終了後➡ 成功体験③みらい基金の助成で設備強化 **試練**③原材料高騰、確保が困難に **成功体験**④農水省の補助金も得、他樹種を加えた飼料開発も開始

以外にもホルスタイン種に対する実証研究を進める必要があったが、それも進んでいなかった。

エース・クリーンでは、まず1系統の製造ラインから事業を開始したが、これを2系統に増やすとともに、梱包ラインも自動化し、生産性の向上を図ることを決めた。また、単に稲わらなどの粗飼料の代替になるだけでなく、牛の健康促進、疾病の軽減作用、牛からのメタンガス低減作用などを明らかにすることで、輸入飼料からの積極的な転換を目指したのである（図表3-5-3参照）。

この北海道において家畜の健康維持に不可欠な成分を多く含み、安全安心な粗飼料を季節や気候変動に左右されず安定的に生産できれば、おのずと全国に展開できる。エース・クリーンは全国のパートナー企業と連携し、全国の酪農家や肉牛農家に国産粗飼料を届け、経営の安定化を手助けしたいとも考えた。

その想いを実現するため、エース・クリーンはみらい基金への助成申請を行った。

【申請事業の概要】

●木質粗飼料の生産設備の強化

●木質粗飼料の付加価値の証明と保護

●木質粗飼料の市場開発と協業

【委員会の審議のポイント】

◆シラカンバや柳等の低利用木材から蒸煮技術を活用して粗飼料を製造することは新規性があり、再利用の観点でもよい取り組み。また、木質粗飼料を食べる牛はメタンガスを吐く量が少なくなる点も評価できる。研究機関・専門家とも連携が取れていることから、実現性もあるのではないか。

◆低質な木材の出口は常に検討されており、木質粗飼料が有効であればよい。北海道で普及すれば、東北にも広がるのではないか。

◆北海道立総合研究機構や帯広畜産大学など地域内外との連携も図っており、異業種連携のモデルにもなるのではないか。

【委員会でのその他の意見】

◆木質粗飼料について、どの程度需要があり、本当に事業化が可能なのか。その効果について実用的なのか、助成期間後の事業継続性は問題ないのか等を確認したい。

◆シラカンバからできる飼料について、肉牛と乳牛で嗜好が異なるかどうか、具体的な効用（香り・肉質の改善等）について確認したい。

◆助成申請の項目に、特許申請に関するものが含まれているが、これは具体的に何か確認したい。また、特許を取得できた場合の地域への波及についての考え方を確認したい。

【現地実査での質疑応答】

申請者＝エース・クリーンのメンバーほか、北海道立総合研究機構や帯広畜産大学などの地域の関係者が集まり、みらい基金との間で質疑応答が行われた。

みらい基金「今後、木質粗飼料のニーズが高まった際にも、原材料はしっかりと確保できるのでしょうか」

エース・クリーン「現在当社が扱っているシラカンバの量は２０００ｔ／年、今後需要が増えていくことにより最大６０００ｔ／年の量が必要になると試算しており、当社が利用する量だけを考えると、問題はないと考えています」

みらい基金「帯広畜産大学や林産試験所の共同研究により、さらなる需要の拡大につながるという説明があったが、具体的な効用を踏まえて、どのようにつながっていくのか具体的に説明いただきたい」

エース・クリーン「この事業の木質粗飼料は牛に対して、メタン発生抑制効果やルーメンアシドーシス（牛の万病のもとと呼ばれている代謝病の一つ）抑制効果、消化器系健全化による下痢・軟便抑制効果等を示すデータも出ています。帯広畜産大学の協力のもと、机上の空論ではなく、現地で効果検証ができていることは大変貴重なことと考えています。牛の消化器系健全化の効果が確かなものになれば、木質粗飼料を大量に給与するのではなく、少量の給与という新しい利用法も開ける。また、メタン発生抑制効果が確かなものになれば、環境対策という社会的貢献の面からも需要が発生するものと考えています」

みらい基金「特許申請についてはどのようなものでしょうか」

エース・クリーン「国内、国外での特許については、木材の加工条件に関する特許と機能性に関する特許を想定しています。加工条件は、リグニンやヘミセルロース分解物および木質に本来含まれる機能成分を増幅させる加工方法等となり、機能性は、機能性物質とその給与方法や機能成分含有

各種製造工程の自動化も進みつつある。写真は自動梱包ライン

飼料、および軟便や糞の臭気を抑制する資材開発等の周辺特許を考えています」

みらい基金 「この事業は工場出荷単価を45円／kgとしても利益が出るようにすることを目的に置いている。その価格は輸入粗飼料を意識しているということだが、その価格は適正なのか」

エース・クリーン 「平成28年から木質粗飼料を製造しており、価格を上げることも考えたことはありました。しかし、木質粗飼料を利用する生産者の声や運搬費が上乗せになることを踏まえると、45円／kgが適正価格と考えています。今回の設備投資で生産性が向上することにより、目標価格と採算ラインが達成され、継続的な事業が可能となると考えています」

このやりとりを通じて、シラカンバを利用した粗飼料の効用や事業の継続性などが確認された。こうした点が理事会においても評価され、採択に至った。

■「牛の健康状態がよくなった」と畜産業の現場からも高評価の声

蒸煮装置について導入が完了し、これまでの生産量から3倍となる年間6000tの生産規模が可能となった。また、梱包ラインも自動化され、本格的な稼働を開始している。

この木材から生まれる飼料は、実際に畜産業に携わる人々にはどのように受け入れられているのだろうか。佐々木畜産株式会社の佐々木章哲《あきのり》代表は、まさに自分たちが求めていた飼料だったと語る。

「飼料は輸入品に頼ることが多く、為替の変動や海上運賃の値上がりなどの影響を受けやすいのです。さらに品物が安定して届かないという課題もあって、安定供給されるというのが一番重要視していた点でした。そこに合致するものはないかと探していたところ、出合ったのがこの木質粗飼料だったのです」

元々、研究機関の調査で優れたポテンシャルを秘めていた木質粗飼料であったが、それが証明された形だ。エース・クリーンとしても、牛の健康促進、疾病の軽減、地球環境の保全に関するエビデンスデータを、木質粗飼料の新たな機能性として特許を出願している。

ホルスタインを中心とした給与試験では、現在のところ体重の推移に有意な差は見られていないが、血液成分の複数の項目において有意差が確認できている。また、ルーメン（牛の第一胃）内および糞便内の短鎖脂肪酸濃度の上昇も確認されている。これは、木質粗飼料が消化管内の微生物発

「未利用・低利用木材を活用し、新たな需要を創出することで、林業に貢献していきたい」と語る中井代表

酵を促し、肥育牛の代謝に変化を与えている可能性を示唆しており、期待を上回る効果も表れてきている。

今後は、さまざまな素材と組み合わせることで品質を維持しつつ、安定した価格で提供が可能となるよう試験を継続するとともに、帯広畜産大学などと連携して各種エビデンスの確保に取り組んでいく方針だ。

エース・クリーンの稲川昌志取締役はこの活動の手応えをこう話す。

「うれしいことに、この木質粗飼料の使い勝手のよさやお得さというのが認知されてきて、非常に販売数が伸びています。しかし、当社には製造装置を増設する余力がなかったのです。そこでみらい基金に応募し、その助成金で機械を導入することができました」

地域の未利用・低利用資源を活用し、地域経済とも連携を図りながら、優れた特性を備えた木質粗飼料を作る。北の大地で生まれた熱き情熱が、日本の林業と畜産業の未来を大きく変えていくかもしれない。

専門家に聞く

フードテックは人類を救う？

食×テクノロジーで食の社会課題解決へ。今後は関係者間交流が重要

株式会社東レ経営研究所
シニアアナリスト
川野茉莉子氏

川野さんが研究しているフードテックとは、どのようなものですか。

フードテックとは、農林水産物の生産から食品製造、加工、物流、小売り、外食、調理、廃棄物管理に至る食のサプライチェーンにおいて、各種技術を融合させることで生まれるさまざまなイノベーションです。たんぱく質危機や食品ロスなどの食糧問題、環境問題の解決に加え、新しいおいしさや機能性の提供、健康長寿への貢献などを通じて関連産業の発展が期待されます。昔から食に関する技術は多くありますが、今いわれるフードテックは、ＩｏＴ、ＡＩ、ロボティクスといった各種のＩＣＴ、新しいバイオテクノロジーなどによって、食とその関連産業の価値を高めていく技

術のことと考えてください。

海外を見ますと、米国では2016年ごろからフードテックへの関心が高まっています。最近の動きとしては、毎年1月に米国・ラスベガスで開催されているCES(コンシューマー・エレクトロニクス・ショー)は、2022年に「フードテック」を公式テーマに選びました。

日本でも2020年10月には農林水産省に事務局を置くフードテック官民協議会が発足し、官民を挙げてのフードテックに関する議論、情報共有、情報発信が始まっています。

今のフードテックが注目されるようになったのは「代替たんぱく質」の登場でした。これには大豆等の植物性たんぱく質を使ったプラントベースドミートと、動物性の培養肉(細胞ベースの食品)があります。今後、これらが本当に従来の食肉に取って代わるようになれば、食品市場に与えるインパクトは大きいでしょう。

米国では、プラントベースの代替肉の市場が大きく伸びました。価格は安くないので、コロナやインフレの影響で直近では売り上げが落ち込んでいますが、代替肉は米国の日常の食卓に入ってきていると言っていいでしょう。米国で代替肉が浸透しつつあるのは、若い世代を中心に健康志向を持つ消費者が増えていることが影響しています。動物性のたんぱく質は取らない人(ベジタリアン)には宗教的理由からそうである人もいますが、健康面から植物性食品の食事を選ぶ人が増えています。「家ではベジタリアンの食事だけど、外食時は肉料理もすしも食べます」といったスタイルの人たちですね。今後、機能性や味のよさが伴ってくるとさらに普及すると思います。

そのほかでは、食のパーソナライズ化に注目しています。人の嗜好や食習慣、そして健康状態は多種多様です。そこで、栄養管理も一人ひとりに合わせられれば、最適な食事によって人々の体質や生活の質の改善につながります。しかもそれが今、可能になりつつあります。既に、AIを用いて個人の日々の食事内容と体組成や運動の記録などから最適なメニューを提案してくれるアプリなどが多数提案されています。今後は生成AIも活用することで、さらに高度なことができるようになるでしょう。

今のフードテックは持続可能性にもつながるという理由を教えてください。

例えば食品ロス問題の解決の方向性を「食×テック×サーキュラーエコノミー」で考えてみましょう。①生産②加工③販売④消費という食品のバリューチェーンのそれぞれを見てみます。

まず、AIを使って④消費の需要予測と①生産量の予測ができるようになると、②加工③販売の量を最適化できます。すると、必要以上に生産しない、必要以上に流通させないことにつながり、食品ロスを削減できます。今、バイオテクノロジーを用いた細胞ベースの食品の技術開発が進められていますが、これが実現すれば、原材料（食材）の①生産段階から、需要に合わせて正確に生産量を調整できるようになります。またバイオテクノロジーによる品種改良で、従来よりも可食部やおいしい部位が多く、廃棄部位の少ない作物や家畜などが生産されるようになれば、食品ロスは一層削減されることになります。

②加工においては、野菜の芯や皮など捨てられるはずの部分も含めてペーストなどへと食材をまるごと加工する、廃棄されるはずの端材を独自の技術でパウダーへと加工し価値を高める、端材などの粉末を材料に3Dフードプリンターを用いて食感や見た目を向上させた食品へと加工する、といった取り組みが見られます。

①生産や②加工を変えていくには、食品以外のほかの工業で先行している技術や考え方を採り入れることがポイントです。自動車や家電品などの製造においては、既に、どのようにすればリサイクルやアップサイクルがしやすいかを製品の設計段階から考えるようになってきています。食品でも、廃棄の少ない、あるいはまるごと全部を使いやすい農林水産物が作られるようになっていけば、これまでとは違った①生産②加工になります。その点で、スマート農業や新しいバイオテクノロジーも、フードテックを構成するものとして大きな期待がかかっています。

③販売においては、AIで需要を予測し適正な生産を目指しますが、それでも賞味期限・消費期限までに売り切れない商品が出る場合は、臨機応変に他店舗や他社に融通する、あるいはアウトレットとして食事を廉価で提供するレストランや社会活動に渡すといったフードシェアの動きをICTがサポートしていくことになるでしょう。今は、商品にならなかった食品は肥料に加工したり、熱回収したりといったことがされていますが、今後はより価値の高いものに変換するアップサイクルが組み込まれていくと思います。

このように、バリューチェーンの各段階に多様なフードテックが加わることで、食のサーキュラーエコノミーの実現につながっていくと考えています。

食の分野で、より環境負荷を減らしていくためには、世界に広がっている食のサプライチェーンをできるだけ小さくすることも考えたいところです。生産の現場と消費の現場を近づける。その究極的な形の一つは、スーパーの店舗でありとあらゆる食物を作るという発想です。植物工場、細胞ベースの食品の製造設備、3Dフードプリンターといった設備・備品を店内に備えて、多種の食品を製造・販売する。これによってフードマイレージをゼロに近づけていくというわけです。

日本のフードテックは、今後、どう進化していきますか。

日本には、食品に関する古くからの技術と食文化が多くあります。それらを今後、新しいテクノロジーと組み合わせられれば、日本は日本で独自のフードテックを世界に向けて提案していくことができると考えています。

日本に昔からある得意な技術には、酒、味噌、醤油《しょうゆ》などの醸造技術、雪室のように食品を長期間保存し、しかもそれによって味が向上するなど食品の価値を上げる貯蔵技術などがあります。こうした技術には、有名でなくとも有用なものが地方の各地で、今でも多数見つけることができます。

さらに日本には、ケニアの環境保護活動家でノーベル賞受賞者のワンガリ・マータイさんが着目し、世界に広めてくれた「MOTTAINAI精神」があります。無駄なく使い切る文化を技術と共に世界に広めることは歓迎されるでしょう。また、日本は震災や津波など大きな自然災害に見舞われ、立ち直ってきたことも世界的に注目されています。その点、災害に備えた備蓄や非常食のノウハウも世界に提供できます。

今後のフードテックには、斬新過ぎると感じられる技術も出てくるでしょう。

今、日本では「完全栄養食」という1食で全ての栄養素を充足するという商品が出てきていますが、今後はさらに衝撃的な商品が出てくるかもしれません。例えば、貼り薬のように体に貼るだけで栄養が吸収できるといったアイデアです。ただしこれは、食べる行為自体を否定するものです。それをどのように扱うかは市場や消費者に問われていくことになるでしょう。このような技術は、業務や病気などで食べられないときのためや災害時の非常用などとしての可能性を探ることになるのではないでしょうか。

日本の代替肉商品も増えていますが、食肉関連の技術開発が関心を集めたのには、先ほど述べた健康志向とは別のもう一つの事情があります。

それは、2050年に世界人口が97億人に達し「たんぱく質クライシス」が来るといわれたことです。今後も世界の人口に十分なたんぱく質を供給していくには、たんぱく質の選択肢を増やす必要があると考えられたわけです。

そうした考えのもと、多くの飼料用穀物を必要とする畜肉と比較して単位面積当たりのたんぱく質産出量が高い植物性たんぱく質の利用を広めようとか、農場を使わずにより効率的に食肉生産を可能にしよう、あるいは昆虫食を考えよう、といった動きにつながっています。つまり、地球環境を考えれば人間の食を変える必要があるという考えがあるのです。ただ、あなたも明日からすぐに昆虫食を主体にできますか？と問われて、はいと答えることができる人は多くはないと思います。

やはり食品には、味や栄養や機能性が求められていますので、食の産業に携わる人は食品本来の価値を提供する必要があります。政府も、「国民は代替たんぱく質へシフトせよ」とか「これからの食のスタイルはこうあるべきだ」と押し付けることもできません。食はやはり個人の嗜好、習慣、信条、宗教にも絡んできますし、基本的には個人の自由な選択にゆだねられるべきものです。

技術開発が進むごとに新たな課題も出てくるでしょう。都度、これに対処していくことも求められます。代替たんぱく質が普及すれば食肉の輸入が減ると言っても、その原料の大豆を大量に輸入することになるようではあまり意味がありません。細胞ベースの食品は細胞から肉を形成していくわけですが、現状では、その細胞の増殖を促進するための成長因子が高価であるために高コストになっているといった問題もあります。

フードテックが、真に社会に役立つためには何が必要でしょうか。

フードテックの開発が進む背景には、世界人口の拡大に伴う将来の栄養不足への対応などが挙げられます。加えて、昨今の世界情勢を見れば分かるように、代替肉に限らず食料を効率的に確保することは、喫緊の食料安全保障上の問題でもあるのです。フードテックを駆使して、日本もできるだけ自国で食料を賄えるようになることが理想です。

フードテックには、このようにメリット、デメリットがありますが、将来を考えれば、やはりフードテックを活用して食のサーキュラーエコノミーを形づくっていくべきでしょう。では、数々出てくる課題はどうクリアしていくか。

ここは、詰まるところ、ますます関係者の間のコミュニケーションが重要になってくるということだと思います。遺伝子組み換えやゲノム編集、培養肉など新しいバイオテクノロジーにしても、多くの人に理解してもらわなければなりません。フードテックに携わる者は、現状と今後の状況、それぞれの技術の中身、そのメリットとデメリットを伝える必要があります。そして消費者の反応を集めてそれを企業や政府にフィードバックする。

そうした橋渡しを大切にして、消費者の不安に対処しながら、良い方向に進めていく。私も、さまざまな情報を社会で共有しながら、良い変化に貢献していきたいと考えています。

かわの・まりこ　２００８年京都大学大学院農学研究科修了。修士(農学)。同年東レ株式会社入社。２０１５年東レ経営研究所へ出向。日本証券アナリスト協会認定アナリスト。専門分野はサーキュラーエコノミー、サステナビリティ、フードテック／アグリテック。主なレポートに「フードテックが生み出すバイオエコノミーの新潮流」「加速する食のＤＸ：フードテック」など

有機×動物福祉の高付加価値な卵生産で障がい者の自立を支援

一般社団法人Agricola

農と福祉が交わる仕事。障がい者が十分に能力を発揮し、農業や畜産業の担い手として持続的に活躍することに取り組んでいるのが、一般社団法人Agricola（アグリコラ）である。木造の放し飼い鶏舎で鶏を飼育し、オーガニック卵を生産・販売している。コクのある優しい味わいの卵は、札幌市内のミシュランの星を獲得したレストランシェフや製菓店からも好評だ。障がい者の社会的自立と持続可能な畜産業の実現を両立する取り組みがここにある。

助成先の組織概要

一般社団法人Agricola：就労継続支援A型事業所として、通年雇用による障がい者の就労支援を行うとともに、雪深い北海道石狩郡当別町でニワトリ7000羽を平飼いや放し飼いで飼育し、オーガニック卵を生産・販売している。これまで培ったノウハウにより、職業人として障がい者の成長を促し、畜産業の担い手育成にも取り組んでいる。

プロジェクト：鶏舎建設と穀物乾燥施設建設

地域：北海道当別町

平飼いされているAgricolaのニワトリたち

「生きることはすなわち働くこと」。Agricolaが始まって以来の理念である。

柳田国男氏の著書『都市と農村』には、人が農村で働いている描写がちりばめられている。そこでは労働を一つのくくりではなく、「生きる」ということと「働く」ということが連続的な営みとして描かれている。

「これに共感して、これを念頭に置きながら事業を進めていきたいと思っています」とAgricolaの水野智大《ともひろ》代表は話す。

Agricolaには次の2つの意味が込められている。

Agricola（アグリコラ）とは、ラテン語で「農民」を意味する。もう一つの意味は「アグリ」、つまり「農」と福祉やデザイン、企業、芸術などが「コラ（ボレート）」していくことを大切にしていきたいという想いである。

障がい者の賃金を確保するために卵を生産・販売

「1万6507円」という数字。

これは2021年度の就労継続支援B型事業所における給料の平均月額である。新型コロナウイルス感染症が拡大した2020年度は、一時的に下がったものの、これまで右肩上がりで上昇を続けている。それでもB型事業所利用者の賃金は2万円にも届かない。

就労継続支援A型事業所においても、2021年度の給料の平均月額は8万1645円にとどまっているのが現状だ。

就労継続支援事業所とは、通常の会社などに雇用されにくい障がい者に働く機会を提供し、その機会を通して、仕事の知識や能力の向上を支援する事業のこと。

「精神障害のある方が働き続けられるようになるには、実際に働きながら人間関係の調整や不調の回復、問題解決について学ぶことが必要です」と精神科の看護師だった水野代表は語る。

就労継続支援事業所には「A型」と「B型」の2種類がある。A型事業の対象は「通常の事業所で雇用されることは困難だが、雇用契約に基づく就労が可能な人」であり、B型事業の対象は「通常の事業所で雇用されることは困難で、かつ雇用契約に基づく就労も困難な人」となる。

Ａｇｒｉｃｏｌａは就労継続支援A型事業所を営んでいる。

「我々は障がい者一人ひとりと雇用契約を締結し、社会保険にも入っています。障がい者の雇用を

自然林の中での放牧もある

守らなければなりません。それは人と人との紳士的な契約だと思っています」と水野代表は語る。

Agricolaの設立当初の給料の平均月額は7万円台後半であったが、2021年度は9万円台まで増額している。

水野代表はAgricolaについてこう説明する。

「障がい者の方々は、薬物治療などだけでは健康を取り戻すことができず、その結果、人格形成ほか、社会性を身に付けることもままならない、ということは多いのです。ところが当社で働く障がい者は、労働という負荷が加わることでリハビリ効果とともに、回復力が増し、さらには生活できる賃金（給料）を手にすることで、社会に参加しているという意識、自らの成長、働く楽しみを感じてもらえています。我々には、事業所利用者（障がい者）の賃金を確保しなければならないという使命があります。そのために卵を生産し、売っています」

る。

卵は1個60円から170円で取引される

Ａｇｒｉｃｏｌａが生産している「オーガニック卵」は、日本国内ではまだまだ数少ない卵である。

ニワトリたちが食べる飼料は、地元北海道において有機認証を取得している規格外穀物を自家配合したもの。国産の米も餌に配合していることから、米独特のうま味が卵本来のおいしさを引き出している。また、着色成分を一切、餌には混ぜていないことから、黄身の色はクリーム色をしている。自然に近い形で育てている証しである。

Ａｇｒｉｃｏｌａが生産するオーガニック卵は、1個170円で販売されている。日本国内では有機認証を取得している畜産物はまだまだ少なく、味も含めてプレミア感のある卵として評判だ。

「それらは彼ら（事業所利用者）の頑張りなんです。本当に良い卵ができていると自負しています」と水野代表は話す。

ニワトリたちは、鶏舎に隣接する林への放牧や施設内での平飼いで飼育されると、飼育密度が低く健康に成長する。加えてシステム鶏舎で給餌時間や照度、放牧の時間を適切に管理できることで、結果として産卵率の上昇や巣外卵の低下につながる利点がある。

近年では、「アニマルウェルフェア」という考え方を踏まえた家畜の飼養管理が注目されている。家畜に心を寄り添わせ、誕生から死を迎えるまでの間、ストレスをできる限り少なく、行動要求が

●図表3-6-1 Agricolaの成長・発展イメージ

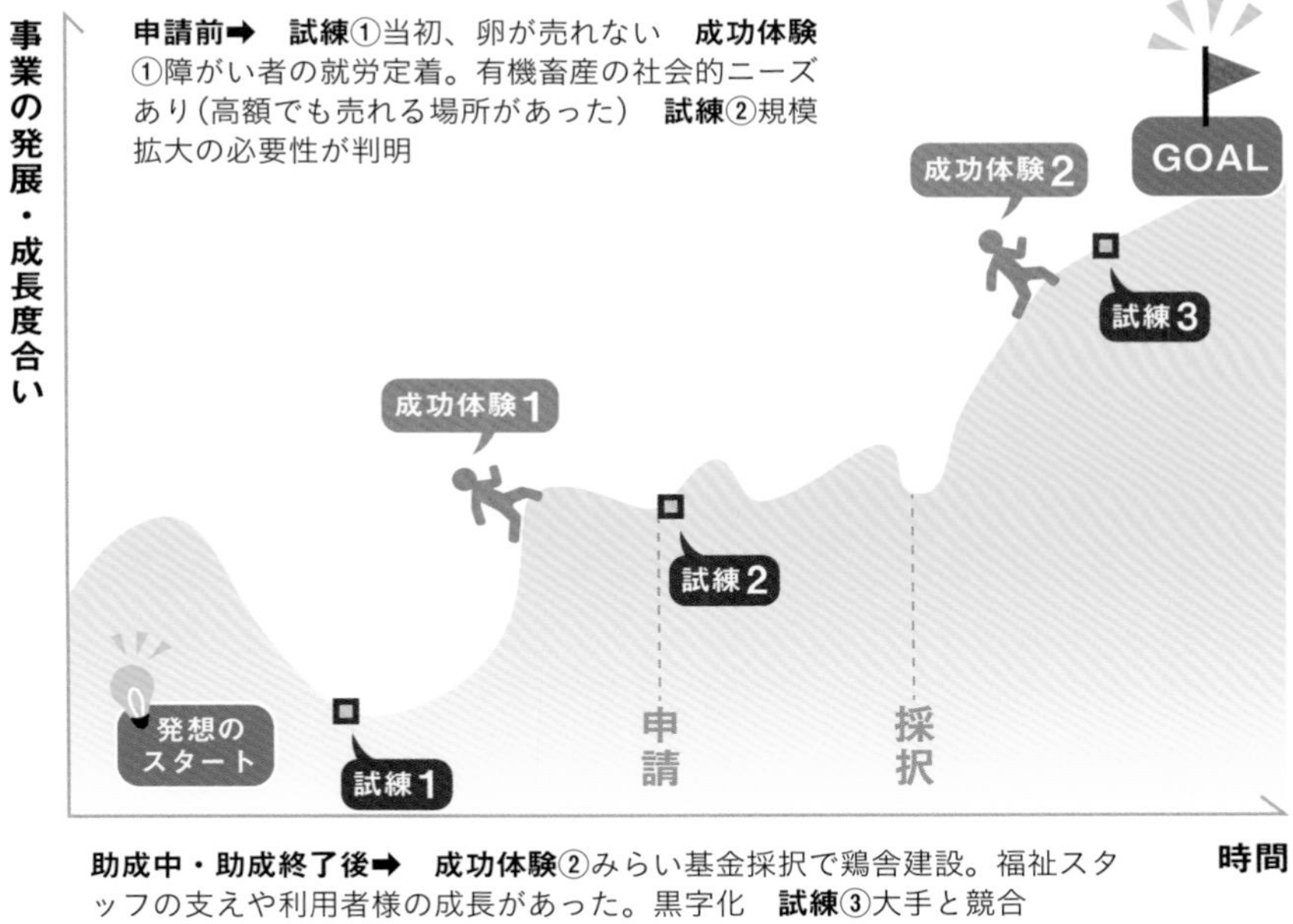
事業の発展・成長度合い
申請前➡ 試練①当初、卵が売れない 成功体験①障がい者の就労定着。有機畜産の社会的ニーズあり（高額でも売れる場所があった） 試練②規模拡大の必要性が判明
GOAL
成功体験2
試練3
成功体験1
試練2
発想のスタート
試練1
申請
採択
時間
助成中・助成終了後➡ 成功体験②みらい基金採択で鶏舎建設。福祉スタッフの支えや利用者様の成長があった。黒字化 試練③大手と競合

満たされた健康的な暮らしができる飼育方法を目指す畜産の在り方である。

Agricolaでは、従事する障がい者の健康だけではなく、飼育しているニワトリを健康に育てることに携わってもらうことで、障がい者の社会的な自立と持続可能な畜産業の両立を目指したのである。

「最初は200羽程度からスタートしましたが、うまくいきませんでした。経営の力のなさを痛感したのが正直なところです。そこから地道に営業して、東京の超高級ホテルや自然食品のお店などから声を掛けてもらいました。農福連携の中でも良い商品なんだと、認めてもらえるブランディングをしてきました」と水野代表は話す。

養鶏が7000羽規模まで拡大した現在、事業所利用者である障がい者も3人から17人に増えた。就労継続支援A型事業所では、農業収入のうち必要な経費を除いた分は、全て障がい者の給料となる。事業所スタッフの給料は、国民健康保険団体連合会からの訓練等給付費だけになる。すなわち卵を売った収入は直接、障がい者の手取りにつながるのだ。

「障がい者の給料は別会計となっています。この事業の素晴らしいところは、障がい者のために卵を売るという点です」と水野代表は話す。

オーガニック卵については需要があるが、雪深い北海道当別町であるということが事業拡大の壁として立ちふさがっていた。雪害や風害によってビニールハウスの倒壊の危険性があるとともに、キツネやテンなどによる獣害も毎年発生していたのである。

また毎年秋に、飼料のため規格外でよいが、有機認証の穀物を確保する必要がある。そこで、有機デントコーンの栽培にも着手した。一方、有機認証を得るには、慣行栽培の穀物と明確に分別できる専用設備が必要である。ところがＡｇｒｉｃｏｌａには乾燥施設がなく、乾燥の段階で非有機にするしかない状況が続いていた。

北海道産の有機の規格外穀物を利用し、持続可能な農業・畜産業を支えるため、Ａｇｒｉｃｏｌａはみらい基金への助成申請を行った。

【申請事業の概要】

●木造鶏舎の増築

●有機デントコーンを乾燥・貯蔵する穀物貯蔵施設の建設

【委員会の審議のポイント】

◆有機JAS認証と就労継続支援A型を組み合わせた事業として、インパクトはある取り組みと言える。資源循環に関する案件としてでも、良い案件ではないか。

◆農福連携事業の資金調達の難しさまで率直に陳述しており、好感が持てる。申請者の代表は起業家として新しいビジネスを展開していく能力があると評価できるのではないか。

◆事業がどのように障がい者の雇用につながり、生活や待遇改善につながるのか確認が必要。

【委員会でのその他の意見】

◆事業自体に社会的意義があり、継続されてきた事業でもあるので、もう少し深掘りしてもよい。

◆事業に社会的意義は感じるが、一企業の投資に過ぎないのではないか。予定している鶏舎の増築が障がい者に寄り添ったものになっているのか、実査で確認したい。

◆地域産の飼料を餌としてどの程度活用する予定なのか、確認したい。

【現地実査での質疑応答】

当法人メンバーとみらい基金との間で質疑応答が行われた。

みらい基金「アニマルウェルフェアや高付加価値化戦略についてよく考えられているが、どのような意図で、どのように考えて取り組み始めたものなのでしょうか」

Agricola「基本的には、飼養標準を読み込み、有識者にヒアリングして知識を高めました。この事業の高付加価値化戦略については、平飼いによるところが大きい。平飼いと付けるだけで、現在は売れる状況にあるが、北海道大学の清水池准教授が中心となって、平飼いのコストを算出しており、データが集まったら畜産クラスター（注）に平飼いを組み込むように働きかけることが想定される。そうなればアニマルウェルフェアの考え方が浸透し、大手も参入してくるはず。当法人のような小さな養鶏場では太刀打ちできないことから、平飼いに加えて、自然林を利用した放牧の要素を加えたいと考えています」

（注）畜産クラスター：畜産農家を核として地域の関係事業者が連携・結集し、地域ぐるみで高収益型の畜産を実現するための体制。

みらい基金「鶏舎を建設する際に、障がい者の方が働きやすいような工夫はあるのでしょうか」

Agricola「バリアフリー設計にはなっていますが、それ以外で障がい者が働くための工夫はあえてしていません。健常者が働くのと同じ環境で働くことに慣れてもらうためにそうしているのです。ただし、一部危険が伴う作業もありますので、その点は注意を促す掲示等で対応できると考えています」

みらい基金「特徴のあるニワトリの育て方と販売方法によって、事業は急速拡大していますが、働き手（障がい者）の確保や経営管理について、事業拡大のスピードについていくことができるのでしょうか」

Agricola「会社を設立してからの6年間で、事業は成長を続けていますが、当然にニワトリの育成頭数が増えると手間も増えます。現在想定しているのは、常時7000羽を育成することを前提として、卵を産まない期間を加味しても最大8900羽程度に調整する見込みです。この事業で導入予定の平飼いシステム等を利用すれば、機械化される作業も出てきます。その分、人の作業は減少しますから、ニワトリ育成の負担は軽減されるはずです。もちろん、雇用は維持していかなければなりません」

みらい基金「最大8900羽のニワトリを育成するために、地域産の飼料についてどの程度活用することを想定しているのでしょうか」

Agricola「飼料用米は、当別町で90~100t確保できると言われています。今年当法人が利用したのは、1年間で65t程度。倍に増えたとしても120tなので、当別町産で一定程度賄えると考えています」

水野代表と福祉職員

このやりとりを通じて、本事業が障がい者の雇用や賃金確保につながることなどが確認された。こうした点が理事会においても評価され、採択に至った。

障がい者と共に「農」を通じて消費者に誇れるような商品を提供

平飼いや放し飼いで飼育する木造鶏舎の増築については、2024年9月ごろには完了する。畜産施設ではあるものの、アニマルウェルフェアを意識したデザインとなっており、周囲の景観にも溶け込みそうだ。

「コロナ禍で改めて明らかになったのは、彼ら（事業所利用者）はまだまだ労働弱者ということでした。健康保険に加入できていないと傷病手当金も出ません。有休を使えば別ですが、休めば賃金は保証されないのが現状です。彼らの中には結婚して子供をもうけることもあるかもしれません。彼らにも、将来につながる安心して働け

ニワトリを育てる楽しみを働く楽しみにつなげるという水野代表

る環境をつくっていくことが非常に重要だと考えています」と水野代表は話す。

Ａｇｒｉｃｏｌａは、障がい者と共に「農」を通じて消費者に誇れるような商品を提供していく。事業所利用者全員にニワトリを育てる楽しみ、ひいては働く楽しみを感じてもらいながら、社会的・経済的自立ができるよう支援していく方針だ。

農業と福祉が支え合うことで生まれる相互支援関係を活用し、地域に根差した活動は今後も続いていく。

持続的な生物多様性のある未来の森づくりに挑む。作業を見直し冬仕事も創出

株式会社GREEN FORESTERS

「生き物と共存する森づくり」を目標に掲げ、生物多様性に配慮した施業方法の確立に挑戦している林業ベンチャーがいる。株式会社GREEN FORESTERSだ。森林が木材利用のためだけでなく、生き物の棲みかとしての役割も担い、人と生物が相互に補強し合う森づくりへの挑戦が始まっている。

助成先の組織概要

株式会社GREEN FORESTERS：林業の中でも、特に人材不足が著しい造林事業に特化している東京の林業会社。山主の手出しなし（補助金の範囲内）で、再造林を可能とする事業を展開している。また、働く人材の生産性を最大化するための労働環境や人事制度等を取り入れ、造林に最適な働き方を推進。単に森をつくるというだけでなく、森林資源の持続的な循環を妨げる、あらゆる障害をなくすことを目指している。
プロジェクト：積雪地域での造林課題を解決する！未来の森づくり事業
地域：新潟県村上市

適切に管理された森林は木漏れ日にあふれている

主伐期を迎えている日本の林業。本来であれば、伐期を過ぎて高齢化した木を伐採し、木材収入を得ることで、再び植栽を行う循環型の林業が理想だ。ところが現在の日本の林業では、主伐面積のうち再造林されている面積は、3割から4割程度にとどまっている。

主伐再造林が進まないと生態系のバランスも崩す？

森林は多様な生態系を支え、多くの動植物の生息地となっていることから、主伐再造林が進まないと生態系のバランスに影響を及ぼす可能性がある。また、適切に森林を管理しなければ、山火事や土砂崩れなど自然災害に対する耐性が弱まる可能性もある。

地球環境や人間社会の健全な未来を構築するうえでも、持続可能な林業と主伐再造林は重要な役割を

森には生物多様性がある。コケむした倒木をはうトカゲ

果たしているのである。

その課題に挑戦しているのがGREEN FORESTERSだ。主伐再造林が進まない原因の一つは、林業従事者の不足。特に、植林・育林作業に携わる造林人材が足りない。例えば、植林従事者は2000年に4万2000人余りいたが、2015年には2万人を切っている。

そのような中、同社は、勤務形態や現場での裁量、給与体系などを現場作業者目線で見直した。デジタルツールを導入することによって利便性を高め、これまで20～30歳を中心に11人を採用している。

「当社は、林業の中でも、伐採した後に植林や育林をする造林専門に特化した事業を展開しています。現在、栃木と新潟で仕事をしていますが、各地から引き合いが来ています。特に、東北地方では造林人材が非常に不足しており、伐採後の再造林率も3割に満たない地域も多くあります。まずは東北地方に参入し、将来的には全国の

山の斜面で植林にいそしむGREEN FORESTERSのメンバー

造林課題を解決したいと考えています」とGREEN FORESTERSの中井照大郎《しょうたろう》代表は語る。

再造林体制が整えば、村上市は好循環が生まれる林業先進地になる

元々この事業は、新潟県で施業プランナーを務めていた佐藤剛さん（現在はGREEN FORESTERSの新潟団営業担当を務めている）から、GREEN FORESTERSに対して、「村上に再造林課題があり、協力願えないか」という打診を受けてのものだ。同社としては、作業量が少ないため一度は断ったものの、佐藤氏の熱意に打たれ、新潟県に進出することを決定した。

「村上市では積雪があります。積雪地域での造林課題を解決するためには、造林従事者の冬場の仕事をどう確保するのかが一番のキーとなります。今後、村上を第1号として、将来的には東北地方に展開していきたいと考え

●図表3-6-2 **画一的造林作業からの脱却と冬仕事の創出**

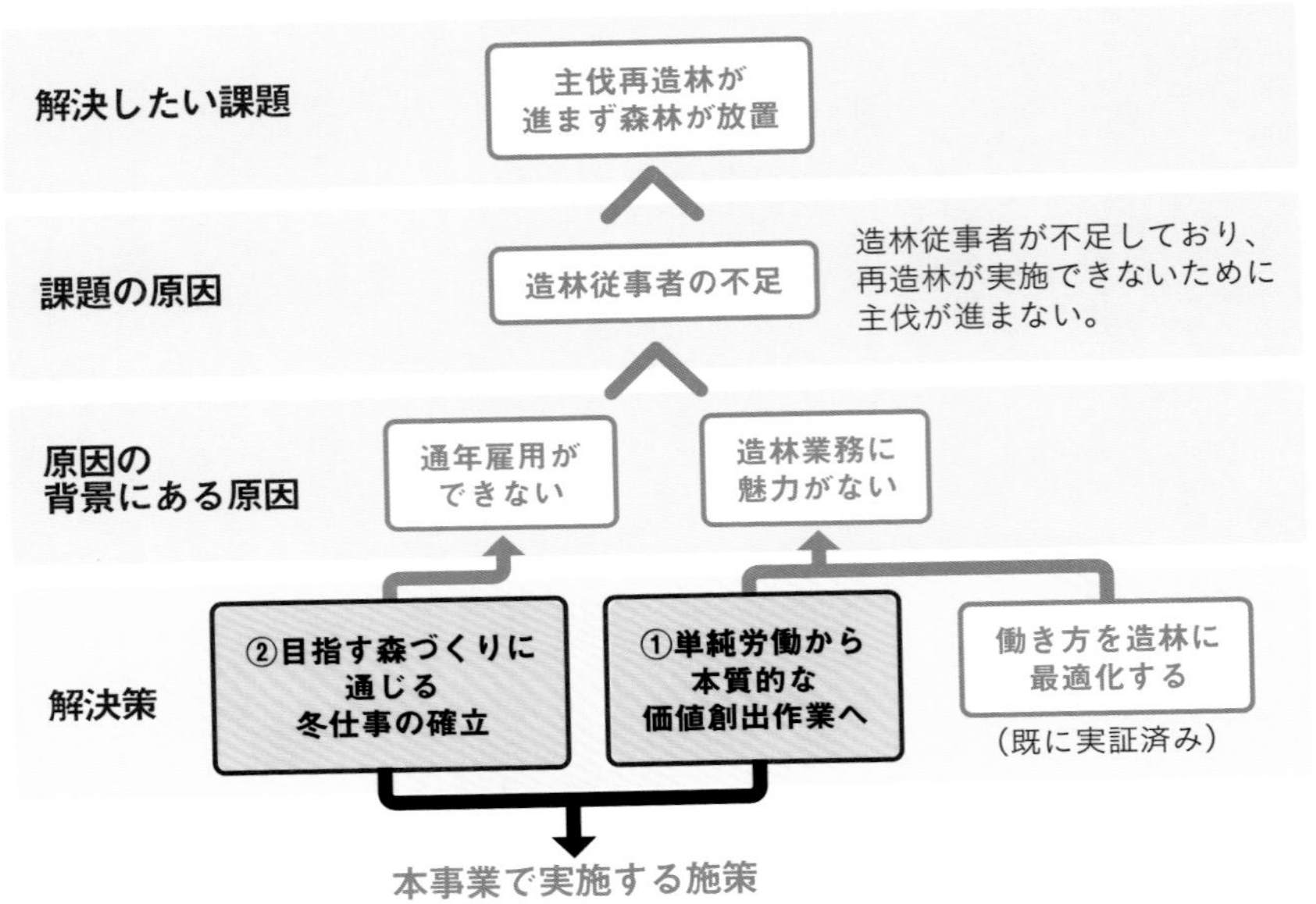

ています」と中井代表は語る。

東北・信越地方での造林事業には、積雪のため通年雇用ができないという課題があるが、それ以外にも、材価の低下等に伴う林業の収益性低下、森林所有者の森林への興味・関心の低下も課題となっている。

そのためGREEN FORESTERSは、造林事業を単純労働から本質的な価値創出の仕事に転換しようと考えた。それは、生物多様性に配慮した森づくりだった。森林が単に木材利用のためだけでなく、生き物の棲みかとなったり、災害リスクを軽減したり、余すことなくその多面的な機能が発揮されることを目指したのである（図表3-6-2参照）。

●図表3-6-3 GREEN FORESTERSの成長・展開イメージ

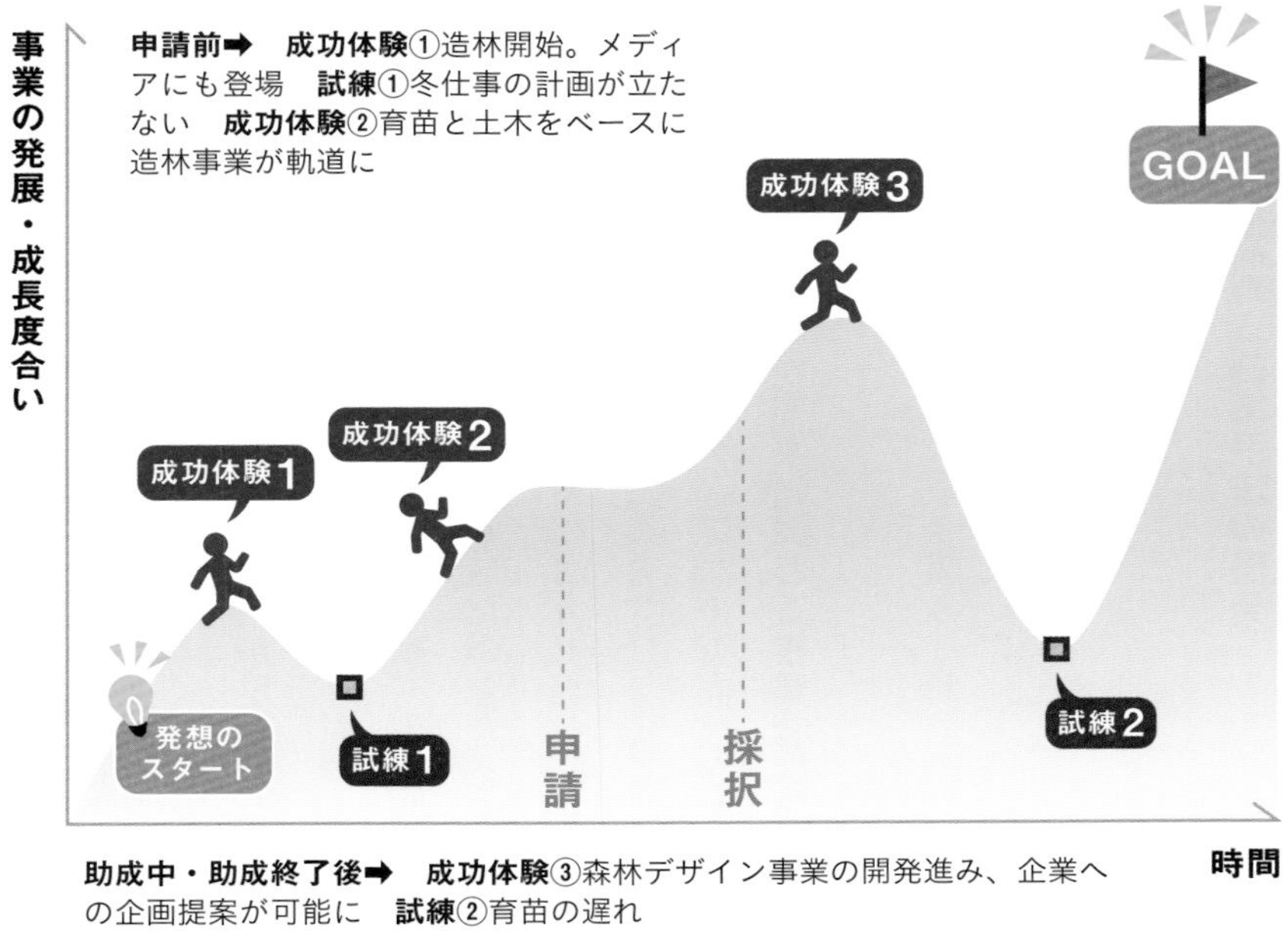
事業の発展・成長度合い
申請前➡ 成功体験①造林開始。メディアにも登場 試練①冬仕事の計画が立たない 成功体験②育苗と土木をベースに造林事業が軌道に
GOAL
成功体験3
成功体験2
成功体験1
発想のスタート
試練1
申請
採択
試練2
時間
助成中・助成終了後➡ 成功体験③森林デザイン事業の開発進み、企業への企画提案が可能に 試練②育苗の遅れ

山を支援したいというスポンサーからの収入にも期待

GREEN FORESTERSは、まず冬場の山の仕事をつくるため、育苗事業と木工事業に取り組むこととした。造林事業の原材料である苗木や、林地残材などを活用した木材製品を自社生産すれば、安定的に雇用できる体制を構築できる。育苗から植林、育林まで一貫して施業することで、生物多様性のある森づくりに必要な苗の選択肢を広げることにもつながる。

生物多様性に配慮した施業方法としては、①生物学的アプローチによる方法（その土地本来の固有種などを把握しながら、最終的な林型をデザイン）のほか、②林学的アプローチ（人工林の樹種多様性向上という観点で、森林全体の機能を高めるための混交林化を実現）による方法を専門家と共に確立することとした。

「単にスギやヒノキを植えるだけではなく、森林の多面的機能を最大化する取り組みが必要と考えています。今は学術的なコネクションが足りておらず、現場にその知見がないことが課題です。新しく冬場に事業を立ち上げるだけでなく、林学の先生にも入ってもらい、生物多様性を高める具体的なアプローチを確立する。最終的には、生物多様性のある山を支援したいというスポンサーから収入を得るところまで実行していきたいと考えています」と中井代表は本事業の狙いを語る。

生物多様性については、2022年12月に開催された国連生物多様性条約第15回締約国会議（COP15）において、「2030までに生物多様性の損失を食い止め、反転させ、回復軌道に乗せる」、いわゆる「ネイチャーポジティブ」の方向性が明確に示されている（図表3－6－4参照）。社会全体の課題であるが、とりわけ林業に関わる事業者は無視できない課題である。

【申請事業の概要】

目指す森づくりへ精力的に取り組み、新潟県村上市を積雪地域での林業先進地にするため、GREEN FORESTERSはみらい基金への助成申請を行った。

●生物多様性を高める施業手法の開発

●図表3-6-4 生物多様性の損失を減らし、回復させる行動の内訳

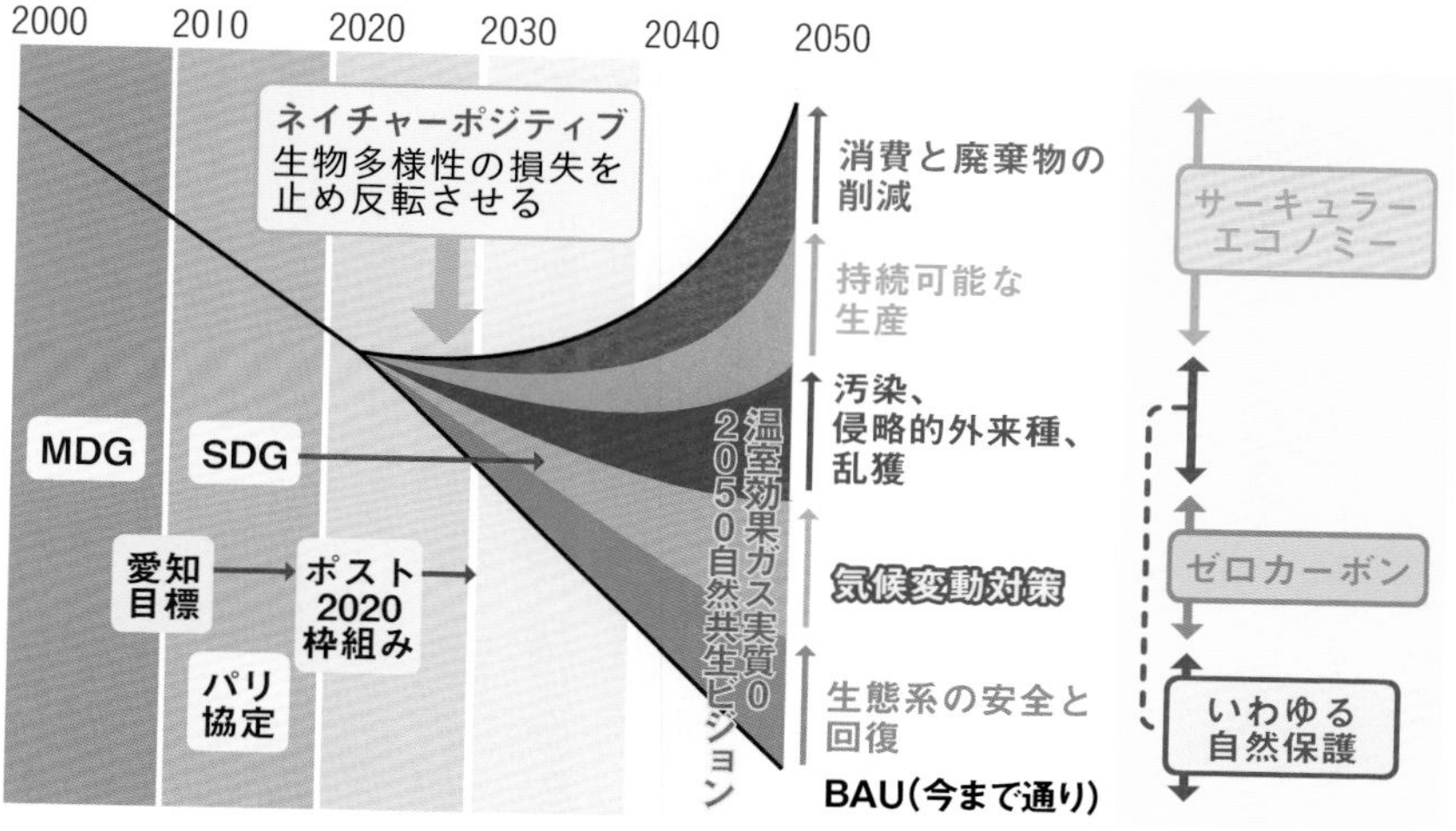

（地球規模生物多様性概況第5版から抜粋）

●育苗事業および木工事業を通じた冬仕事の確立

【委員会の審議のポイント】

◆「冬季に仕事がない」という、関東以北における林業の課題への対応として、木工事業と育苗事業を組み合わせるという手だては評価できる。申請者の代表は商社出身であり、当事業においても全体をうまくコントロールしていくのではないか。

◆本事業の評価すべき点は、木工事業と育苗事業での従業員の通年雇用だが、本当に雇用が維持できるだけの収支が確保できるのか、その確からしさについて確認したい。

【委員会でのその他の意見】

◆事業に必要なだけの専門家の確保ができ、連携できる見込みがあるのか、確認したい。

◆「特定地域づくり事業協同組合制度」の枠組みの中で展開していくべき事業ではないか。

【現地実査での質疑応答】

申請者＝GREEN FORESTERSのメンバーほか地域の林業会社が集まり、みらい基金との間で質疑応答が行われた。

みらい基金「事業3年目までは、助成金があるので赤字にはなっていないが、4年目以降の見通しを教えてください」

GREEN FORESTERS「既に村上市で2haの造林を行い、黒字となっています。造林事業で補助金を含めて黒字化できることを前提に、育苗事業や木工事業に取り組む考えです。地拵《じごしら》えから造林まで、年間40haほど取り組む予定となっています。その広さであれば新潟県の補助金が確保できるので、事業継続性は担保されていると考えています」

みらい基金「生物多様性に配慮した森をつくることの大切さは理解できるが、造林する樹種は、木工事業で利用可能な木材となるのでしょうか」

GREEN FORESTERS「樹種はそれぞれの林地に合ったものを植える予定で、将来的には、当社も利用することを検討しています。また、森づくりについては、2つの考え方があると認識しています。1つ目は、素材生産を前提としつつ、生物多様性に配慮して森をつくること。2つ目は、木を素材生産の材料として見るのではなく、里山として見ること。それぞれの考え方によって、支援してくれるスポンサーが変わる。当社から、『このような森をつくりたいと考えているが、スポンサーになってくれる会社様はいますか』とお声掛けするようなイメージと考えています」

みらい基金「『生物多様性に配慮した森づくり』の聞こえは良い。とはいえ、生物が好きなように生育する環境は、森林としてはよくないのではないか。エコシステムとして、最適な組み合わせがあるようにも感じる。企業からスポンサーを募る際に、彼らがつくりたい森の価値（評価）に対してスポンサー料を決めるということだが、その森の評価軸が正しくないと、そもそもビジネスモデルが成立しないのではないか」

GREEN FORESTERS「ご指摘の内容はおっしゃる通り。その点については、専門家に評価基準を作成してもらうしかないと考えています。世の中にある評価基準は、山単位等とスケールが大きいものになるが、この事業では地区単位となるため、スケールが合わない。既存の基準は使えないと感じています。新しい基準や評価をつくることが、これからの課題であると認識しています。単に専門家が言ったからその通りに評価するのではなく、国際的な基準を意識したものにしていきたいと考えています」

みらい基金「村上市で事業が成功した後の事業展開について教えてください」

GREEN FORESTERS「既に、岩手や群馬の主伐・間伐会社から造林作業の依頼をいただいているが、待っていただいている状況。まずは、村上市で成功させることが肝要。村上市で成功すれば、待ってもらっているエリアはもとより、東北をはじめとした積雪地域で、『生き物と共存する森づくり』の事業が展開できると考えています」

このやりとりを通じて、木工事業と育苗事業を組み合わせることで通年雇用を実現できること、また、スポンサー収入は木材商品製作費に充て、できた木材商品をスポンサーへの返礼品にするなど、木工事業の収益にもつなげる見込みといったことが確認された。こうした点が理事会においても評価され、採択に至った。

「生き物と共存する森づくり」が、造林事業をさらに魅力的な仕事に

事業1年目である2023年、生物多様性に配慮した森づくりに関する共同実証を、「ネイチャーポジティブ」を目指す大手エネルギー会社と連携し開始した。これにより再造林などを実施していく体制を構築し、今後、多様な樹種を用いた森づくりを実証しながら、放置されている造林未済地の再生スキームの確立を目指している。

「これまでの林業のように、補助金を前提にスギ（針葉樹種）を1万本植えるということだけではなく、広葉樹種を植えるなど、もう少し多様な森づくりをしていきたい。それによって、生物多様性の指標をつくり、企業のスポンサー支援をいただけるプラットフォームをつくっていきたいと考

ドローンで資材を運搬することもある

えています」と中井代表は展望を語る。

育苗事業については苗畑設備一式を導入し、育苗本数5万本にまで増産しており、従業員の安定雇用につながっている。木工事業については、今後設備の導入を進め、高付加価値の木材商品を作っていくこととしている。当面は、主にスポンサーへの返礼品とする予定だ。

また、この事業を通じて、現場職員の意識転換も目指している。「ただ言われたことをやる」のではなく、理想の森づくりに向けて、各自がそれぞれの現場でどのような施業を施すべきかを検討、実践していく。専門家の力も借りながら。このような取り組みを積み重ねていくことで、林業が知的生産活動へと転換され、職員一人ひとりの創造性が育まれていくというわけだ。

苗木が大木になっていくように、一つひとつの取り組みが未来の森を育み、人間社会にも地球環境にも価値のある林業を切り開いていく。

専門家に聞く

山活用、絶好の機会到来

脱炭素社会の流れに乗って森へのエンゲージメントが山と企業の価値を高める

株式会社モリアゲ 代表取締役
長野麻子氏

長野さんが森林活用を企画している中、日本の森をどう見ていますか。

今、森にとても良い風が吹いています。環境価値や社会貢献という目に見えない価値を経済に取り込んでいこうというＣＳＶ経営（社会課題解決経営）の時代にあって、企業が森と関わることに関心が高まっているのです。企業が「森と、何かやらなくちゃいけないんじゃないか」という機運があるのです。

企業には、ＳＤＧｓに掲げられている17の開発目標の達成への貢献が求められています。環境省はカーボンニュートラル、ネイチャーポジティブ、サーキュラーエコノミーの３つの活動を統合的に推進しようと言っていて、実は、森林にこそ、それらを同時に達成できる可能性があります。

現在の年間林業産出額は5000億円ぐらいであり、これは木材生産のほか、キノコ、薪炭、その他の生産額を含むのですが、この新しい風の中では、それ以外の新しい価値創造の可能性が見えてきているわけです。

例えばカーボンニュートラルについては、政府は2050年に温室効果ガスの排出を全体としてゼロにすると言っています。これにはCO_2の排出自体を減らすだけでなく、CO_2の吸収も推進していくことが不可欠です。今の日本で、吸収の9割を担っているのは森林と木材利用ですから、これをカーボンクレジットとしてビジネス化することが可能です。さらに陸域生物の8割が森林にいるので生物多様性を保全している価値をビジネスにできる可能性もあるでしょう。

従来、森林に関わる産業は、林業、家具製造、建設、木工など、木を直接扱う業種が主体でした。ところが今後は、全ての産業で山との関わりの重要性が意識されていくはずです。既にレジャーや水を使う産業も山との関わりを重視し始めています。ちなみに水は、森林によって維持されている面が大きいのです。酒造・飲料メーカーは以前から活動を始めていますが、これからは半導体メーカーなど水を多く使うほかの産業でも、積極的に関わることの意義が意識されていくでしょう。

一方でICT分野には、山の技術の伝承、森林の植生に関する分布を解析した情報のサプライチェーンでの活用など、さまざまな貢献を期待しています。また、耕種農業、畜産、漁業、養殖など、他の第1次産業と連携して、互いの価値を高められればとも思っています。

これまでは森林はあまり重視されていなかったということでしょうか？

森林の活用と保全は、昔が良くて今がダメというイメージがあるかもしれませんが、実際にはかなり以前から森の維持には危ういところがありました。

歴史を振り返ると、奈良時代は寺社、安土桃山時代には城、江戸時代には都市の人口増加と大火からの再建への対応のためにと主に建設用途で、森の木を使いまくってきた歴史があります。焼き物や〝たたら〟のある地域では、その周辺の山から燃料として大量の木が伐《き》られていました。江戸時代の歌川広重の絵など見ても分かるように、街道から見える山の多くがいわゆるはげ山、木の生えていない荒廃した状態でした。

ですが、森が失われると土砂崩れや洪水などが頻発するということは分かっていましたから、江戸時代後期にそこは対策する必要があると、自分たちで植えて伐る、木を使うための循環を確保する今日の林業の芽が出ました。それは世界的に見ても早かったのですが、その後の明治時代にまた山は荒廃していきます。

改めて利用と保全が考えられたのが昭和期です。昭和期には、世界的にも希有《けう》な規模の大植林事業が実施されました。荒廃地や、広葉樹を伐ったところに、日本の風土に合って成長が早く真っ直《す》ぐに育って使いやすい杉や檜《ひのき》といった針葉樹の人工林を育てていった。ただこれが、主伐期に入っても木材価格低迷や外材輸入などで使われていません。

木があまり使われないと、花粉症もそうですが、別の問題も起こってきます。

かつて里山では、木材や落ち葉を燃料以外に肥料にも使っていましたから、日々管理が行き届いていたのです。ところがエネルギー源が化石燃料に変わり、肥料が輸入されたり工業製品化されたりすると、森に対する人間の関わりが減りました。そうなると、雑草や竹が繁茂し藪《やぶ》になったり、茅場や草原も減ったりして、生態系のバランスが崩れ、下草が生えなくなったり、昆虫などの動物を含めた多様性が損なわれたりといった問題につながります。

課題解決には、まず国産材の利用を高めることのように思われますが…

今の建築現場では、プレカットの木材を組み立てる仕事が主体になっています。これには十分に乾燥した規格化された材を十分な量、安定供給できることが求められますが、現在これに質と量で対応しているのは輸入材です。

昔は大工さんが山に木を見に行って、自分の目利きで木を選び、木の伸び方や枝の付き方に難しさがあっても、大工さんの工夫でそれぞれの木の特色を活かしながら無駄なく使っていました。今は、設計に木を合わせる仕組みになっているわけです。

私は、昔のように、作る側がそこにある木に合わせる形を復活させられないか考えています。その一手段として、ＩＣＴを活用する形で、例えば木をスキャンして、そのデータから取れる材の形を算出、カットの仕方や用途をあらかじめ決めるといった技術開発をするアプローチが考えられます。もちろん、大規模な建設の現場では、今後も規格化された材を大量に用意する必要はありますが、一戸建て住宅など小規模な建築などでは、森の恵みである多様な材を活かし切る新しいサプライチェーンの構築は可能なはずです。

一方、需要が拡大するにしても、木を適正価格で買ってもらえる形をつくらなければ、事業として持続可能になりません。

国産材の価格がなかなか上がらない状況を見ると、その原因の一つは間伐材にあると気付きます。間伐材として流通しているものも、その多くは正規の材と同じぐらいの太さと品質で、実は普通に使えるものが多い。ところが、間伐材の生産には補助金が出ているので、出す側は高く売ろうと考えずにコスト度外視で出荷してしまっている面がないでしょうか。使うほうも、間伐材だと正規の木材より安いイメージがあり買いたたきやすい。流通上は間伐材を分けて見ずに、伐採木の質で評価し、できる限り高く売る努力をほうがいいのではないかと考えています。

また日本の森林は、拡大造林によって人工林の8割は針葉樹が占めるわけですが、林野庁では今後の森の姿として、単層林の3分の1程度は多様な樹種が混じった森にしていきましょうと言っています。そのため、今後は広葉樹の需要拡大も考えていく必要があります。

広葉樹は針葉樹に比べて、伐採コストがかかったり曲がったりしているといった特徴がありますが、硬質なので家具ではよく使われます。家具やフローリングはこれまで輸入材が多かったのですが、国産広葉樹を使いたいという需要は膨らみつつあります。実際この分野では、国産広葉樹は希少性があると見られ、針葉樹よりも高い単価で取引されています。

木樽にも注目したい。ワイン樽として作られ、ワインを出した後はウイスキー樽に使うといったリサイクルではミズナラ、ナラなどの広葉樹が使われています。一方、日本では針葉樹の利用として、酒造りに使った杉樽が醤油造りに回り、さらに醤油から漬物作りに回るといったリサイクルが昔からありました。ところが醸造にステンレスタンクが使われるようになって、このサイクルはほぼ消えてしまったわけですが、これを復活させようという運動、木桶《きおけ》職人復活プロジェクトがあり、木桶による発酵文化サミットが開催されています。

このように、足元にある資源を見直して、知恵を出し、価値を付けるという動きを加速させていきたいと考えています。その価値や可能性について林業に携わっている人が気付いていなかったり、広く伝えることができていなかったりしていることもありますので、そこも変えていきたいですね。

森林の環境や持続可能性に関する新しい動きは今後どうなりますか。

木材も環境や社会に配慮した形で生産されるべきということで、FSCや日本のSGECといった森林認証を林業の事業者が取得するという動きがあります。ただこれも、森林認証材だからといって高く売れるわけではないことが問題です。認証を維持するのにお金がかかるだけ、ということでやめている事業者もいます。

こうなる原因の一つは、木材流通がＢｔｏＣではなくＢｔｏＢがメインだということです。農産物のように消費者が直接買うものではないし、消費者が材料の選定に関心を持ったとしても、住宅であれば購入は一生に1度ぐらいで、しかも全体が高額なものなのでなるべく安く上げたいと考えます。そこで、認証を必要としないサプライチェーンを構築していくことも考えています。環境や社会に配慮した製品であることを第三者に保証してもらうのは、買う人が作る人のことを知らないから必要になるのです。買う側の人が、その木材がサスティナブルな形で生産されたものであることを自分で確認できれば、認証の必要はないわけです。

そのような距離感のサプライチェーンが構築できれば、認証にではなく、生産者の仕事に応じた対価を支払ってもらえるでしょう。そのためにも、離れ過ぎてしまった街と森をもう一度近づけることが重要と考えています。

木を発電の燃料に使うバイオマス発電も盛んになりつつあります。私は林野庁に勤めていたとき、ＦＩＴ（Ｆｅｅｄ－ｉｎ Ｔａｒｉｆｆ＝固定価格買い取り制度）の認定に関わっていたのですが、一つ反省点があります。というのは、バイオマス発電のほうが仕分け不要で大量に継続的に買い取るために、大量の間伐材が燃料として使われている現実があるのです。これが、間伐材等が木材として流通するサプライチェーンの再構築が進まず、十分な資金が山に還らないことにつながっていると思います。

燃やして熱で回収するのはあくまでも最後の手で、今後はほかの用途での活用をもっと推進していきたい。それには、繰り返しになりますが、木材の付加価値をいかに高めていくか、そこに取り組んでいく必要があります。

最初にカーボンクレジットの話をしましたが、これもクレジットの取引だけで終わらせるのではもったいない。企業にカーボンクレジットを買ってもらっておしまいではなく、クレジットをきっかけとして、その企業に森林の維持に継続的に参加してもらって山里の関係人口を増やすことにもつなげられれば、より大きな価値になります。例えば、クレジットを買ってくれた企業に、その山を見に来ませんか、というように。そのサービスも付けてクレジットの価格を高めに設定することも考えられるでしょう。

そこで私は、今後の企業と山の関わりとして「一社一山」を提唱しています。これは、山を実際に所有してもらうことに限りません。「我が社はここの森に関わる」という活動の場として1つの山を決めてもらって、その維持に参加することです。森の恩恵を受けていない企業はいないと思うので、これが広く浸透すれば、日本の山の未来は明るいと思います。

ながの・あさこ　1994年東京大学文学部卒業。同年農林水産省入省。1999年フランス留学。内閣府食品安全委員会事務局総務課課長補佐、食料産業局バイオマス循環資源課食品産業環境対策室長、大臣官房広報評価課報道室長、林野庁林政部木材利用課長、大臣官房新事業・食品産業部新事業・食品産業政策課長等を経て2022年早期退職。同年株式会社モリアゲを創業して代表取締役に就任。森林の有効活用、木材利用の促進、農山漁村の活性化に関する企画・コンサルティングを行っている

Part 7

2023年度も創意工夫と独自性のある事業が採択！

２０２３年12月、みらい基金の10年目の助成先が決定された。北海道から沖縄まで、多彩な事業主体の多くの申請の中から、合計６つのプロジェクトが選ばれた。農業から3件、林業から2件、そして水産業から１件。それぞれ地域の課題を明確に捉え、ボトルネックの解決に向けて取り組んでいる、熱意あふれるチャレンジだ。地域の特性を活かし、創意工夫と独自性に富んだプロジェクトが始まっている。

以下に、２０２３年度の採択先を紹介する。

❶ エゾウィン株式会社

◆地域……北海道更別村、芽室町、幕別町、川西町

◆プロジェクト……地域まるごと農業ＤＸプロジェクト

GPSと連動、農作業の進捗状況をリアルタイムに表示する管理システム「レポサク」の画面

多種多様な業務改善において、労務データを把握することは極めて重要である。個々の従業員がどのような業務にどの程度時間を要しているのか、細かく把握し分析することで、生産性の向上につなげることができる。

これは農業でも同様である。特に農業では、高齢化や労働力不足がさらに進展しているため、生産性の向上の必要性はますます高まっている。

これまで農家では、手書きによって労務記録を書きとめていたことが多かった。ただそれでは各農家が細かな作業データを記録することは難しく、生産性の向上の改善点をピックアップすることが困難だった。

そこで、システム開発のスタートアップ、エゾウィンは、GPS端末を活用した「レポサク」という、農作業の「今」と「過去」がはっきり見えるシステムを開発し、地域農業のデータが網羅的に集まる仕組みづくりに挑戦している。

エゾウィンはまず、十勝地域の農協と共にレポサクによる実証を繰り返し、データ連携機能を含めてシステムを作り直すこととした。個別の農家に対して提供してきた既存サービスを1つの地域全体で提供できる形に進化させるのだ。これにより、個々の農家が農作業データを細かく記録することはもちろん、一部の農家が生産を委託している外部のコントラクターも含めた、地域全体の農業労働時間を把握できるようになる。

一方、各地の農協や自治体は、この正確な労働時間を把握し、農家ごとにデータを比較・検討できる。これにより、生産性の向上および持続可能な地域づくりの計画立案に活用できる。地域全体での生産性向上を目指したのである。

委員会審議においては、①レポサクは品目別に作業時間やトラクター等の重機の位置情報を数十cm単位でトレースでき、②集計した労働データと管理会計データを組み合わせることで、農家経営の全体を把握できるようになった、③結果、労働効率を加味した実効性の高い経営計画の立案に活用できる、と評価された。

精密な労務時間データを活用し、生産性の向上と地域の持続可能性の向上の両面を実現する。地域まるごとを変革する取り組みが始まっている。

❷ 札幌チーズ株式会社

◆地域……北海道石狩市
◆プロジェクト……石狩川を百キロ続く羊の放牧地に変え、食料自給率アップで平和な国作り。

石狩川は、流域面積が利根川に次いで全国2位、長さ268kmは信濃川、利根川に次いで3位で、日本三大河川の一つに数えられている。その河川敷を羊の放牧地として有効活用しているのが札幌チーズ株式会社だ。

一般的に河川敷は、公園や緑地、野球場やサッカー場などに利用されている。広大な平地なのだが、食料生産とは無縁な場所である。そればかりか、国土交通省の各地整備局や開発局、場所によっては自治体が、毎年、膨大な税金を使って除草作業を行っている。除草された草は刈り捨てられており、「もったいない」状況でもある。

チーズなどの製造や羊牧場を手掛ける札幌チーズの事業は、2021年、北海道開発局から「石狩川の河川敷で羊を放牧してみませんか」と声を掛けられ、「これはおもしろい！」と直感し、二つ返事で引き受けたのが始まりである。

河川敷での羊の放牧は、全国的に見ても非常に珍しい。近年、輸入飼料価格が高騰しているが、河川敷で放牧することで同社は餌代を節約できるし、国や自治体は除草費用を大幅に削減できる。

北海道石狩川の河川敷で放牧されている羊

しかも、河川敷は、農薬や化学肥料が一切使われてこなかったことから、この牧草を食べて育った羊は、JAS有機認証も取得できる見通しだ。河川敷は、メリットの多い場所なのである。

委員会審議においては、河川敷で羊を放牧するといった本事業の魅力（可能性）に引き寄せられ、さまざまな関係者が集まっていること、また、河川敷や廃棄する野菜を飼料として利用することにより、餌代がほぼかからず、非常に低コストな羊の飼育が可能になっていると評価された。この放牧ビジネスに引き寄せられ、今後、3人が新たに就農する予定だ。

札幌チーズの山本知史代表は、この先10年かけて、共感してくれた消費者を巻き込みながら、石狩川を「羊の万里の長城（放牧地）」に変えたいという大きな目標を掲げている。「いま無いものを作る事業ではなく、いま有るものを最大限に活かす事業」。羊の除草隊が日本農業の可能性を広げている。

❸ 一般社団法人野草の里やまうら

◆地域……大分県杵築市

◆プロジェクト……野草で働き・交流する拠点と、消費者に分かりやすい栄養表示をした野草商品の製作

大分県杵築《きつき》市を含む国東半島は、伝統的な農業の営みが認められ世界農業遺産になっている地域である。当事業地である杵築市山浦地区も、のどかな田園風景が広がる豊かな自然に囲まれている。それだけに近年、高齢化率が56％を超過し、地域活動の拠点であった小学校も廃校になるなど地域課題を抱えていた。

そこで小学校校舎の再利用を検討するため、東京農業大学農山村支援センター（当時）も加わった住民ワークショップが開かれ、山浦地区に自生する野草を活かした「野草の里やまうら構想」が立ち上がり、「一般社団法人野草の里やまうら」が設立された。

野草は、例えば、野草茶を飲むことで必要なミネラルを補うことができ、生活習慣病の予防等につながることが期待されている。一方で、百貨店などから「機能性を記載してほしい」と求められているものの、野草の栄養成分などの有用性の検証がほとんどされていないことに加え、厄介な雑草と認識されるなど、その利用価値が知られていないことが課題となっていた。

地域の里山にある野草。野草茶として価値を付けることで地域活性化を狙う

そこで同法人が参考にしたのが、熊本県の崇城《そうじょう》大学薬学部の故村上光太郎名誉教授が提唱していた「健康村構想」である。そこには、野草の成分分析のみならず、カフェやレストランで野草を利用した菓子を食べてもらい、また、野草茶や薬酒を飲んでもらうといった、人が集まる仕掛けが事業成功の重要なファクターであることが示されていた。

「健康村構想」をヒントに、野草の成分分析などの科学的エビデンスに基づいた有用性を検証し、栄養を強調表示した商品を開発するとともに、旧山浦小学校を交流拠点（野草カフェの営業やワークショップの開催）に改修することで、国産野草の知名度向上を図り、里地里山資源である野草の再評価を目指したのである。

委員会審議では、百貨店などから求められている栄養強調表示について、科学的根拠を整え表記することで、野草の魅力をさらに訴求でき、野草ビジネスの確立に一歩近づけると評価された。

野草の活用は、地域の里地里山環境を守るということにもつながる。野草茶を飲んでもらうことで人も元気になる。野草で人も環境も幸せにすることを願い、大きな一歩を踏み出している。

④ 株式会社うめひかり

◆地域……和歌山県みなべ町
◆プロジェクト……日本一の梅産地を守れ!耕作放棄地をウバメガシ山にリノベーション

和歌山県みなべ町は、養分に乏しい礫質《れきしつ》の土壌で急斜面が多く、農業に適さない土地であったが、江戸時代以降、このような土壌でも生産ができる〝梅〟を栽培している。周辺の山の斜面を開拓し、そこにある備長炭の原料となるウバメガシの薪炭林を残すことで、水源涵養や斜面崩落防止等の機能を持たせ、400年にわたり高品質な梅と備長炭を生産し続けてきた。その農業システムは、2014年に「みなべ・田辺の梅システム」として、世界農業遺産に認定されている。

ところが近年、梅干しの需要が大きく低下しており、世界農業遺産の土地でも急斜面を中心に、梅林の耕作放棄地が拡大している。梅の耕作放棄地が拡大すると、外来カミキリムシの繁殖の温床となり、近隣の梅林への被害が課題となっていた。

梅林の耕作放棄地の課題を解決しようと、全国から集まった若者たち

そのような危機的状況から梅産地を守るため、7人の若者が全国から集まり、梅ボーイズを結成した。主に無添加の梅干しを生産するとともに、耕作放棄地を減らす活動を行っている。

元々平地と比べて梅の収穫量は6割程度という養分の少ない急斜面だ。そこでうめひかりは、急斜面の耕作放棄地を元の梅林に戻すのではなく、それ以外の方法で耕作放棄地を減らせないかと考え、従来急斜面を有効活用している世界農業遺産のやり方に着目し、改めてウバメガシを植林することとした。具体的には、斜面の程度によって急斜面ではウバメガシを植林し、比較的斜面が緩やかな土地では梅の有機栽培に取り組むこととした。

委員会審議においては、この事業によってさまざまなバックグラウンドを持った6人が既に移住していること、販売戦略としてニッチな市場を狙っているが、有機梅という優位性をもって展開できる、と評価された。

耕作放棄地の問題は全国各地に存在する一方で、いまだ有効な解決策は見いだされていない。農地を農地として再生する補助金は多く存在するが、生産性の低い土地で再生できたとしても、農業として成り立つ見込みは低い。

うめひかりは、梅の農地を山としてよみがえらせ、かつ農家が「半農半林」で暮らしを立てることで、耕作放棄地の解消に有効なモデルケースを生み出そうとする。伝統的な梅の産地を守るため、全国各地から集結した若者たちが農業の未来を切り開いていく。

⑤一般社団法人徳島地域エネルギー

◆地域……徳島県徳島市（事業活動拠点は兵庫県宝塚市）

◆プロジェクト……良質で安価な広葉樹チップによる「里山エネルギー林業」のサプライチェーンづくり

日本の森林面積のうち約75%は広葉樹林である。広葉樹林は針葉樹林に比べると生産性は低いものの、伐採後の萌芽《ほうが》更新が可能で、再造林にかかるコストが少ない利点がある。適切な広葉樹林の伐採は里山を維持するだけにとどまらず、そこでチップや剪定枝《せんていし》をバイオマス燃料として安価で供給することができれば、エネルギーの地産地消と同時に、森林整備と生物多様性の保全が期待でき

広葉樹林の管理のために適切に伐採された木を運搬する作業車

るのだ。

脱炭素化社会の実現に向けて、10年以上前から、化石燃料からバイオマス燃料への転換について研究するとともに、バイオマスボイラーの代理店として普及活動を展開しているのが、一般社団法人徳島地域エネルギーである。

バイオマスボイラーの普及に向けては、①バイオマスボイラー自体の低コスト化、②木質バイオマス燃料を安価で安定的に供給できる体制整備が必要だ。そのため、事業地である兵庫県や新エネルギー・産業技術総合開発機構（NEDO）の補助事業を活用し、兵庫県宝塚市近郊の里山（広葉樹林）を対象として、バイオマス燃料の有効利用について検討してきた。

これまで補助事業を活用し、検討してきた結果、移動式チッパーや乾燥兼用コンテナを活用することで、木質バイオマス燃料の供給コストは従来の半分程度に抑えられることを確認できている。

一方で、現在チップの保管スペースがなく、乾燥コンテナ内にチップを留置している状況であり、乾燥チップを需要に合わせて出荷するためにはチップ保管庫が必要になっていた。また、チップ化できない大口径木などは、広葉樹の薪《まき》として販売することで、資源をフル活用することが求められていた。

そこで徳島地域エネルギーは、この事業でチップのストックヤードを整備し、高品質で低価格な里山燃料チップを大量生産することとした。同時に、比較的低コストで、熱利用施設や農業施設へバイオマスボイラーを普及させ、経済的に自立可能な木質燃料生産システム「里山エネルギー林業」の構築（広葉樹林を対象）を目指したのである。

委員会審議においては、徳島地域エネルギーがこれまでの補助事業等によって、簡易的かつ安価にバイオマスボイラーの導入効果などを試算できるデータやノウハウを有していること、バイオマスボイラーの販売においても、調査や設計など細かな役割分担を関係各社が連携しながら進めていると評価された。

エネルギー価格が高騰する中、この事業によってエネルギーの地産地消が進めば、その恩恵は林業だけにとどまらず、農業、水産業、製造業、サービス業に至るまで広まるかもしれない。里山を新たなエネルギー源とする取り組みが始まっている。

❻ シーサイド・ファクトリー株式会社

◆地域……新潟県佐渡市

◆プロジェクト……「定置網漁業」と「水産物加工場」との連携による持続的地域活性モデル事業

新潟県佐渡市稲鯨《いなくじら》地区は、かつて漁師町として栄えていた。特に同地区の定置網漁は、水揚げの5割以上を担い、地域経済を維持・発展させてきた。ところが昨今は、網の老朽化、後継者の不在、魚価の低迷等によって、この定置網漁が2019年に休業を余儀なくされてしまった。

また、同地区では気候等の問題により、4月〜10月末までしか漁に出られないため、冬季は別の仕事に従事するなど、漁師の収入が不安定であった。一方で、佐渡全体でも慢性的な人手不足であり、特に若者が進学などを契機に島を離れ、戻ってこないことも少なくなかった。

そこで、定置網漁を復活させると同時に、漁に出られない冬季に水産加工場で定置網の乗組員を雇用することで、乗組員が通年で安定的に収入を確保できるようにし、さらに新たな雇用を創出することで、佐渡島《さどがしま》の活性化を目指しているのが、シーサイド・ファクトリー株式会社である。

同社はまず、漁師である「生産者」と、高付加価値を創出する「水産加工場」との連携を促した。漁師は、自ら漁獲した魚を自ら加工することができるし、滅多《めった》に市場に出回らない未活用魚を活用することも可能になる。商品ラインアップも拡充することで、新事業と既存事業との相乗効果も目

定置網漁の復活、冬季の水産加工で地域再生を試みる佐渡島の稲鯨地区

指している。

委員会審議においては、①定置網や漁船を最小限のスペックにしているため事業費が安く抑えられていること②定置網乗組員の人数が5人と少なく、実現可能性が低いのではないか、という懸念に対しても、定置網を巻き上げるクレーン付きの漁船での操業であり、操業人数5人でも対応可能であること③陸上での魚の選別作業等は申請者以外の従業員がサポートすることで実現は可能であること等を確認したうえで、定置網復活による地域活性化を目指す取り組みとして評価された。

この事業の達成には、地域内における第1次産業の生産者、第2次産業の加工業者、第3次産業の魚屋、小売店のほか、地域住民並びに行政との連携が必要である。今後、地域内連携のための協同組合を立ち上げ、商品の高付加価値化（ブランディング）、販路拡大に取り組み、「佐渡ブランド」を島内外に広げる方針だ。

伝統的な定置網漁と水産加工が手を取り合い、佐渡を活性化する取り組みが始まっている。

農林水産業のみらいは、いつだって、現場から生まれている。

おわりに

農林水産業みらい基金が創設されたのは10年前の2014年3月。200億円の基金を全額拠出した農林中央金庫は「(創立100周年まであと10年に当たる)2013年度にみらい基金を設立し、地域の農林水産業者による主体的な取り組みを支援する」とその位置付け・目的を説明している。

みらい基金の10周年を記念する本書の最後に、農林水産業や地域に関する政策などの動向を振り返っておきたい。

地方創生

2014年5月に日本創成会議が「40年までに日本全体の49・8%に当たる896の自治体が消滅する恐れがある」といういわゆる「増田レポート」(のちに新書『地方消滅』として刊行)を発表し大きな注目を集めた。当時は東日本大震災の影響がまだまだ残る中で、2013年6月安倍政権はアベノミクス3本目の矢として「日本再興戦略」を掲げたところであったが、2014年6月「人口急減・超高齢化への流れを変えるため、従来の少子化対策の枠にとらわれずあらゆる分野の制度・システムの改革を進めていく」ことを政府として初めて示し、9月「まち・ひと・しごと創生本部」を設置した。

この地方創生の取り組みは、2022年岸田内閣の「デジタル田園都市国家構想総合戦略」に継承され「デジタルの力を活用して地方創生を加速化・深化する」としている。

SDGsなど国際的な取り組み

以下の取り組みについて国際交渉の場での長い議論を経て採択され、日本を含む関係国は各国政策に反映してきた。

① 「SDGs（持続可能な開発目標）」：2015年9月の国連総会で採択。2030年までに達成すべき具体的な17の目標が定められた。日本は2016年5月政府内に推進本部を設置、同年12月に実施指針を決定した。

② 「気候変動」：2015年12月「産業革命前からの平均気温の上昇を1・5度に抑える努力を追求する」という世界共通の長期目標を採択（パリ協定、1997年京都議定書の後継）。日本は2016年5月「地球温暖化対策計画」（温室効果ガス排出量2030年度26％削減を達成し、

2050年までに80％削減を目指す）を決定。2020年菅義偉首相（当時）はさらに一歩踏み込み「2050年までに温室効果ガスの排出を全体としてゼロにする脱炭素社会の実現を目指す」ことを宣言した（所信表明演説）。

③「生物多様性」：2022年12月「2030年までに生物多様性の損失を食い止め回復させる（ネイチャーポジティブ）」という目標を採択（昆明・モントリオール生物多様性枠組、2010年採択された愛知目標の後継）。

環境政策

「地域循環共生圏（ローカルSDGs）」：以上の国際的な流れを踏まえ2018年4月第五次環境基本計画（閣議決定）で「地域レベルで持続可能な社会＝循環共生型の社会を構築していこうという構想」として提唱された。国土計画（2023年7月決定の国土形成計画）、農林水産政策（後述のみどりの食料システム法）などにおいてもこの構想が反映されている。

農林水産業政策

①農林水産業全般

「環太平洋経済連携協定（TPP）」：日本は2011年菅直人首相（当時）が交渉参加方針を表明、政権交替後の安倍政権も2013年交渉参加を表明。内外の議論を経て2015年10月大筋合意、2016年11月「総合的なTPP関連政策大綱」決定、同12月TPP承認・関連法が成立した。

「みどりの食料システム法」：2022年4月成立。持続可能な食料システムの構築に向けた戦略を策定し、中長期的な観点から、調達、生産、加工・流通、消費各段階の取り組みとカーボンニュートラル等の環境負荷軽減のイノベーションを推進することになった。

②農業

「農政改革8法」：2017年6月成立。「戦後レジームからの脱却」という安倍内閣の課題意識を反映。農業競争力強化支援法（良質・低廉な農業資材の供給、農産物流通等の合理化を実現するための施策）、畜産経営安定法改正（生乳生産・流通の改革）、改正農業災害補償法（収入保険の創設）などを行うもの。

「食料・農業・農村基本計画」：（「食料・農業・農村基本法」に基づき）2020年3月決定。関係府省と連携し農村振興施策を総動員した「地域政策の総合化」などが掲げられた。列挙されている施策は、(農水省)スマート農業、6次産業化、再生可能エネルギー、(内閣府)関係人口創出・拡大、(総務省)地域おこし協力隊、(文科省)文化芸術創造拠点形成、(厚労省)農林漁業就業支援、(経産省)地域・企業共生型ビジネス導入・創業促進、(国交省)ふるさと集落生活圏形成推進、空き家再生、(環境省)地域循環共生圏づくり、一般廃棄物処理施設の整備、など多岐にわたる。

③林業

「新たな森林管理システム(森林経営管理法)」:2018年5月成立。温室効果ガス削減目標の達成に向けた施策。森林の管理経営を意欲のある持続的な林業経営者に集積・集約化するとともに、それができない森林の管理を市町村等が行う新たな仕組み。

④水産業

「新漁業法」:2018年12月成立。適切な資源管理を通じて水産業の成長産業化を実現させるため、漁業法等を改正し、資源管理措置、漁業許可、免許制度等の漁業生産に関する基本的制度を一体的に見直し。

「水産基本計画」(2022年3月閣議決定):2013年にスタートした浜の活力再生プラン(漁業者が主体となって5年間、具体的な取り組みを実行するための総合的な計画)、漁村の価値や魅力を活用し地域のにぎわいや所得と雇用を生み出すことが期待される「海業」などを位置付け。

最後に

日本の農林水産業は引き続き厳しい環境が続いている。加えて2024年元日の能登半島地震に象徴されるように災害は頻繁に発生しさらなる課題がのしかかる。新型コロナ感染症も終結していない。世界各地の紛争もいろいろな経路で影響を及ぼす。取り組むべき課題は地域ごとに必ずしも一様ではない形でアップデートされる。前述の数多くの政策を適切に取捨選択して課題に臨むことが本筋であろうが、具体的資金使途が限定されておらず、あたかも白紙に絵を描くような農林水産業みらい基金を活用することも一案かもしれない。本書を、地域が直面している課題に対する解決の一助にしていただければと思う。

そして10年間の助成案件全体を概観したときに、日本の農林水産業ひいては日本の光明を少しでも感じていただけることを願っている。

事業運営副委員長　齋藤　真一
（農中信託銀行株式会社　取締役会長）

一般社団法人　農林水産業みらい基金

農林水産業みらい基金は、2014年に農林中央金庫から拠出を受けた基金により設立されました。農林水産業と食と地域のくらしの発展に貢献することを目指し、「農林水産業みらいプロジェクト」を展開しています。前例にとらわれず創意工夫にあふれた取り組みで、直面する課題の克服にチャレンジしている地域の農林水産業者に対し、「あと一歩の後押し」の助成を実施しています。

農林水産業のみらいの宝石箱❸

変わる! 農・林・水ビジネス

2024年5月7日 第1版第1刷発行

著　者	一般社団法人　農林水産業みらい基金
発行者	松井 健
編集協力	齋藤 訓之（香雪社）
コラム写真	清水 盟貴　清水 真帆呂　増井 友和
発　行	株式会社日経BP
発　売	株式会社日経BPマーケティング 〒105-8308　東京都港区虎ノ門4-3-12
装丁・レイアウト	中川 英祐（トリプルライン）
印刷・製本	図書印刷株式会社

ISBN 978-4-296-20467-0